弹光调制傅里叶变换光谱技术

张敏娟　著

西安电子科技大学出版社

内容简介

本书作者长期从事弹光调制技术、傅里叶变换光谱技术等相关领域的研究工作。书中融合了作者及课题组成员十多年来对弹光调制傅里叶变换光谱技术的研究工作总结。本书从研究者、学者的角度出发，对傅里叶变换光谱技术的发展现状、弹光调制干涉仪的工作原理、弹光调制器的设计、弹光调制干涉仪的驱动控制技术、弹光调制傅里叶变换光谱仪的数据处理技术等进行阐述，并通过遥测用弹光调制傅里叶变换光谱仪的研究和测试，验证了相关方法和理论的可行性。本书将弹光调制傅里叶变换光谱技术与工程项目实践相结合，并加以应用。

本书可作为光电工程、电子信息科学与技术、电子信息工程等相关专业的本科生、研究生的教学用书，还可作为相关科研人员的参考书。

图书在版编目（CIP）数据

弹光调制傅里叶变换光谱技术/ 张敏娟著. -- 西安 ：西安电子科技大学出版社，2024. 12. -- ISBN 978-7-5606-7467-4

Ⅰ. O433

中国国家版本馆 CIP 数据核字第 20241N53N0 号

策　　划　曹　攀

责任编辑　曹　攀

出版发行　西安电子科技大学出版社（西安市太白南路 2 号）

电　　话　（029）88202421　88201467　邮　　编　710071

网　　址　www.xduph.com　电子邮箱　xdupfxb001@163.com

经　　销　新华书店

印刷单位　陕西天意印务有限责任公司

版　　次　2024 年 12 月第 1 版　2024 年 12 月第 1 次印刷

开　　本　787 毫米×960 毫米　1/16　印张　13

字　　数　217 千字

定　　价　58.00 元

ISBN 978-7-5606-7467-4

XDUP 7768001-1

前　言

PREFACE

傅里叶变换光谱技术具有多通道、高光通量、高光谱分辨率以及高光谱准确度等优点，是光谱探测的一个重要发展方向，其在大气环境探测、空间遥感等光谱探测领域具有广泛的应用。弹光调制傅里叶变换光谱技术是在传统时间调制型傅里叶变换光谱技术的基础上发展和演变而来的。其利用弹光调制器构建双折射干涉仪，不仅可通过快速调制实现快速光谱探测，而且克服了由时间调制型傅里叶变换光谱仪中的迈克尔逊干涉仪的运动镜移动等引入的测量速度慢、抗震动性能差的问题，因此，可用于宇宙探测、环境监测、工业生产等领域中高速、瞬态光谱探测和分析。

本书在分析弹光调制傅里叶变换光谱技术国内外研究现状的基础上，将其划分为弹光调制干涉系统、驱动控制技术、数据处理及光谱定标技术等三个主要部分进行讨论。全书分为5章，各章的内容介绍如下：

第1章在介绍傅里叶变换光谱仪不同发展阶段的基础上，对时间调制型、空间调制型、时空调制型傅里叶变换光谱仪的相关技术进行介绍；针对时间调制干涉仪的特点，引入弹光调制器的发展历程以及现有的各类弹光调制器及其应用。

第2章从晶体物理学出发，分析了晶体的弹光效应，设计了多次反射式弹光调制器；在分析弹光晶体内部应力分布情况、入射角对调制光程差影响的基础上，设计了干涉仪光学系统的最佳入射位置和入射角度，推导了其相应的干涉光强公式和傅里叶变换光谱表达式；所设计的多次反射式弹光调制干涉仪提高了最大调制光程差。

第3章针对晶体谐振频率的温漂特性，研究了弹光调制器的谐振频率温度漂移模型；为了实现弹光调制干涉仪的稳定驱动控制，基于DDS(直接数字频率合成器)的频率自跟踪技术对弹光调制驱动信号的频率调节方法进行研究，实现了驱动电路工作于最佳谐振状态；基于激光干涉图的最大光程差检测方法,对驱动信号占空比调节方法进行研究，实现了干涉图最大光程差的稳定控制。

第4章在分析弹光调制干涉信号特性的基础上，分析了弹光调制干涉信号的采样方法、单周期干涉信号提取等预处理技术；针对弹光调制干涉信号相位的非等时间变化，研究了弹光调制干涉信号的非均匀快速傅里叶变换算法以及光谱定标、辐射定标技术等。

第5章基于所研究的弹光调制器、设计的弹光调制干涉仪、驱动控制电路、数据处理技术等搭建了遥测弹光调制傅里叶变换光谱测试平台；以卤坞灯、气体谱、开放光程的大气环境谱等为光谱测试对象，对其光谱进行重建，验证该光谱仪的性能。

本书内容融合了作者及课题组十多年来的科研工作、工程设计和实践经验。真诚地感谢课题组的王志斌教授、陈友华教授(浙江大学)、陈媛媛教授、王艳超博士等在项目研究和本书出版期间提供的帮助；同时本书在相关的主要技术研究和出版阶段得到了国家自然科学基金仪器专项基金和青年基金项目(项目编号：61127015,61505180)、山西省自然科学基金青年基金项目(项目编号:2015021084)等支持，在此一并表示感谢！

由于作者水平有限，加之傅里叶变换光谱技术发展迅速，书中不足之处在所难免，恳请专家和读者批评指正。本书作者邮箱为 zmj7745@163.com。

张敏娟

2024年5月

目　录
CONTENTS

第1章 绪　论

自从现代光谱学诞生以来，人们便开始着眼于研制各种式样的光谱测量仪器，用来测量和分析光谱。光谱仪的发展主要经历了三个阶段。第一阶段是由棱镜构成的色散型光谱仪。其分辨率低，对温度、湿度敏感，对环境要求比较苛刻。第二阶段是由光栅构成的色散型光谱仪。其采用先进的光栅刻制和复制技术，提高了光谱仪器的分辨率，拓宽了测量波段，降低了环境要求。第三阶段是傅里叶变换光谱仪。其具有测量范围宽、精度高、分辨率高的特点。目前，在红外和可见光波段，较多采用傅里叶变换光谱仪。本章将对傅里叶变换光谱技术的研究现状和应用进行阐述。

1.1　傅里叶变换光谱技术概述

1.1.1　傅里叶变换干涉仪

早在1880年，美国的物理学家迈克尔逊(Michelson)发明了一种用于测定微小长度、折射率和光波长的干涉仪，并以他的名字命名为迈克尔逊干涉仪。1887年，迈克尔逊与莫雷用迈克尔逊干涉仪测量两垂直光的光速差，即著名的迈克尔逊-莫雷实验。这一实验结果否定了绝对惯性系——以太的存在，确立了后来爱因斯坦创立狭义相对论的两条基本假设之一——光速不变原理。后来瑞利首先认识到干涉仪所产生的干涉图(干涉条纹)可以通过傅里叶变换得到其光谱图，即干涉图与光谱之间存在对应的傅里叶变换的数学运算关系，这一对应关系充分显示了自然界和谐的哲学观念，这一原理促进了干涉光谱技术的产生及其发展。

20世纪50年代左右，傅里叶变换光谱技术得到了快速发展，不少学者进行了广泛研究和应用开发。英国的Perter Fellgett于1949年通过对干涉图进行傅里叶积分变换，第一次真正获得了入射光的光谱图，并指出干涉型光谱仪对所有谱段的测量是同时进行的，相比于色散型光谱仪具有多通道的优点。

傅里叶光谱技术的另一次重大发展和突破是20世纪60年代中期Cooley-Tukey发明了快速傅里叶变换(FFT)算法。FFT算法的使用极大地减少了数据的计算量，提高了运算效率。20世纪末，计算机开始普及使用，高性能的计算机、DSP(Digital Signal Processor，数字信号处理器)以及FPGA(Field Programmable Gate Array，现场可编程门阵列)的不断应用，为傅里叶变换光谱学打下了坚实的硬件基础，同时也开辟了广阔的应用前景。

宇宙探索、航天事业的高速发展以及环境监测、节能减排的需求，对光谱仪器的光谱分辨率、空间分辨率以及实时性等提出了越来越高的要求。色散型光谱仪的光谱分辨率、空间分辨率受到狭缝宽度的制约，限制了其进一步的发展和应用；干涉型光谱仪具有多通道、高通量以及视场较大等优点，有着较大的发展潜力和应用前景，成为空间光谱仪器的发展方向。

傅里叶变换光谱仪是将一束入射光分解为相位差连续变化的双光束，通过双光束干涉信号的傅里叶变换反演入射光信号的功率谱分布的干涉型傅里叶变换仪器。傅里叶变换光谱仪的核心是傅里叶变换干涉仪。干涉仪通过改变两束光的光程差来获取连续变化的干涉信号。要实现两束光的光程差的改变主要有三种方式。第一种方式是改变光的传输路径，如迈克尔逊干涉仪等即采用此方式；第二种方式是改变光传输介质的折射率；第三种方式是同时改变光的传输路径和传输介质的折射率。

干涉型光谱仪根据其调制光程差的调制方式、结构的不同，主要分为时间调制型傅里叶变换光谱仪、空间调制型傅里叶变换光谱仪以及时空(时间空间)联合调制傅里叶变换光谱仪三类。

针对时间调制型、空间调制型、时空联合调制型干涉仪的特点，学者们不断地研究和发展了各种类型的傅里叶变换光谱仪，并应用于不同的场合。以下针对这三类干涉型光谱仪分别进行介绍。

1.1.2　时间调制型傅里叶变换光谱仪

最典型的时间调制型傅里叶变换光谱仪是基于迈克尔逊干涉仪的干涉调制光谱仪，其主要由固定镜、运动镜、分束镜、探测器等组成，如图 1.1 所示。它通过干涉仪中运动镜的机械往复推扫来产生辐射目标的周期性时间序列干涉图，对探测器得到的时间序列干涉数据进行傅里叶变换，反演出相应的目标光谱图，如图 1.2 所示。

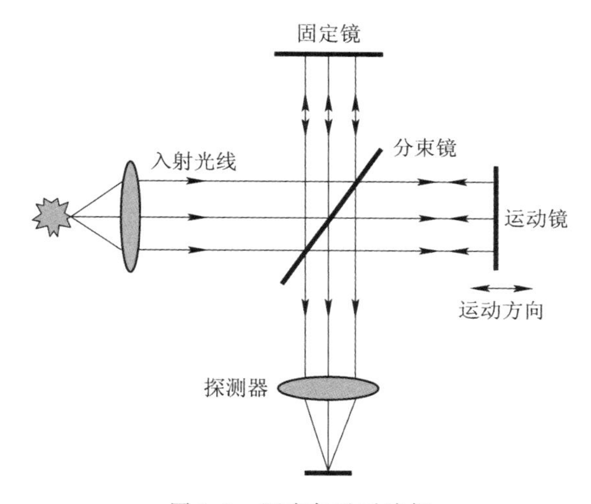

图 1.1　迈克尔逊干涉仪

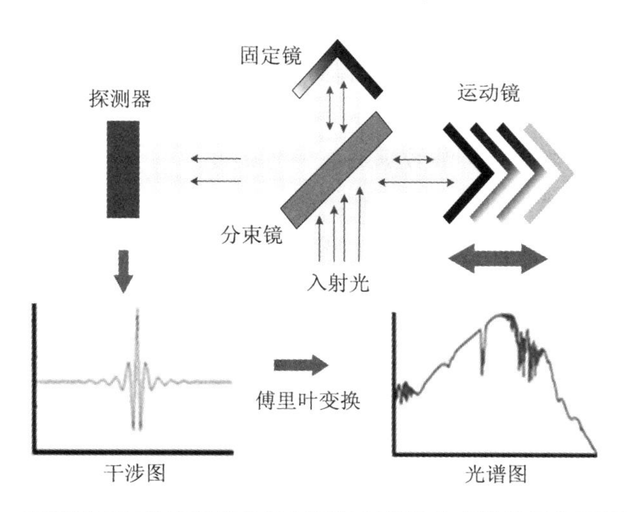

图 1.2　基于迈克尔逊干涉仪的时间调制型傅里叶变换光谱仪原理示意图

在迈克尔逊干涉仪中，调制的光程差 $\delta = n \cdot \Delta L$，其中 n 为分束镜的折射率，ΔL 为运动镜移动产生的两束光的路程差。该干涉仪中，分束镜的折射率是固定值，通过移动运动镜的位置，可调节两束光的光程差。探测器获得的干涉信号强度是光程差的函数：

$$I_0(\delta) = \int_0^\infty 2RTB_0(\sigma)[1 + \cos(2\pi\sigma\delta)]\mathrm{d}\sigma \tag{1.1}$$

其中，σ 为波数，单位为 cm^{-1}，$B_0(\delta)$是入射光光谱，R、T 分别表示分束镜的反射率和透射率。对于干涉图中的光谱信息，只需考虑式(1.1)中的交流成分，从而有

$$I_0(\delta) = \int_0^\infty 2RTB_0(\sigma)\cos(2\pi\sigma\delta)\mathrm{d}\sigma \tag{1.2}$$

对其进行傅里叶变换，有

$$B_0(\sigma) = \int_0^\infty I_0(\delta)\cos(2\pi\sigma\delta)\mathrm{d}\delta \tag{1.3a}$$

或者

$$B_0(\sigma) = \int_{-\infty}^\infty I_0(\delta)\mathrm{e}^{-\mathrm{i}2\pi\sigma\delta}\mathrm{d}\delta \tag{1.3b}$$

即通过对干涉数据进行傅里叶余弦变换就可恢复出被测目标的光谱信息。

时间调制型傅里叶变换光谱仪主要有以下几个优点：

(1) 重建光谱的光谱分辨率比较高。光谱分辨率主要取决于两束光的最大光程差，也就是运动镜的轴向移动量。随着精密制造及加工技术的发展和应用，干涉仪运动镜的移动量可以做得比较大，因此时间调制型傅里叶变换光谱仪可以得到比较高的光谱分辨率。

(2) 不需要自推扫就可以获取目标的三维信息。在时间调制型傅里叶变换光谱仪中可以采用点源探测器顺序获取干涉图，而不需要采用线阵或面阵探测器，简化了仪器的结构和干涉数据获取的复杂度。

(3) 不含狭缝光学元件，光通过率较高，可以实现光谱的被动测量。例如：在相同分辨率前提下，该类光谱仪的光能利用率较色散型光谱仪高出两个数量级以上。

(4) 通道多、光谱范围宽和谱线定位精度高。

时间调制型傅里叶变换光谱仪虽然具有以上优点，但其基于迈克尔逊干涉仪的光学原理以及使用运动镜这一特殊元件，使得该类光谱仪的性能产生了一些特定影响，如：

(1) 环境适应性不足。由于迈克尔逊干涉仪属于非共路干涉系统，外部环境的扰动、系统的机械扫描精度等对测量准确性有比较大的影响，因此，在干

涉仪的运动镜驱动系统中需配合有精密的伺服系统，以保证傅里叶干涉图的稳定变化，以及复原光谱的测量准确度。因此，时间调制型傅里叶变换光谱仪的光学系统复杂、环境适应性较差。

(2) 体积较大。复原光谱的光谱分辨率由干涉仪运动镜的最大移动量决定。运动镜移动的距离越大，所占用的仪器空间也越大，因此更高光谱分辨率的迈克尔逊傅里叶变换光谱仪意味着更大体积的干涉系统。

(3) 扫描周期与光谱分辨率成反比关系。光谱分辨率越高，运动镜移动的距离越大，因而一次往复运动需要的时间也越长。

为了克服时间调制型傅里叶变换光谱仪的缺点，有学者针对驱动方式和运动镜扫描方法，对迈克尔逊干涉仪进行了改进，产生了音圈驱动的迈克尔逊干涉仪、旋转扫描镜式干涉仪、扭摆式立体直角反射镜式干涉仪等。

音圈驱动的迈克尔逊干涉仪最大扫描速度达数米每秒，在 1 cm^{-1} 的光谱分辨率下，其扫描速度可达数百次每秒，但对扫描结构要求非常苛刻。Winthrop Wadsworth 研究的旋转扫描镜式干涉仪，其旋转速度为 360 次/s，光谱分辨率可达 1 cm^{-1}，选用合适的光学器件和探测器，其光谱范围可达 1～25 μm。德国 Bruker 公司和加拿大 ABB Bomem 公司采用 Rocksolid 和 Wishbone 结构设计的扭摆式立体直角反射镜式干涉仪如图 1.3 所示，该结构较好地克服了运动镜倾斜、外部振动对探测结果的影响，仪器整体稳定性较好，典型产品有 EM27 和 MR304。当光谱分辨率为 32 cm^{-1}时，旋转速度约为 105 次/s；当光谱分辨率为 1 cm^{-1} 时，旋转速度约为 1 次/s。

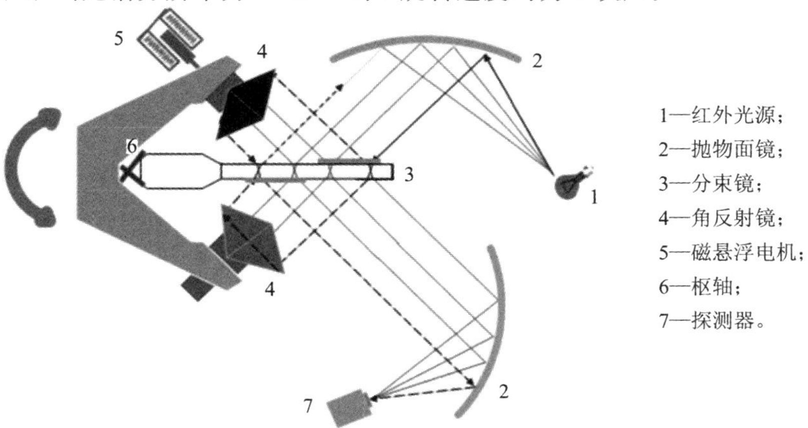

图 1.3　Bomem 的 Wishbone 干涉仪结构示意图

虽然上述改进型的时间调制型干涉仪使得时间调制型傅里叶变换光谱仪的调制速度有显著提高，时间调制型傅里叶变换光谱仪的扫描时间始终无法突破毫秒量级，且速度越高，对应的伺服系统越复杂，同时，扫描时间与光谱分辨率成反比关系依然没有改变。

1.1.3 空间调制型傅里叶变换光谱仪

20 世纪 80 年代，不少学者开始研究空间调制型傅里叶变换光谱仪，随后各种类型的非扫描静态(空间调制)傅里叶变换干涉仪陆续出现。空间调制型傅里叶变换干涉仪按照改变光程差的方式的不同分为两大类：一种是基于改变光束传输路径的干涉仪，如 Sagnac 干涉仪、固体斜楔干涉仪、Mach-Zehnder 干涉仪和阶梯镜干涉仪等；另一种是基于材料双折射原理的干涉仪，如由渥拉斯顿棱镜(Wollaston Prism)、Savart 偏光器、液晶(Liquid Crystal)、液晶波导等构成的干涉仪。由这些器件构成的静态干涉仪，具有结构紧凑、稳定性好等优点，但其光通量与空间分辨率之间相互制约，因而不能获得较高的光谱分辨率，限制了其在高速高光谱测量中的应用。

1993 年，美国佛罗里达大学和夏威夷大学提出了一种基于 Sagnac 棱镜的空间调制型干涉仪(见图 1.4)，该装置可用于天文观测，工作波长为 1～5 μm，光谱分辨率为 100～1000 cm^{-1}。

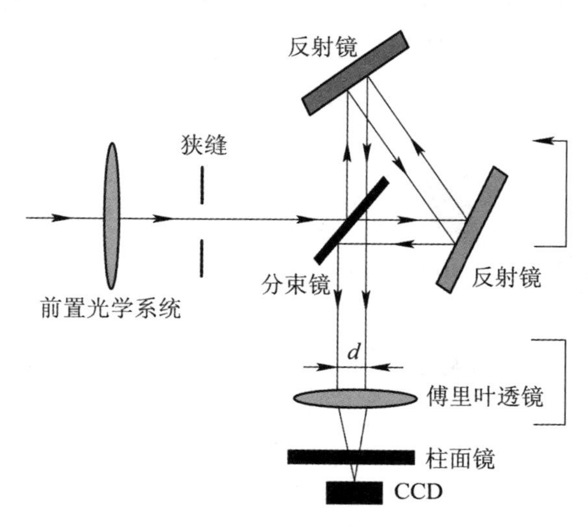

图 1.4 Sagnac 型空间傅里叶变换干涉仪

1. 基于改变光束传输路径的干涉仪

基于改变光束传输路径的干涉仪的典型代表是基于 Sagnac 棱镜的横向剪切干涉仪，其典型结构如图 1.5 所示。其中的关键光学组件—— Sagnac 光路结构由两块反射镜和一块分束镜组成。系统工作原理为：被测物或光源放于前置望远系统前端，发出的光经前置光学系统聚焦于入射狭缝处，入射狭缝出射的光经分束面分束成反射光和透射光，再经两个反射面反射及分束面反射或透射后入射到傅里叶透镜上。当两个反射面相对于分束面完全对称时，无光程差存在，故无干涉效应，而当其不对称时，两束光产生光程差，经傅里叶透镜后形成干涉。由于光路设置使入射狭缝置于傅里叶透镜的前焦平面处，故此时相对于光轴向两边分开的两束光，对傅里叶透镜而言相当于两个虚物点。由虚物点发出的光束经傅里叶透镜后变成平行光，得到的干涉图方程为

$$I = I + I\cos\left[\frac{(2\pi/\lambda)lx}{f'}\right] \tag{1.4}$$

式中，I 为分束镜两反射面之一相对于对称位置的偏移量，f'为傅里叶变换透镜的焦距。对上式进行进一步处理和傅里叶变换即得到光源上每一像元的光谱图。如果入射的是平行光，则可实现平行光的傅里叶变换干涉。但在 Sagnac 光学组件中，由于分束镜只占反射镜的一半面积，故反射镜体积不能太小，且反射镜面较多，加工工艺复杂。

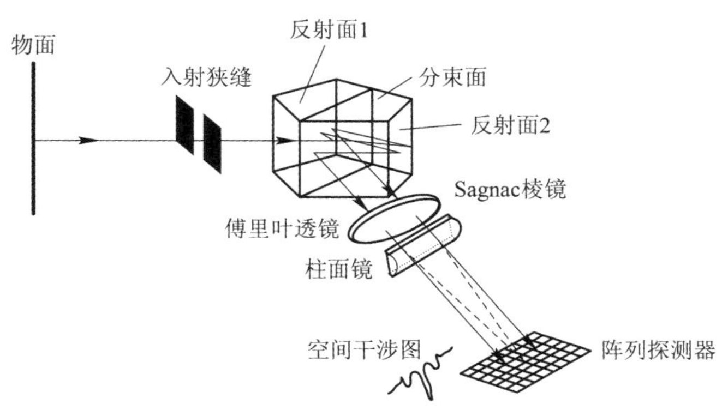

图 1.5　基于 Sagnac 棱镜的横向剪切干涉仪结构示意图

基于斜楔干涉原理也可构成空间傅里叶变换光谱仪，斜楔干涉原理如图 1.6 所示，其主要核心部件是一斜楔，斜楔上表面可实现对入射光的部分光进行透射，部分光进行反射(一般不是半透半反)，下表面是全反射面。

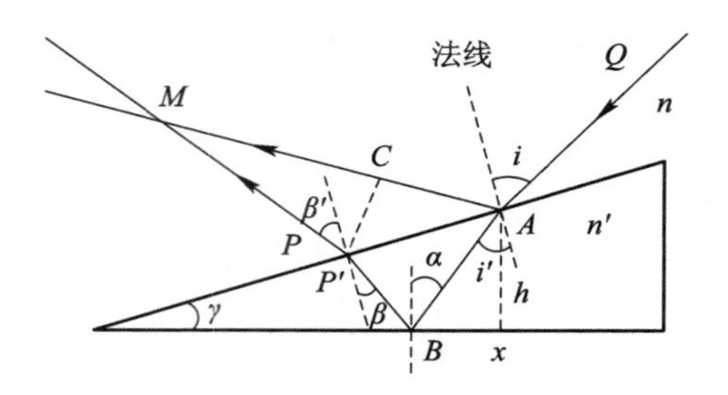

图 1.6　斜楔干涉原理图

图 1.6 中，一束光 Q 到达楔型薄膜表面 A 处分成两束，一束直接反射，另一束在经过薄膜后反射回来，最后两束光相交于 M 点。两束光的光程差为

$$\sigma = n'(AB + BP) - nAC \tag{1.5}$$

其中，n 为环境折射率，n'为斜楔材料折射率。在斜楔顶角角度较小时，可近似认为 A 点和 P 点处在同一厚度，由图中三角关系可得

$$AB + BP \approx \frac{2h}{\cos(i' - \gamma)} \tag{1.6}$$

其中，h 为 A 点斜楔厚度，i'为折射角，γ 为斜楔顶角。

$$AC = AP\sin i \approx 2h \cdot \tan(i' - \gamma) \cdot \sin i \tag{1.7}$$

将式(1.6)和式(1.7)代入式(1.5)可得

$$\sigma = \frac{2n'h}{\cos(i' - \gamma)}[1 - \sin i'\sin(i' - \gamma)] \tag{1.8}$$

并可得

$$E^2 = 2E_0^2\left[1 + \cos\left(\frac{2\pi}{\lambda}\sigma\right)\right] \tag{1.9}$$

当 $\sigma = k\lambda$ 时，干涉条纹极大(亮纹)，此时

$$k\lambda = \frac{2n'h}{\cos(i' - \gamma)}[1 - \sin i'\sin(i' - \gamma)] \tag{1.10}$$

当 $\sigma = \frac{2k+1}{2}\lambda$ 时，干涉条纹极小(暗纹)，此时

$$\frac{2k+1}{2}\lambda = \frac{2n'h}{\cos(i' - \gamma)}[1 - \sin i'\sin(i' - \gamma)] \tag{1.11}$$

由于 h 为斜楔上入射点位置对应的厚度，故根据图 1.6 可知

$$h = x \cdot \tan\gamma \tag{1.12}$$

由于斜楔顶角与斜楔材料折射率 n' 是常数，结合折射定律可知，干涉条纹的亮暗与入射光在斜楔上的入射位置及入射角度有关。当宽光束入射，且入射角度固定时，干涉条纹的亮暗完全取决于入射光线在斜楔上的位置。

从以上分析可知，斜楔干涉形成的干涉条纹亮度与时间无关，形成的干涉条纹宽窄均匀，可用于快速光谱探测。

斜楔干涉利用了入射光的空间干涉性，不同点入射的光在斜楔上下表面反射后形成的光程差不同，故整个光束可以在空间上形成连续的光程差，从而形成连续的干涉条纹。由于是空间干涉，故可以同时采集整个干涉图样，然后进行傅里叶变换得到入射光的光谱。但是斜楔干涉仪的干涉光与入射光在同一侧面，不便于采集，且参与干涉的两束光光强不相等，在斜楔干涉仪内反射多次，反射的光可能反射到探测器的表面，对干涉条纹造成干扰，整个探测光能利用率较低，又会有较大的噪声。

针对斜楔干涉仪的缺点，有学者研制了等效斜楔干涉仪，使其同时具有迈克尔逊干涉与斜楔干涉的优点。如图 1.7 所示，等效斜楔干涉仪由两个三角棱镜黏合而成，棱镜 1 是等腰直角棱镜，M1 是光入射面，M2 是全反射面；棱镜 2 是非直角棱镜，M3 是全反射面，M4 是光出射面，它的一个锐角是 45°，另一个锐角小于 45°；两个三角棱镜通过长边黏合在一起，黏合处镀有半透半反膜，形成一个分光面，即 OO'。入射平行光经 M1 照射到分光面上，经反射、透射分成光强相等的两束，分别由 M2 和 M3 反射后，再经过分光面透射、反射后，从 M4 射出干涉仪。由于角度的原因，两束光在干涉仪中传播时产生了

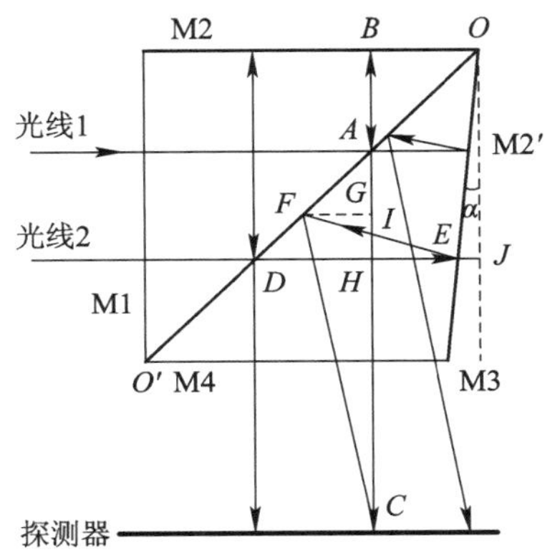

图 1.7　等效斜楔干涉仪内部光路图

连续的光程差，从干涉仪出射后将会发生干涉现象。因此，干涉仪中角度的存在是其产生干涉条纹的关键，它可等效为一个斜楔，而又不是一个真正的斜楔，因此我们称其为等效斜楔干涉仪。在该傅里叶变换光谱探测中，干涉仪是核心部件，系统的光谱分辨力、波长计算误差大小等都与干涉仪有直接的关系。

此外，通过类似改变光路结构的干涉仪还有基于迈克尔逊倾斜镜、劳埃德镜、阶梯镜、Mach-Zehnder 和菲聂耳双棱镜等构成的空间调制型傅里叶变换干涉仪。

2. 基于材料双折射的干涉仪

基于材料双折射原理的干涉仪采用双折射晶体作为分束元件，利用双折射偏振干涉的方法，在垂直于狭缝方向产生目标辐射的干涉图。其典型结构有基于 Wollaston 棱镜的双折射型 FTS(Fourier Transform Spectrometer，傅里叶变换光谱仪)、Savart 偏光器、Liquid Crystal 等。图 1.8 是基于 Wollaston 棱镜的双折射型 FTS 结构示意图。

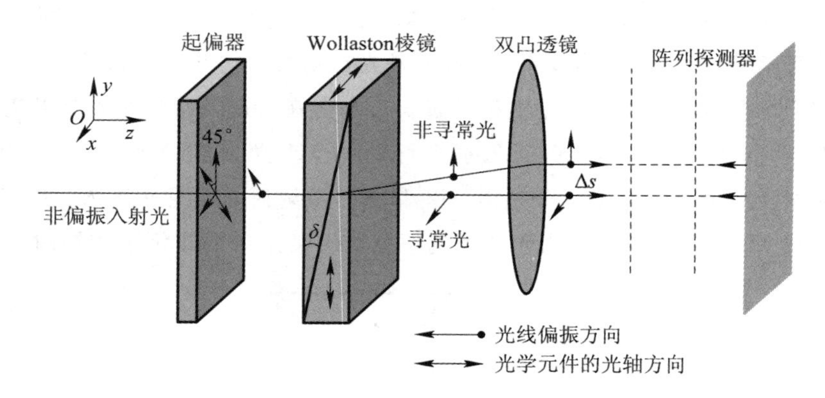

图 1.8　基于 Wollaston 棱镜的双折射型 FTS 结构示意图

图 1.8 所示的 Wollaston 棱镜由两块光轴平行于各自端面且相互正交的直角棱镜胶合而成；可获得两束空间上彼此分开且偏振面正交的线偏振光，即 o 光和 e 光，再经检偏器复合成偏振方向相同的偏振光，由傅里叶透镜和柱面镜汇聚后，在探测器平面上形成目标辐射的干涉图。Wollaston 棱镜需要对干涉图进行精确的制和处理，分辨率低，视场小，即使采用棱镜阵列，其光谱分辨率也不高，最高为 50 cm^{-1}。

Vescent Photonics公司的Tien-Hsin Chao等研究的液晶波导FTS视场角可达80°，其分辨率可达1 cm^{-1}。液晶阵列光谱范围小、散射和吸收大、速度慢(几十赫兹)。如厚度为200 μm的液晶BL006，波长范围为400～2000 nm，温度依赖和色散大，散射率达15%，吸收率达35%。

这些静态傅里叶变换光谱仪，具有结构简单、体积小、没有光线返回入射光路、对震动不敏感的优点。但受对应的光学原理影响，光谱分辨能力均有限，光谱分辨率典型值在100 cm^{-1}左右，所采用的线阵或面阵探测器对光谱仪探测波段、仪器成本均产生较大影响。

1.1.4　时空联合调制型傅里叶变换光谱仪

时空联合调制型傅里叶变换光谱仪同时解决了时间调制型干涉仪稳定性差、空间调制型干涉仪光通量低的缺点。它利用空间调制型干涉仪的横向剪切器产生不同的光程差，同时采用了时间调制的方式。在相同时间内不同入射角的光线产生的光程差不同，通过推扫以获得不同时刻同一目标点的干涉光强。图1.9为一类时空联合调制型傅里叶变换光谱仪示意图。图1.9和图1.4类似，但不同的是，图1.9中不包含狭缝，探测器前也不设置柱面镜。因为时空联合调制型傅里叶变换光谱仪兼有时间调制型傅里叶变换光谱议和空间调制型傅里叶变换光谱议的特点，其结构稳定，设计相对简单，光通量大，分辨率高。1993年，美国国家航空航天局研制出了基于双折射元件的时空联合调制型傅里叶变换光谱仪样机。

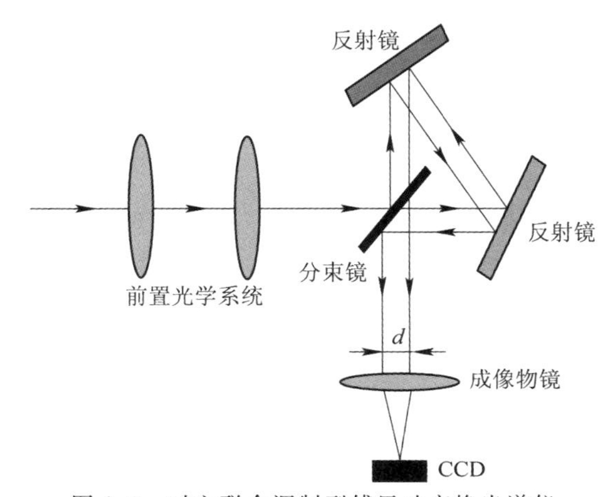

图1.9　时空联合调制型傅里叶变换光谱仪

1.2 弹光调制型傅里叶变换光谱技术概述

1.2.1 弹光调制器概述

通过电、磁、超声或应力等对材料的折射率进行调制的装置分别称为电光调制器、磁光调制器、声光调制器、弹光调制器。其中，弹光调制器可用在弹光调制傅里叶变换光谱仪中作为干涉仪。在上述几种调制器中，弹光调制器（Photo-elastic Modulator，PEM）在 FTS 中的应用潜力较大。

PEM 就像一个“动态的波片”，可以使快轴和慢轴之间产生一个周期变化的折射率差，从而控制透过光束的偏振发生周期性变化。即，弹光调制器通过对线偏振光添加一定的相位，使输出光在圆偏振、椭圆偏振、线偏振等状态之间进行变化，同时弹光调制器还可以使光在左旋、右旋两种状态之间进行切换。

弹光调制是一种基于弹光效应的人工双折射现象。该效应可以追溯到 1816 年 David Brewster 的研究以及 M. Billardon 和 J. Badoz 在 1966 年的发现。PEM 主要由产生驱动力的驱动器和弹光双折射晶体构成，通常用压电驱动器驱动弹光晶体。其基本工作原理如图 1.10 所示。其中，光学元件和压电驱动器通过一定方式进行耦合，给压电驱动器施加一个周期性的应力，从而使得光学元件和压电驱动器进行周期性运动。弹光调制器一般工作在基频模态，对于长度为 L 的光学元件，其谐振频率可以用公式 $f = v/(2L)$ 描述。其中，v 为材料中的声速。图 1.10 中箭头方向表示光学元件和压电驱动器边界的振动方向。整个振动过程属于简谐振动。

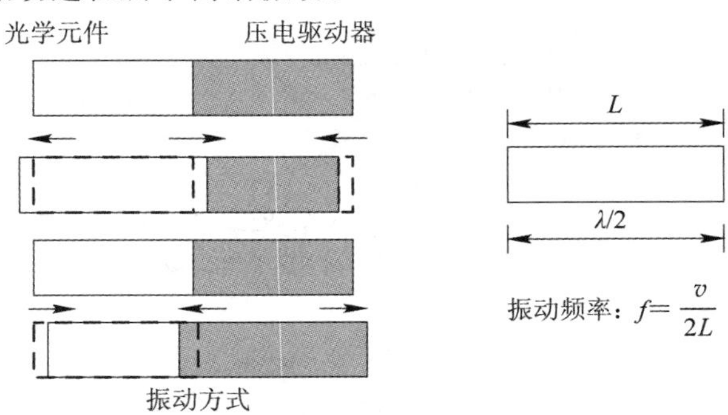

图 1.10 弹光调制器振动原理示意图

压电驱动器与弹光晶体通过一定方式耦合，经过适当的尺寸匹配，二者的机械振动模态达到一致，即二者具有相同的谐振频率；利用相应的 LC 高压谐振电路使压电驱动器产生周期振动，并将该振动耦合到弹光晶体中，使之产生振动频率相同、相位相反的受迫振动；调节合适的电驱动信号频率，可使 PEM 整体产生谐振，进而使得弹光晶体的折射率产生周期性调制。

在 PEM 中，压电驱动器与弹光晶体的耦合有 Kemp 型、Canit & Badoz 型和 F. Bammer 型三种结构，如图 1.11 所示。

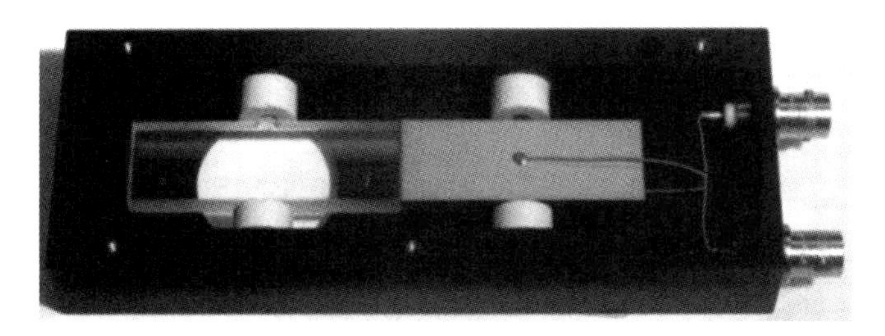

(a) Kemp型PEM结构实物图

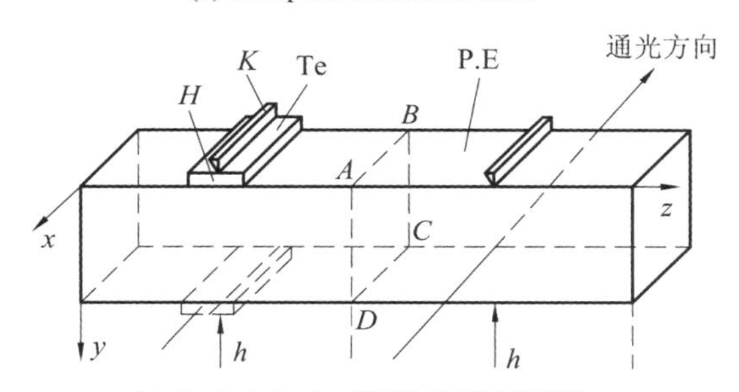

(b) Canit & Badoz型PEM结构示意图

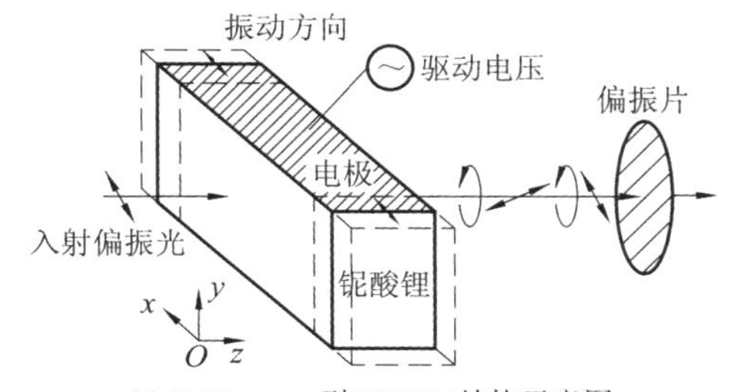

(c) F. Bammer型SCPEM结构示意图

图 1.11　三种类型的 PEM 结构示意图及实物图

Kemp 型 PEM 采用强力胶将弹光晶体与压电驱动器胶结，其实物图如图 1.11(a)所示，压电驱动器与弹光晶体均工作在谐振状态，其长度均是晶体中驻波波长的一半，其通光位置为光学元件的中心。该方法的优点是压电驱动器施加的力可以有效地耦合到晶体材料中，因此折射率调制范围较宽。

Canit & Badoz 型 PEM 结构图如图 1.11(b)所示，其将压电驱动器用软胶贴在弹光晶体侧面零应变位置，整个调制器以简支方式固定，如 HK 线段所示位置。假设整个晶体沿 z 轴方向的长度为 L，则其侧面零应变位置和简支位置分别处于 $L/4$ 和 $3L/4$ 处，通过横向激励产生纵向驻波，胶结处没有形变，压电驱动器不需要随着晶体一起谐振，在通光方向上，入射光的入射位置在光学元件的 3/4 处，沿 x 轴方向或反方向入射，因而其最终的调制性能与胶黏的强度有很大关系。

上述两种 PEM 一般工作在基态模态。2009 年，奥地利 F. Bammer 等人抛弃了前两种 PEM 采用一个压电驱动器驱动一个各向同性弹光晶体的 PEM 基本结构，而是利用非线性晶体如铌酸锂($LiNbO_3$)自身的压电和弹光效应构成单晶体弹光调制器(Single Crystal Photo-elastic Modulator，SCPEM)，如图 1.11(c)所示，即晶体自身既是压电驱动器，又是弹光晶体。SCPEM 加工工艺简单，体积小，调制效率高。该类 PEM 不但可以工作在基态模态，而且还可以产生多模态的振动叠加，使得工作状态多样化。

PEM 的通光角孔径大(可用的锥角达 ±50°)、受光面积大(通光孔径一般为 20 mm，最大为 45 mm)、偏振精度高(可达 5×10^{-6})、调制频率范围宽(10～200 kHz)、机械品质因数高($\geqslant10^3$)。由于大部分材料都具有弹光效应，因而可选择的材料非常广泛，但考虑到材料的振动特点，一般倾向于选用晶体光学材料(如：CaF_2，SiO_2，ZnSe，Si，$LiNbO_3$，$LiTaO_3$ 等)作为弹光材料，其光谱范围宽(如熔融硅可从真空紫外到近红外，多晶 ZnSe 可从可见光到中红外，硅材料可应用于 THz 波段等)。

弹光调制器对比声光调制器、电光调制器、液晶调制器，其独特之处包括：

(1) 通光孔径(15～30mm，标准)非常大，同时保持很高的调制频率；

(2) 超大接收角度(视场角)范围(±20°)；

(3) 波长覆盖范围大(170 nm～10 μm，FIR～THz)；

(4) 损伤阈值高；

(5) 可精确控制相位延迟。

美国 Hinds Instruments 公司是世界著名的弹光调制器生产商，且在 1970 年就研制了商业版的弹光调制器。Hinds Instruments 公司的弹光调制器可以控制光束偏振状态的改变，调制速率为 20～100 kHz。该公司开发了一系列

PEM，包括多种 PEM 产品线，使基础科学研究和工业生产取得了显著进展，包括光刻、CD 光谱学、托卡马克等离子体监测等。该公司已经将偏振调制扩展到专用于特定应用的领域，包括平板显示器和其他精密光学的 Exicor® 双折射测量、偏振消光比系统，用于核燃料 OPTAF 测量的 2-MGEM 椭圆偏振系统，完整和部分穆勒矩阵测量系统等。

Hinds Instruments 公司的弹光调制器主要分为两个系列：

(1) Series Ⅰ系列弹光调制器，如图 1.12(a)所示，其使用矩形光学元件，波长覆盖紫外、可见光和红外至 1 μm 或者 2 μm；

(2) Series Ⅱ系列弹光调制器，如图 1.12(b)所示，其使用对称或者八角形的光学元件，波长覆盖可见和红外(到中红外)频谱区域。

弹光调制器的光学头使用不同的光学材料，材料的选取主要取决于仪器频谱透射率的需要。

(a) PEM100　　(b) PEM200

图 1.12　Hinds In Struments 公司研制的 PEM

如果用 PEM 代替传统 FTS 中机械扫描或空间扫描的干涉仪，则可构成新型的弹光调制傅里叶变换光谱仪，其基本工作原理如图 1.13 所示。

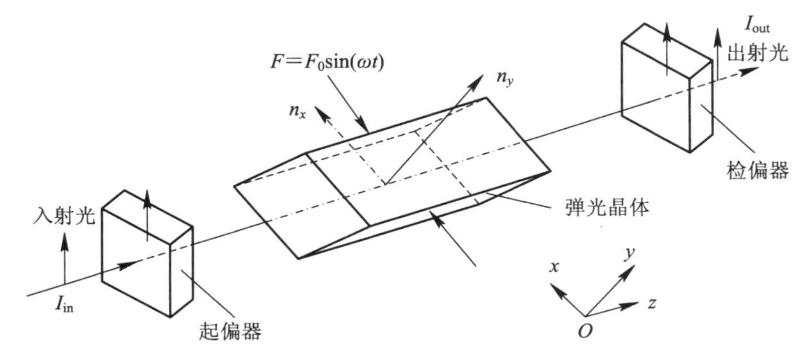

图 1.13　弹光调制傅里叶变换光谱仪干涉原理图

在图 1.13 中，入射光通过起偏器产生两束偏振方向垂直的 o 光和 e 光，这两束光通过弹光晶体时产生不同的光程，使得这两束光波之间的调制光程差正比于晶体材料的可变折射率差，即 $\delta=\Delta n\cdot L$，该光程差在电信号的驱动下变化半个周期，完成一次光谱测量。

图 1.13 中，在弹光晶体中，与 x，y 轴成 45°偏振的入射光 I_{in} 在外加的周期性驱动力 $F=F_0\sin(\omega t)$的作用下产生周期性双折射，入射光经双折射分解为 o 光和 e 光，通过晶体后，两束光产生的光程差为 $\delta=\Delta n\cdot L$(迈克尔逊干涉仪，$\delta=n\cdot\Delta L$)，其中：$\Delta n=B\sin(\omega t)$为 o 光和 e 光方向上的折射率差；B 为双折射率差的最大值；ω 是调制角频率；L 为晶体中通光路径长度。通过调制折射率差，可以得到相应的调制光程差。通过检偏器后，弹光调制干涉仪产生调制的干涉信号：

$$I_{\text{out}}(t)=\int_0^{\infty}I_{\text{in}}(\sigma)\cos[2\pi Bl\sigma\sin(\omega t)]\mathrm{d}\sigma \tag{1.13}$$

式中，σ 为波数。通过点探测器进行光电转换，获得干涉图的电信号。对干涉信号进行傅里叶变换便可获得入射光的光谱：

$$I_{\text{in}}(\sigma)=\int_0^{\frac{T_0}{4}}I_{\text{out}}(t)\cos[2\pi Bl\sigma\sin(\omega t)]\cos(\omega t)\mathrm{d}t \tag{1.14}$$

式中，T_0 为调制周期。

但是单个 PEM 产生的可调光程差小，使其不能完全满足光谱测量的需求，需要进一步提高光谱分辨率。

T. N. Buican 于 1990 年首先提出了 PEM-FTS(Photo-elastic Modulatod hased Fourier Tramsform Spectrometer，弹光调制傅里叶变换光谱仪)的设计思想，该设计思想曾获美国“R & D 100”奖项。美国的 Los Alamos 国家实验室于 1995 年生产出了世界上第一台以 PEM-FTS 为核心的商用单生物细胞荧光辐射的流量血细胞计数仪 FT-1000，如图 1.14 所示。该仪器通过激光诱导血细胞激发紫外荧光，利用调制速度高达 50 kHz 的 PEM-FTS 对其进行光谱识别。该仪器的光谱探测范围为 0.45～0.80 μm，可每 10 μs 产生一张干涉图，其对应的波数为 1000 cm^{-1}。该仪器的光谱分辨率尚不能满足近红外等波段的光谱测量要求。

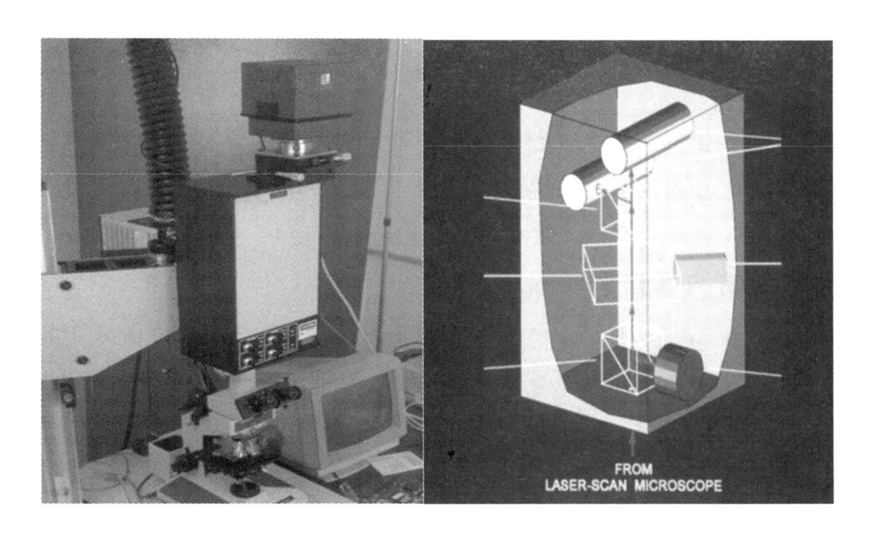

图1.14　FT-1000及其对应的单PEM干涉仪结构示意图

PEM-FTS具有如下潜在的优点：

(1) 调制频率高达数百千赫兹。每秒能完成数万次的干涉测量，比普通FTS的速度高两三个数量级，可用于高速运动物体或瞬态光谱测量，且扫描速度与光谱分辨率无关。

(2) 有极宽的光谱范围。若采用熔融石英弹光双折射材料作干涉仪，其光谱范围可从真空紫外到近红外；若采用多晶硒化锌，其光谱范围可从可见光到中红外；若选用硅材料，其光谱范围又可拓展至太赫兹波段。

(3) 采用点探测器完成光电转换。如此可在降低成本的同时，提高数据转换速度。

(4) 受光面积及视场角大，灵敏度高。弹光调制型干涉仪无需狭缝等对光通量产生影响的元件。

(5) 无运动部件，系统工作稳定性高。弹光调制属于电调谐驱动下的谐振工作器件，外界的振动对其的干扰很小。

(6) 光学系统简单，系统结构紧凑。弹光调制干涉仪仅需PEM外加一组偏振片即可，光路结构简单，校准容易，且不像迈克尔逊型干涉仪那样，需要极为复杂精密的伺服系统，系统整体结构紧凑。

(7) 装调难度小。整个光学系统元件数量少，结构简单，易于光学调整。

1.2.2 各种结构的弹光调制器

商业上可获得的 PEM 一般采用单驱动器，产生的光程差小，最大光谱分辨率较低。理论上，为提高光谱分辨率，可增加 PEM 的驱动电压或将多个 PEM 串联。

1. 串联结构弹光调制器

2006 年，Tudor N. Buican 提出采用多个 PEM 串联方式提高 PME-FTS 光谱分辨率。如图 1.15 所示，光源 S 发出的光经过离轴抛物面镜 PM1 后进入由起偏器 POL1、弹光调制器 PEM1、PEM2、PEM3 以及检偏器 POL2 组成的干涉系统中，并在 POL2 后面产生干涉，最后经由离轴抛物面镜 PM2 聚焦至探测器 D 的光敏面上。图中，PBS 是参考激光，PBD 是光电探测器，P1、P2 是分束器。

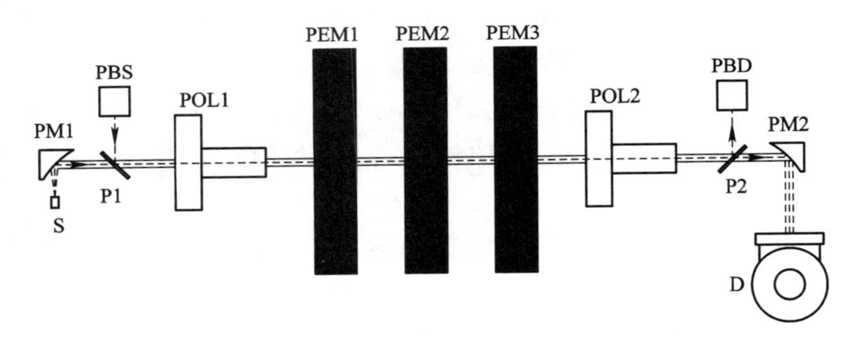

图 1.15　多 PEM 串联式 PEM-FTS 结构示意图

该结构原则上需要对各 PEM 的几何尺寸进行精确控制，以便实现同频同相的谐振工作状态，进而在一定程度上提高调制光程差和光谱分辨率。但由于 PEM 之间的机械尺寸、材料特性差异，以及高机械品质因数等特点，将它们调谐到同一个工作频率很困难。并且当多块 PEM 串联工作时存在中心频率问题，实际应用时需先寻找该中心频率，然后将多块 PEM 均以该中心频率进行驱动，从而尽可能保证多块 PEM 的光程差能够叠加最大化。但随着 PEM 数量的增加，寻找中心频率将变得困难，因而通过该方法提高光谱分辨率的能力亦有限。另外，多个 PEM 界面的多次反射将导致一部分光能损失，尤其对于中远红外波段以及太赫兹波段的弹光材料而言(一般为硒化锌和硅)，这种反射损失是非常巨大的，这些问题限制了串联方式 PEM-FTS 的应用。

2007年，美国陆军埃奇伍德生化中心(Edgewood Chemical Biological Center，ECBC)以多块串联PEM干涉仪为基础，设计了一种全景式红外成像光谱辐射谱仪(Panoramic Infrared-Imaging Spectroradiometer，PANSPEC)，如图1.16所示。

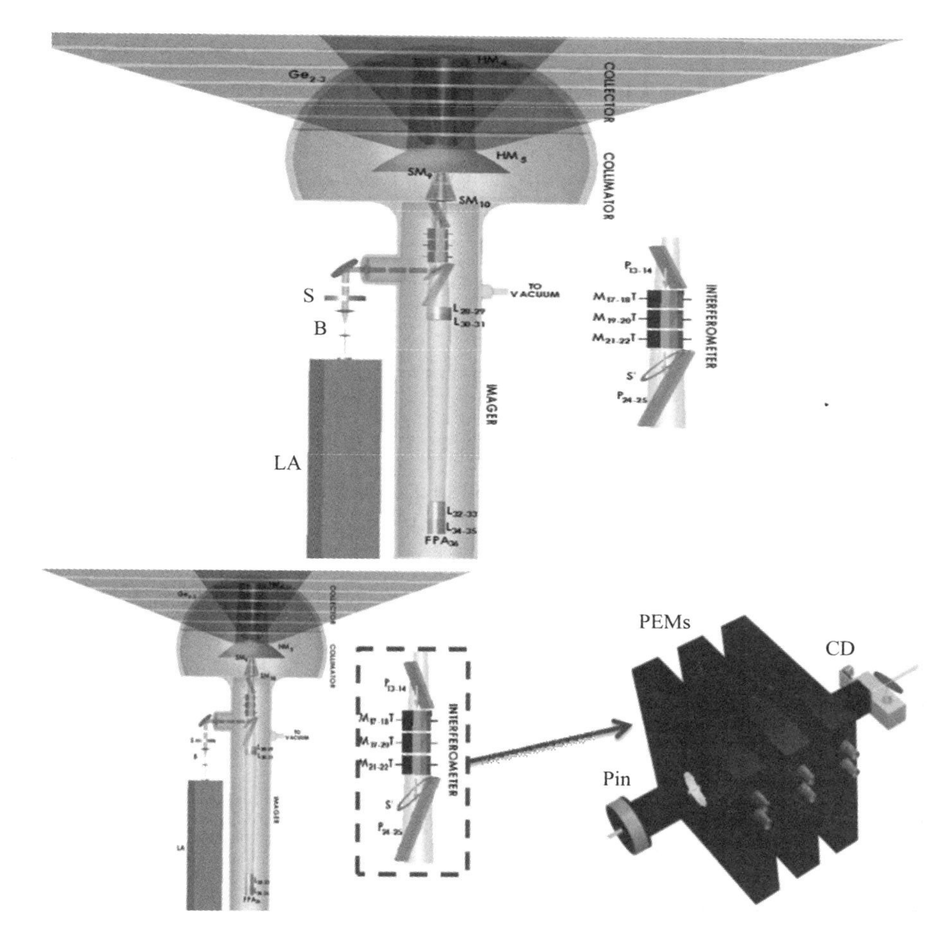

图1.16　全景式红外成像光谱辐射谱仪及其干涉仪结构示意图

PANSPEC的干涉仪依然采用多次串联方式，并充分利用了弹光调制干涉仪调制速度快的特点，在收集光系统上，以锗材料作为保护外壳，利用双曲面镜HM4、HM5以及球面镜SM9、SM10对±70°视场角范围内的光束进行收集，再根据PEM通光孔径大的特点，配合上焦平面阵列FPA，可实现凝视成像。PANSPEC的主要用途是战场生化武器预警以及爆炸物光谱测量等，其技术参数见表 1.1。

表 1.1 PANSPEC 主要技术参数

光谱范围(Spectral Range)	2～12.5 μm (800～2000 cm^{-1})
光谱分辨率(Spectral Resolution)	小于等于 100 cm^{-1}
视场角(FOV)	± 70°
探测器获得的光通量(Light Throughput to Detector)	1% ～ 2%(对于收集的非偏振光)
最大干涉调制带宽(Maximum Interferogram Bandwidth)	≈ 94 MHz
最大采样频率(Maximum Sampling Frequency)	≈188 MHz
干涉图调制时间(Interferogram Scanning Time)	13.5 μs
入射光束直径(Input Beam Diameter)	≈ 5 mm
弹光调制器频率(PEM Frequency)	37 kHz
弹光调制器数量(PEM Windows)	5

从表 1.1 中可以看出，串接式弹光调制干涉仪最大的问题在于：提高光谱分辨率的同时，光通量急剧下降，从而限制了该干涉仪结构的应用。

2. 虚拟堆砌弹光调制器

针对多次串联的弹光调制器结构、工艺复杂的问题，编者提出了虚拟堆砌弹光调制干涉仪的设计思路，其结构示意图如图 1.17 所示。

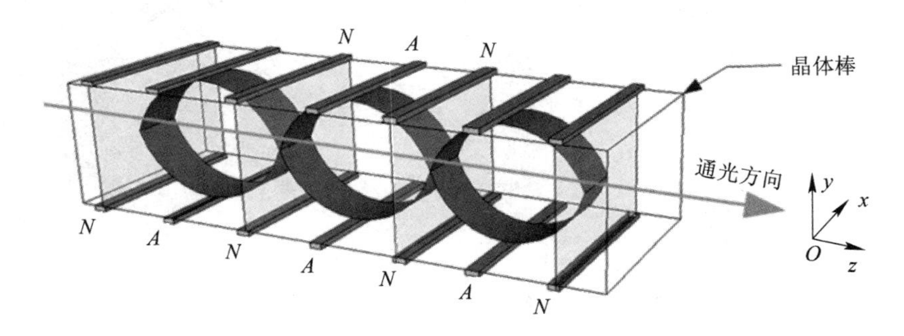

图 1.17 虚拟堆砌弹光调制干涉仪示意图

在虚拟堆砌弹光调制干涉仪的示意图中，长棒晶体为虚拟堆砌结构的弹光晶体，附着在晶体上下表面多个短棒上，构成阵列驱动器。其中，N 为波节驱动器，A 为波腹驱动器。两个相邻波节驱动器之间的弹光晶体为一个基本振动单元。

虚拟堆砌弹光调制干涉仪的基本工作原理是：当驱动器作用于弹光晶体时，弹光晶体产生横向剪切振动，振动沿 z 轴方向传播，形成行波。左右传播的行波可写为

$$L(z,t)=\left(\sum_{j=1}^{M}A_j\mathrm{e}^{\mathrm{i}\varphi_j}\mathrm{e}^{-\mathrm{i}\kappa z_j}\right)\mathrm{e}^{\mathrm{i}(\omega t+\kappa z)} \tag{1.15a}$$

$$R(z,t)=\left(\sum_{j=1}^{M}A_j\mathrm{e}^{\mathrm{i}\varphi_j}\mathrm{e}^{\mathrm{i}\kappa z_j}\right)\mathrm{e}^{\mathrm{i}(\omega t-\kappa z)} \tag{1.15b}$$

其中，$\kappa=k-\mathrm{i}\beta$ 为复波矢，k 为波矢实部，β 为衰减系数，M 为驱动器数量。

在虚拟堆砌弹光调制干涉仪中，为了使所有振动单元的振动相位相同，从而保证调制光程差有效叠加，每个振动单元的振动应互相独立，即该单元的振动应约束在本单元范围内。对于一个振动单元而言，有 $M=3$，因此有

$$\sum_{j=1}^{M}A_j\mathrm{e}^{\mathrm{i}\varphi_j}\mathrm{e}^{-\mathrm{i}\kappa z_j}=0 \tag{1.16a}$$

$$\sum_{j=1}^{M}A_j\mathrm{e}^{\mathrm{i}\varphi_j}\mathrm{e}^{\mathrm{i}\kappa z_j}=0 \tag{1.16b}$$

若压电驱动器驱动振幅分别为 A_1，A_2，A_3，驱动器所处位置分别为 $z_1=-a$，$z_2=0$，$z_3=b$，则代入式(1.16)得

$$A_2\mathrm{e}^{\mathrm{i}\varphi_2}=\frac{\sin[\kappa(a+b)]}{\sin(\kappa b)}A_1\mathrm{e}^{\mathrm{i}\varphi_1} \tag{1.17a}$$

$$A_3\mathrm{e}^{\mathrm{i}\varphi_3}=\frac{\sin(\kappa a)}{\sin(\kappa b)}A_1\mathrm{e}^{\mathrm{i}\varphi_1} \tag{1.17b}$$

式(1.17)给出了相邻三个驱动器之间的振幅、相位及位置关系，为在振动单元形成驻波，须有 $a=b=\lambda/4$，则

$$A_2\mathrm{e}^{\mathrm{i}\varphi_2}=2\mathrm{e}^{\mathrm{i}\varphi_1}\sinh\left(\frac{\beta\lambda}{4}\right)A_1 \tag{1.18}$$

根据驱动器的材料参数，可求解式(1.18)的解，即只要选择合适的相位与振幅，便可实现在振动单元两侧波节处的波叠加相消，在波腹处的叠加相长，相当于在波节处的两个振动单元之间分别放置一个全反射界面。因此该结构相当于多个独立干涉仪相互串联，但没有物理界面，形成“虚拟堆砌”。

根据波叠加理论，采用建模仿真方法求解具体材料的数值，同时考虑弹光晶体和驱动器的安装方式、精度和位置误差对波节处的振动隔离效果的影响，

对驱动器安装精度和驱动器尺寸与外形进行分析，得出可工程实现的虚拟堆砌弹光调制干涉仪模型，最后试制相应的虚拟堆砌弹光调制干涉仪，不断地修正实验误差，使之满足要求。

为实现虚拟堆砌弹光调制干涉仪的功能，虚拟堆砌弹光调制干涉仪需采用阵列驱动控制技术方案，如图 1.18 所示。

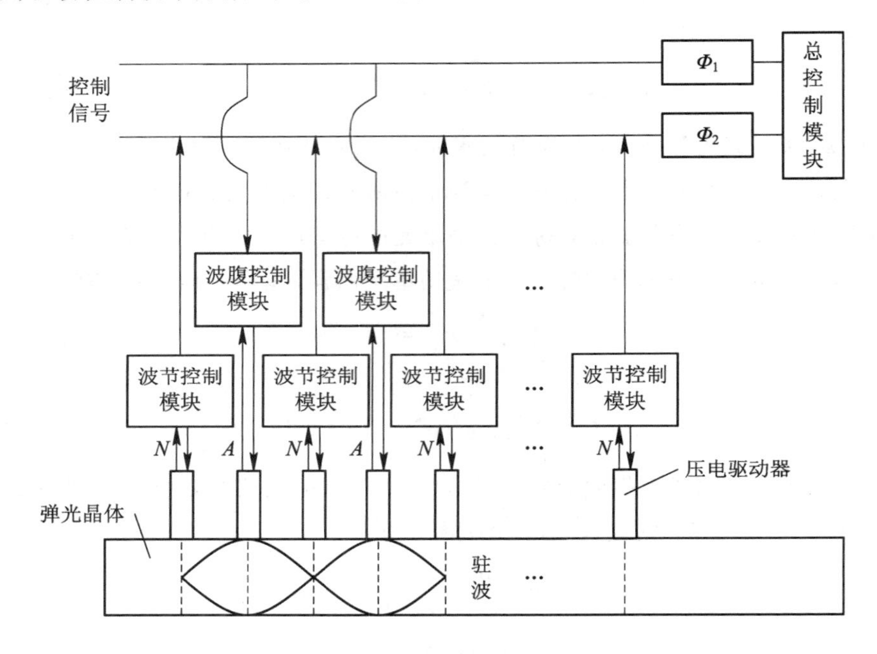

图 1.18　阵列驱动控制技术方案

该阵列驱动控制技术方案由总控制模块、波节控制模块、波腹控制模块和压电驱动器组成，可实现对虚拟堆砌弹光干涉仪的相位、频率及幅值的控制。总控制器产生驱动信号，并根据干涉仪的实时工作状态调整驱动信号的幅值、频率和相位。每个振动单元的实时状态反馈至总控制器，总控制器根据每个振动单元的单元控制函数和全局控制函数，控制器不断修正并得到实时谐振频率值和电压值，实现对虚拟堆砌弹光晶体的最优控制。

通过“虚拟堆砌”的方式使调制光信号通过干涉仪时产生更大的光程差，以提高重建光谱的光谱分辨率。但是由图 1.18 可以看出，对“虚拟堆砌”弹光调制器的驱动控制技术要求比较严格，即要求多个波节控制信号、多个波腹控制信号一致性高，这在工程实践中比较难实现。因此，为克服虚拟堆砌弹光调制

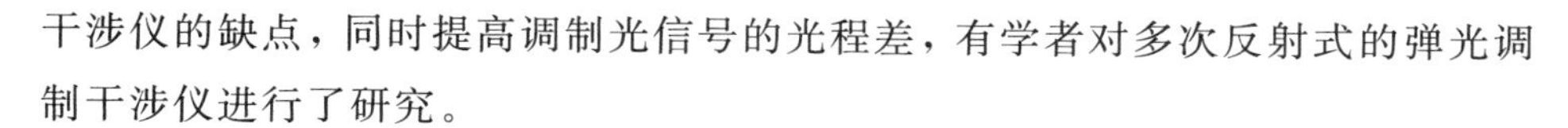

干涉仪的缺点，同时提高调制光信号的光程差，有学者对多次反射式的弹光调制干涉仪进行了研究。

3. 多次反射式弹光调制器

针对传统单弹光调制器调制的最大光程差小，以及串联式弹光调制干涉仪驱动控制复杂等问题，中北大学王志斌课题组基于单弹光调制器研制了多次反射式弹光调制器。

多次反射式弹光调制干涉仪结构示意图如图 1.19 所示，它通过在弹光晶体前后表面镀制反射膜，以及光线倾斜入射的办法，让入射光线在晶体内部产生多次反射，最后从晶体另一面射出。如此，光线在晶体内部的实际传播距离 L 将为晶体厚度 D 的数倍，从而根据公式 $x=L\Delta n$ 可知，其最大调制光程差将会增大。该方法充分利用了弹光晶体在一个维度上的全部传播空间和应力——折射率分布，但由于晶体中的应力分布不均匀，呈现余弦曲线，因而会使得入射光在通光路径上受到的应力不同，所以需要建立其双折射干涉调制模型。

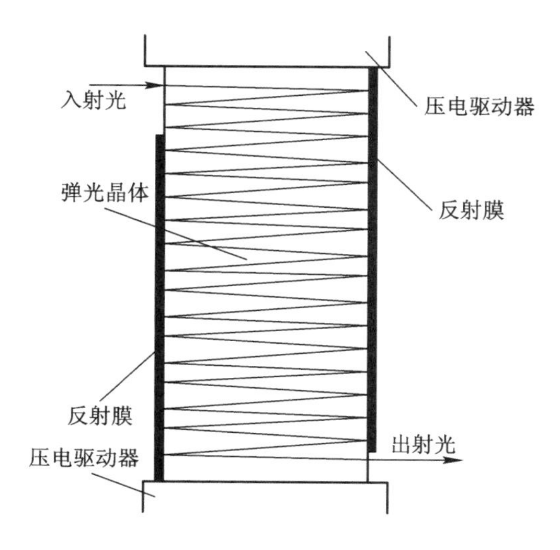

图 1.19　多次反射式弹光调制干涉仪结构示意图

4. 不同耦合方式的弹光调制器

弹光调制器是由弹光晶体和压电驱动器两部分组成的。为了在相同的驱动应力下，让弹光晶体产生更大的形变，以使不同偏振光产生更大的相位差，弹光晶体一般采用具有各向异性的硒化锌晶体或熔融石英晶体。熔融石英晶体具有光谱范围窄等缺点，因此通常采用硒化锌晶体。压电驱动器可采用压电陶瓷或压电石英材料，但压电陶瓷方向性较差，且在高频振动下会产生较为明显的热效应，所以一般采用压电石英材料的驱动器。

为了验证弹光晶体和压电驱动器的结构，两者的耦合方式等对弹光调制器特性的影响，有不同学者研制了长棒型结构、正八角形对称驱动结构以及正八角形非对称驱动结构等不同结构的弹光调制器，如图1.20所示。

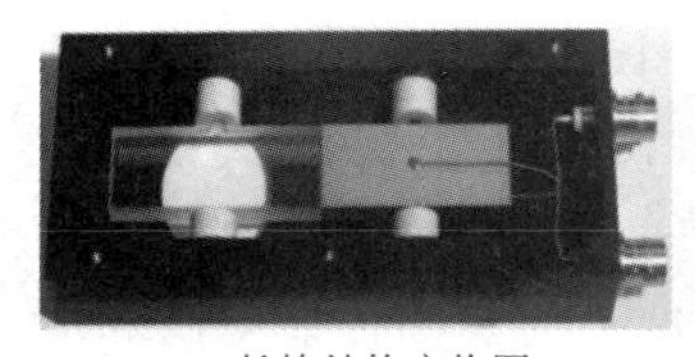
(a) 长棒结构实物图

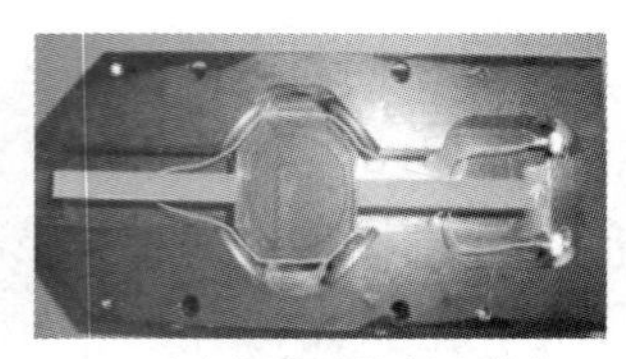
(b) 正八角形对称驱动结构

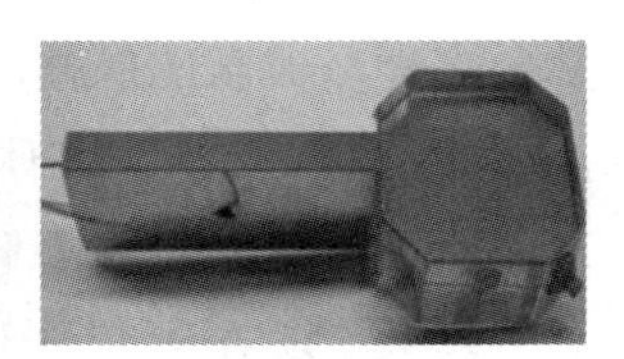
(c) 正八角形非对称驱动结构

图1.20　不同结构的弹光调制器

本章小结

本章首先对光谱仪器的发展阶段、分类进行简单阐述，引入傅里叶变换光谱技术；再对时间调制型、空间调制型傅里叶变换光谱技术的原理、特点进行阐述；针对瞬态光谱探测需求以及时间调制型光谱的特点，引入弹光调制傅里叶变换光谱技术；分析了弹光调制傅里叶变换光谱技术的原理和特点，简单介绍了串联结构、虚拟堆砌、多次反射式等几种结构的弹光调制器。

参考文献

[1]　王文桂. 干涉光谱仪[M]. 北京：宇航出版社，1988.

[2]　吕乃光. 傅里叶光学[M]. 北京：机械工业出版社，2006.

[3]　虞宝珠. 傅里叶变换光谱术及其应用[J]. 物理，1984，13(9)：545-556.

[4]　TUTHILL P G, MONNIER J D, DANCHI W C, et al. Michelson

interferometry with the Keck I telescope [J]. Publications of the Astronomical Society of the Pacific，2000，112(770)：555－565.

[5] 彭秀华. 迈克耳逊干涉仪中附加光程差对干涉图样影响的讨论[J]. 大学物理，2001，20(1)：32－35.

[6] 刘国庆. 傅里叶变换红外光谱仪[J]. 电子器件，1987(3)：17－20.

[7] MANNING C J. Factors Inducing and Correction of Photometric Error Introduced to FTIR Spectra by a Non-Linear [C]. Proc. 11th Int. Conf. on Fourier Transform，Spectroscopy，AIP Conf. Proceedings，1998.

[8] WINTHROP W，JENS P D. Rugged High Speed Rotary Imaging Fourier Transform Spectrometer for Industrial Use [C]. Vibrational Spectroscopy：based Sensor Systems，Proc. of SPIE，2002，4577：83－88.

[9] WINTHROP W，JENS P D. A Very Fast Imaging FT Spectrometer for Online Process Monitoring and Control [C]. Part of the SPIE Conference on Online Chemical Process Monitorinci with Advanced Techniques，1999，3537：54－61.

[10] ARNO S，JÜRGEN G，AXEL K. Fourier Spectrometer：US 5309217 [P]. 1994－3－3.

[11] GRIFFITHS P R，HIRSCHE B L，CHRISTOPHER J M. Ultra-Rapid-Scanning Fourier Transform Infrared Spectrometry [J]. Vibrational Spectroscopy，1999，19：165－176.

[12] KEMP J C. Piezo-Optical Birefringence Modulators：New Use for a Long-Known Effect [J]. Journal of The Optical Society of America，1969，59(8)：950－953.

[13] CANIT J C，BADOZ J. New Design for a Photoelastic Modulator [J]. Applied Optics，1983，22(4)：592－594.

[14] 陈友华，张记龙，王艳超，等. 基于铌酸锂压电弹光双效应的单晶体弹光调制器[J]. 光学学报，2012，32 (11)：1116002.

[15] BAMMER F，PETKOVSEK R. Q-switching of a fiber laser with a single crystal photo-elastic modulator [J]. Opt. Express，2007，15

(10): 6177-6182.

[16] PETKOVŠEK R, BAMMER F, SCHUÖCKEr D, et al. Dual-mode single-crystal photoelastic modulator and possible applications [J]. Applied Optics, 2009, 48(7): C86-C91.

第2章　弹光调制干涉仪的工作原理和弹光调制器的设计

弹光调制器是弹光调制干涉仪的基本组成器件，本章首先对弹光调制器振动模型进行研究，分析品质因数对弹光调制器调制性能的影响；其次，对弹光调制器进行结构设计。基于多次反射式弹光调制干涉仪的原理，对多次反射式弹光调制干涉仪进行参数设计，误差分析等。

2.1　弹光效应理论基础

2.1.1　弹光效应理论

因外加机械应力或应变引起晶体折射率发生改变，从而产生人工双折射的现象称为弹光效应或压光效应。弹光效应属于外场对晶体宏观光学性质的影响，主要反映在晶体的折射率变化上。这种变化虽然微小，但足够改变光在晶体中传播的许多特性。

根据均质体和立方晶体的光弹性理论，弹光效应主要是以下三种效应引起的综合响应：

(1) 由于电荷中心位置的移动导致局部库仑场的变化；

(2) 洛伦兹-洛伦茨(Lorentz-Lorenz)“空腔”局部场的变化；

(3) 组成晶体的离子或原子的可极化性的变化。

在工程技术中，弹光效应已广泛用于材料或结构应力分布状态以及承受外力能力的研究方面；在光学技术中，需考虑弹光效应的情况一般有两种：一种是当晶体被用作光学基质或光学透镜时，弹光效应可能使光的相位、强度分布发生畸变，故要求材料的弹光效应越小越好；另一种是用晶体的弹光效应来制造光开关、滤波器、光强度或位相调制器、相关器、扫描器及光束偏转器等，则要求晶体的弹光效应越大越好。

机械应力或应变对晶体折射率的影响可以看作是对晶体折射率椭球的一种微扰，因而弹光效应可用介电隔离率张量来描述。由于晶体的一级弹光效应总不为零，因而取一级近似可得介电隔离率张量与应力张量的关系为

$$\Delta\boldsymbol{\beta}_{ij}=\boldsymbol{\beta}_{ij}-\boldsymbol{\beta}_{ij}^{0}=\boldsymbol{\pi}_{ijkl}\boldsymbol{\sigma}_{kl},\quad i,j,k,l=1,2,3 \tag{2.1}$$

如果用应变表示，则

$$\Delta\boldsymbol{\beta}_{ij}=\boldsymbol{\beta}_{ij}-\boldsymbol{\beta}_{ij}^{0}=\boldsymbol{p}_{ijkl}\boldsymbol{S}_{kl},\quad i,j,k,l=1,2,3 \tag{2.2}$$

式中，$\boldsymbol{\beta}_{ij}$ 为施加应力或应变后的介电隔离率张量，$\boldsymbol{\beta}_{ij}^{0}$ 为晶体的初始介电隔离率张量，$\boldsymbol{\sigma}_{kl}$ 和 $\boldsymbol{S}_{kl}$ 分别为施加在晶体上的机械应力和应变，$\boldsymbol{\pi}_{ijkl}$ 为应力弹光系数张量，$\boldsymbol{p}_{ijkl}$ 为应变弹光系数张量。

由于 $\boldsymbol{\beta}_{ij}$，$\boldsymbol{\beta}_{ij}^{0}$，$\boldsymbol{\sigma}_{kl}$，$\boldsymbol{S}_{kl}$ 均为二阶张量，因而根据张量的变换定律，不难证明 $\boldsymbol{\pi}_{ijkl}$、$\boldsymbol{p}_{ijkl}$ 均为四阶张量。又因为 $\boldsymbol{\beta}_{ij}$ 和 $\boldsymbol{\beta}_{ij}^{0}$ 以及 $\boldsymbol{\sigma}_{kl}$ 和 $\boldsymbol{S}_{kl}$ 均是对称的二阶张量，所以 $\boldsymbol{\pi}_{ijkl}$、$\boldsymbol{p}_{ijkl}$ 的前后两对下标分别是对称的，从而弹光系数张量的分量数可由 81 个减至 36 个，从而可将双下标改为单下标，用简化矩阵 $\boldsymbol{\pi}_{mn}$ 和 $\boldsymbol{p}_{mn}$ 来表示。因此可将式(2.1)改写为

$$\Delta\boldsymbol{\beta}_{m}=\boldsymbol{\beta}_{m}-\boldsymbol{\beta}_{m}^{0}=\boldsymbol{\pi}_{mn}\boldsymbol{\sigma}_{n},\quad m,\ n=1,\ 2,\ \cdots,\ 6 \tag{2.3a}$$

式中，$\boldsymbol{\pi}_{mn}$ 是应力弹光系数矩阵。该式的展开式为

$$\begin{pmatrix}\Delta\beta_1\\ \Delta\beta_2\\ \Delta\beta_3\\ \Delta\beta_4\\ \Delta\beta_5\\ \Delta\beta_6\end{pmatrix}=\begin{pmatrix}\beta_1-\beta_1^0\\ \beta_2-\beta_2^0\\ \beta_3-\beta_3^0\\ \beta_4\\ \beta_5\\ \beta_6\end{pmatrix}=\begin{pmatrix}\pi_{11}&\pi_{12}&\pi_{13}&\pi_{14}&\pi_{15}&\pi_{16}\\ \pi_{21}&\pi_{22}&\pi_{23}&\pi_{24}&\pi_{25}&\pi_{26}\\ \pi_{31}&\pi_{32}&\pi_{33}&\pi_{34}&\pi_{35}&\pi_{36}\\ \pi_{41}&\pi_{42}&\pi_{43}&\pi_{44}&\pi_{45}&\pi_{46}\\ \pi_{51}&\pi_{52}&\pi_{53}&\pi_{54}&\pi_{55}&\pi_{56}\\ \pi_{61}&\pi_{62}&\pi_{63}&\pi_{64}&\pi_{65}&\pi_{66}\end{pmatrix}\begin{pmatrix}\sigma_1\\ \sigma_2\\ \sigma_3\\ \sigma_4\\ \sigma_5\\ \sigma_6\end{pmatrix} \tag{2.3b}$$

类似地，式(2.2)可以表示为

$$\Delta\boldsymbol{\beta}_{m}=\boldsymbol{\beta}_{m}-\boldsymbol{\beta}_{m}^{0}=\boldsymbol{p}_{mn}\boldsymbol{S}_{n},\quad m,\ n=1,\ 2,\ \cdots,\ 6 \tag{2.4a}$$

式中，$\boldsymbol{p}_{mn}$ 为应变弹光系数矩阵。该式的展开式为

$$\begin{pmatrix}\Delta\beta_1\\\Delta\beta_2\\\Delta\beta_3\\\Delta\beta_4\\\Delta\beta_5\\\Delta\beta_6\end{pmatrix}=\begin{pmatrix}\beta_1-\beta_1^0\\\beta_2-\beta_2^0\\\beta_3-\beta_3^0\\\beta_4\\\beta_5\\\beta_6\end{pmatrix}=\begin{pmatrix}p_{11}&p_{12}&p_{13}&p_{14}&p_{15}&p_{16}\\p_{21}&p_{22}&p_{23}&p_{24}&p_{25}&p_{26}\\p_{31}&p_{32}&p_{33}&p_{34}&p_{35}&p_{36}\\p_{41}&p_{42}&p_{43}&p_{44}&p_{45}&p_{46}\\p_{51}&p_{52}&p_{53}&p_{54}&p_{55}&p_{56}\\p_{61}&p_{62}&p_{63}&p_{64}&p_{65}&p_{66}\end{pmatrix}\begin{pmatrix}S_1\\S_2\\S_3\\S_4\\S_5\\S_6\end{pmatrix}\tag{2.4b}$$

将 $\boldsymbol{\pi}_{ijkl}$ 和 $\boldsymbol{p}_{ijkl}$ 简化为 $\boldsymbol{\pi}_{mn}$ 和 $\boldsymbol{p}_{mn}$ 的矩阵表示时，应遵守如下变换规则：

$$\boldsymbol{\pi}_{mn}=\begin{cases}\boldsymbol{\pi}_{ijkl}, & n=1,2,3\\2\boldsymbol{\pi}_{ijkl}, & n=4,5,6\end{cases}\tag{2.5a}$$

以及

$$\boldsymbol{p}_{mn}=\boldsymbol{p}_{ijkl}\tag{2.5b}$$

这就是说，在此变换中应变弹光系数无需引入系数 2，这是因为在将应变张量 $\boldsymbol{S}_{ij}$ 简化为矩阵表示时，已引入常数 2。

应力弹光系数和应变弹光系数之间不是相互独立的。在弹性限度范围内，应力和应变的关系满足胡克定律：

$$\boldsymbol{S}_m=\boldsymbol{\lambda}_{mn}\boldsymbol{\sigma}_n$$

$$\boldsymbol{\sigma}_m=\boldsymbol{c}_{mn}\boldsymbol{S}_n$$

将它们分别代入式(2.5a)和式(2.5b)，得

$$\boldsymbol{\pi}_{mn}=\boldsymbol{p}_{mr}\boldsymbol{\lambda}_{rn},\quad m,n,r=1,2,\cdots,6\tag{2.6a}$$

$$\boldsymbol{p}_{mn}=\boldsymbol{\pi}_{mr}\boldsymbol{c}_{rn},\quad m,n,r=1,2,\cdots,6\tag{2.6b}$$

在一般情况下，$\boldsymbol{\pi}_{mn}$ 和 $\boldsymbol{p}_{mn}$ 矩阵不具有 m，n 下标的交换对称性，即

$$\boldsymbol{\pi}_{mn}\neq\boldsymbol{\pi}_{nm}$$

$$\boldsymbol{p}_{mn}\neq\boldsymbol{p}_{nm}$$

由于晶体的弹光效应是用四阶张量描述的物理性质，因此任何晶体以及均质体都具有弹光效应。在晶体对称性影响下，弹光系数张量的独立分量将进一步减少。对于不同特性的晶体，其弹光系数的独立分量也不一样。

2.1.2　硒化锌晶体的弹光效应

弹光调制本质上是外界应力对晶体逆介电张量 $\boldsymbol{\eta}_{ij}$ 的微扰，因物质的“一

次弹光系数张量”总不为零，二次及其以上项的作用可忽略。硒化锌晶体属于立方晶系 $\bar{4}3m$ 晶类，若将硒化锌晶体作为弹光调制器的调制晶体，其受到的机械应力为单一方向，且晶体处于自由伸缩振动模式，晶体边缘处不存在物理限制，因此该弹光晶体的应力弹光系数不为零的张量只有 π_{11}、π_{12}、π_{13}、π_{44}，其中，$\pi_{44}=\frac{1}{2}(\pi_{11}-\pi_{12})$。

因此，硒化锌晶体的应力弹光系数矩阵可写为

$$\boldsymbol{\pi}=\begin{pmatrix}\pi_{11} & \pi_{12} & \pi_{13} & 0 & 0 & 0\\ \pi_{13} & \pi_{11} & \pi_{12} & 0 & 0 & 0\\ \pi_{12} & \pi_{13} & \pi_{11} & 0 & 0 & 0\\ 0 & 0 & 0 & \pi_{44} & 0 & 0\\ 0 & 0 & 0 & 0 & \pi_{44} & 0\\ 0 & 0 & 0 & 0 & 0 & \pi_{44}\end{pmatrix} \tag{2.7}$$

假定对该类晶体沿 x_1 轴方向产生应变 σ_1，根据式(2.3b)得

$$\begin{pmatrix}\Delta\beta_1\\ \Delta\beta_2\\ \Delta\beta_3\\ \Delta\beta_4\\ \Delta\beta_5\\ \Delta\beta_6\end{pmatrix}=\begin{pmatrix}\beta_1-\beta_1^0\\ \beta_2-\beta_2^0\\ \beta_3-\beta_3^0\\ \beta_4\\ \beta_5\\ \beta_6\end{pmatrix}=\begin{pmatrix}\pi_{11} & \pi_{12} & \pi_{13} & 0 & 0 & 0\\ \pi_{13} & \pi_{11} & \pi_{12} & 0 & 0 & 0\\ \pi_{12} & \pi_{13} & \pi_{11} & 0 & 0 & 0\\ 0 & 0 & 0 & \pi_{44} & 0 & 0\\ 0 & 0 & 0 & 0 & \pi_{44} & 0\\ 0 & 0 & 0 & 0 & 0 & \pi_{44}\end{pmatrix}\begin{pmatrix}\sigma_1\\ 0\\ 0\\ 0\\ 0\\ 0\end{pmatrix} \tag{2.8}$$

将式(2.8)展开得

$$\begin{cases}\beta_1=\beta_1^0+\pi_{11}\sigma_1\\ \beta_2=\beta_2^0+\pi_{13}\sigma_1\\ \beta_3=\beta_3^0+\pi_{12}\sigma_1\\ \beta_4=\beta_5=\beta_6\equiv 0\end{cases} \tag{2.9}$$

由于硒化锌属于 $\bar{4}3m$ 晶类，即立方晶体，故 $\beta_1^0=\beta_2^0=\beta_3^0=\left(\frac{1}{n_0^2}\right)$，将式(2.9)代入折射率椭球方程，有

$$(\beta_1^0+\pi_{11}\sigma_1)x_1^2+(\beta_2^0+\pi_{13}\sigma_1)x_2^2+(\beta_3^0+\pi_{12}\sigma_1)x_3^2=1 \tag{2.10}$$

式(2.10)表明，晶体折射率椭球由最初的球体变为三轴椭球体，即：晶体

由光学各向同性体变成了双轴晶，但三个主轴方向没有改变，如图 2.1 所示。

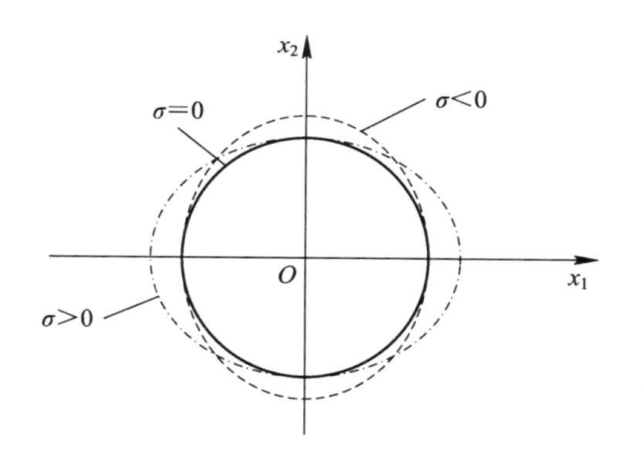

图 2.1 弹光晶体在应力作用下折射率椭球变化图

利用式(2.10)可以求解得三个主折射率分别为

$$n_1=(\beta_1^0+\pi_{11}\sigma_1)^{-\frac{1}{2}}\approx n_0-\frac{1}{2}n_0^3\pi_{11}\sigma_1 \tag{2.11a}$$

$$n_2=(\beta_2^0+\pi_{13}\sigma_1)^{-\frac{1}{2}}\approx n_0-\frac{1}{2}n_0^3\pi_{13}\sigma_1 \tag{2.11b}$$

$$n_3=(\beta_3^0+\pi_{12}\sigma_1)^{-\frac{1}{2}}\approx n_0-\frac{1}{2}n_0^3\pi_{12}\sigma_1 \tag{2.11c}$$

如果沿 x_1 轴方向通光(纵向效应)，位相差为

$$\varphi_{[100]}=\frac{2\pi}{\lambda}(n_2-n_3)l=\frac{\pi}{\lambda}n_0^3(\pi_{12}-\pi_{13})k\sigma_1 \tag{2.12a}$$

如果沿 x_2 和 x_3 轴方向通光(横向效应)，位相差分别为

$$\varphi_{[010]}=\frac{2\pi}{\lambda}(n_3-n_1)l=\frac{\pi}{\lambda}n_0^3(\pi_{11}-\pi_{12})d\sigma_1 \tag{2.12b}$$

$$\varphi_{[001]}=\frac{2\pi}{\lambda}(n_1-n_2)l=\frac{\pi}{\lambda}n_0^3(\pi_{13}-\pi_{11})d\sigma_1 \tag{2.12c}$$

对于均质材料硒化锌有 $\pi_{12}=\pi_{13}$，因此，其不存在纵向弹光效应。

若选用 x_3 轴方向通光，其折射率差以及位相差为

$$\Delta n=\frac{1}{2}n_0^3(\pi_{13}-\pi_{11})\sigma_1=\frac{1}{2}n_0^3(\pi_{12}-\pi_{11})\sigma_1 \tag{2.13}$$

$$\varphi=\frac{2\pi}{\lambda}\Delta nd=\frac{\pi n_0^3}{\lambda}d(\pi_{13}-\pi_{11})\sigma_1=\frac{\pi n_0^3}{\lambda}d(\pi_{12}-\pi_{11})\sigma_1 \tag{2.14}$$

其中，d 为晶体通光方向的厚度，λ 为光的波长。

对于正八角形结构的弹光晶体，其谐振模态为二维面内振动，其应变 $S = S_1 + S_2 = 2S_1$，因而折射率差以及位相差是一维的 2 倍，即

$$\Delta n = n_0^3(\pi_{12} - \pi_{11})\sigma_1 \tag{2.15}$$

$$\varphi = \frac{2\pi}{\lambda}\Delta nd = 2\frac{\pi n_0^3}{\lambda}d(\pi_{12} - \pi_{11})\sigma_1 \tag{2.16}$$

式(2.15)、式(2.16)给出了折射率差以及位相差与应力的关系。

另外，根据式(2.15)、式(2.16)以及图 2.2(b)的正八角形弹光晶体的应力分布情况可知，弹光晶体的折射率差以及位相差分布与应力分布情况是一致的，即整个晶体中心处的应力最大，同时折射率差以及位相差也最大，呈现余弦曲面分布情况。因此，在工程中，通光位置尽可能选取弹光晶体中心位置。

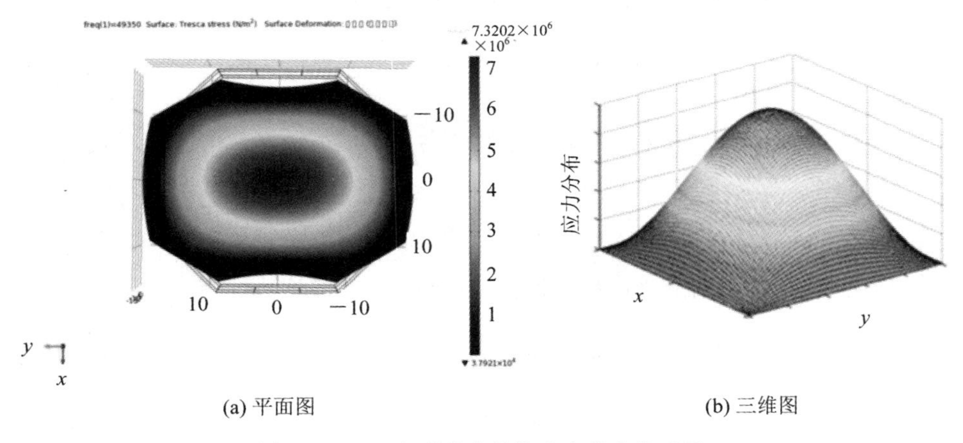

(a) 平面图　　(b) 三维图

图 2.2　正八角形弹光晶体应力分布仿真图

2.2　弹光调制器的振动理论建模

弹光调制器是由弹光晶体和压电驱动器两部分组成的高 Q 值的谐振器件，同时，弹光晶体一般选用各向同性晶体材料，压电驱动器一般选陶瓷材料或者单轴晶体材料，为了更好地分析弹光调制器在驱动应力作用下的形变和折射率变化，下面将对组成弹光调制器的弹光晶体和压电驱动器的振动模型进行分析，建立弹光调制器的振动模型。

2.2.1　弹光晶体的振动及应变模型

机械振动是自然界、工程技术和日常生活中普遍存在的物理现象，按照不同的标准进行划分，可以将机械振动分为不同类别。同一种晶体材料也可以产生多种不同的振动模式，每种模式所对应的谐振频率也不尽相同。常见的振动模式主要有伸缩振动、切变振动和体变振动三种模式，且根据所需要实现功能的差异，每一种振动模式又可分为不同的子类型。其中伸缩振动模式是一种最常用的振动模式。根据具体用途不同，伸缩振动又可以根据机械波传播方向的不同分为长度伸缩振动、宽度伸缩振动和厚度伸缩振动。

因硒化锌晶体的通光光谱范围宽，覆盖了 0.5～15μm 的波长范围，可满足可见光、近红外、中红外波段的光谱探测。因此，在光谱仪器中弹光晶体可选用硒化锌单晶材料。图 2.3 是在不同振动模式下，运用 Comsol 软件对长棒型硒

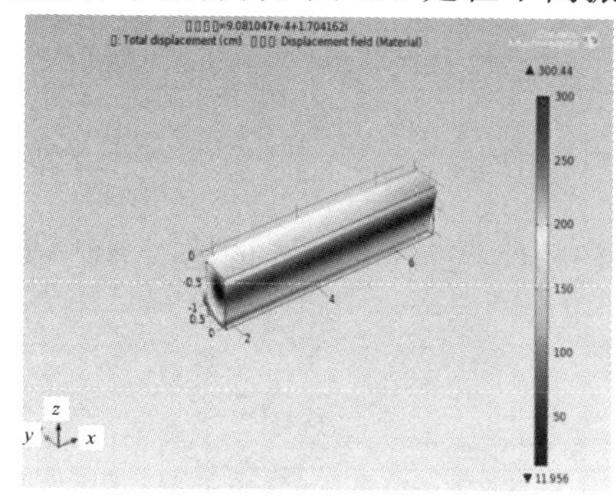

(a) 9.0 kHz

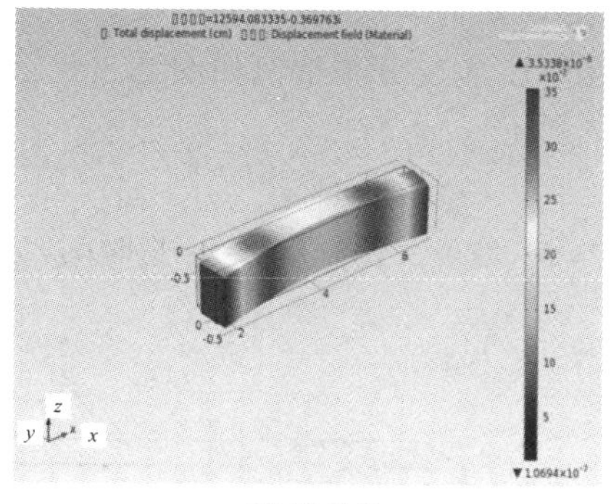

(b) 12.6 kHz

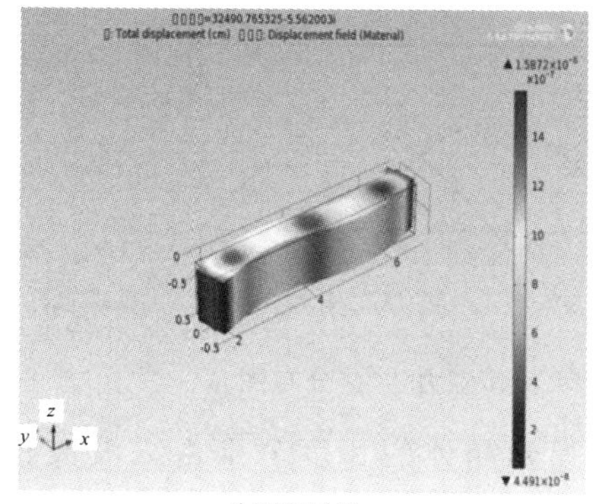

(c) 32.5 kHz

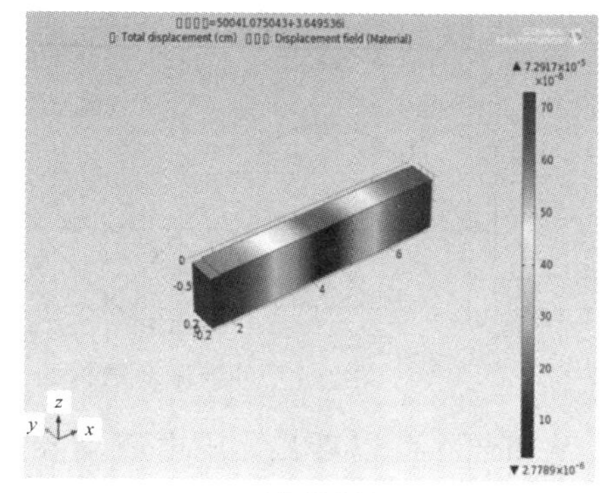

(d) 50.0 kHz

图 2.3　在不同谐振频率下的振动模式对比图

化锌弹光晶体进行仿真。可以看出，对于同一长棒状硒化锌弹光晶体，在不通振动模态下所对应的谐振频率分别为 9.0 kHz、12.6 kHz、32.5 kHz 和 50.0 kHz。考虑到 PEM 中弹光晶体产生大光程差的需要，图 2.3(d)为满足设计要求的弹光晶体振动类型，即弹光晶体在调制过程中的振动模型属于长度伸缩振动模式。

由于受晶体生长、加工工艺和自身机械特性的限制，现有的不同类型 PEM 通光路径长度在几毫米至几十毫米之间，相应的谐振频率在几千赫兹至数几十千赫兹之间。单模长棒状弹光调制器结构如图 2.4 所示，其中 1 为压电驱动器，2 为弹光材料，3 为固定节点位置。在长度伸缩振动模式下，取其长度方向的一维纵向振动为弹光调制振动模式，则改进的 Kemp 型 PEM 振动模型中弹光晶体基频表达式为

$$f=\frac{1}{2L}\sqrt{\frac{E}{\rho(1-\sigma^2)}} \tag{2.17}$$

式中，L 是 PEM 总长度，E 是杨氏弹性模量，ρ 是密度，σ 是泊松比，则 PEM 中的应力-应变分布情况如图 2.4 所示，公式为

$$\delta(x,t)=\delta_0\cos\left(\frac{\pi x}{L}\right)\sin(\omega t-\psi) \tag{2.18}$$

其中，δ_0 是最大调制应力，t 是时间，ψ 是初相位，空间变量 x 的范围为 $0\sim L$。

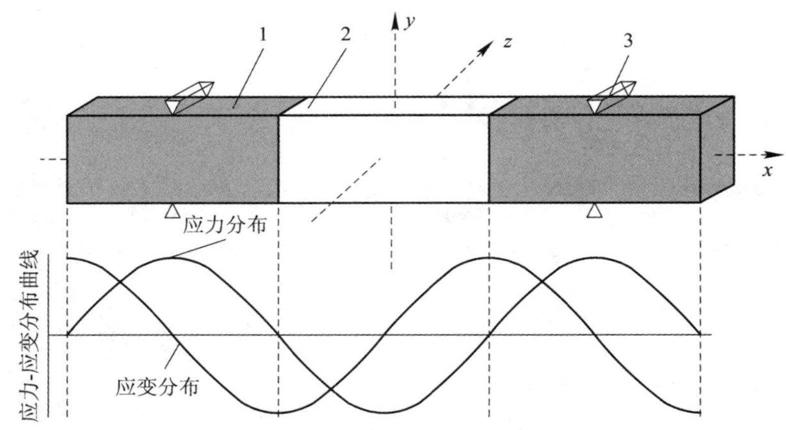

图 2.4　一维振动结构的 PEM 及其应力-应变分布图

从图 2.4 可以看出，压电驱动器和弹光晶体的长度分别占纵波波长的 1/3，应力最大处分别处于弹光晶体以及两组压电驱动器的中心位置，应变最大处处于压电驱动器的两端以及与弹光晶体连接处，应力与应变分布相位差

$\pi/2$。因此，整个弹光调制器应属于边界自由的振动方式。

对于二维对称振动结构的 PEM，如图 2.5(a)所示，其中，1 为压电驱动器，2 为弹光晶体，3 为固定节点位置，对于图示结构，共需要三组固定节点，该固定节点均需固定在压电驱动器的中心位置，即应变量为零的位置，其基态固有振动频率为

$$f=\frac{1}{2L}\sqrt{\frac{E}{\rho(1+\sigma)}} \tag{2.19}$$

则 PEM 中的应力分布可写为

$$\delta(x, y, t)=\delta_0\cos\left(\frac{\pi x}{L}\right)\cos\left(\frac{\pi y}{L}\right)\sin(\omega t-\varphi) \tag{2.20}$$

其中，空间变量 x 和 y 的范围为 $0\sim L$。式(2.20)表明二维对称振动结构的弹光调制器，其应力变化是两个按正弦规律且相互正交的空间应力分布与一个按正弦规律变化的时间分布的乘积。如果不考虑其时间分布情况，其在某一特定时间的空间应力分布如图 2.5(b)所示，属于余弦曲面形状，弹光晶体的中心应力最大，且容易证明该应力是相同条件下，一维振动模式的 2 倍。另外，其应变变化与应力变化相位差 $\pi/2$。

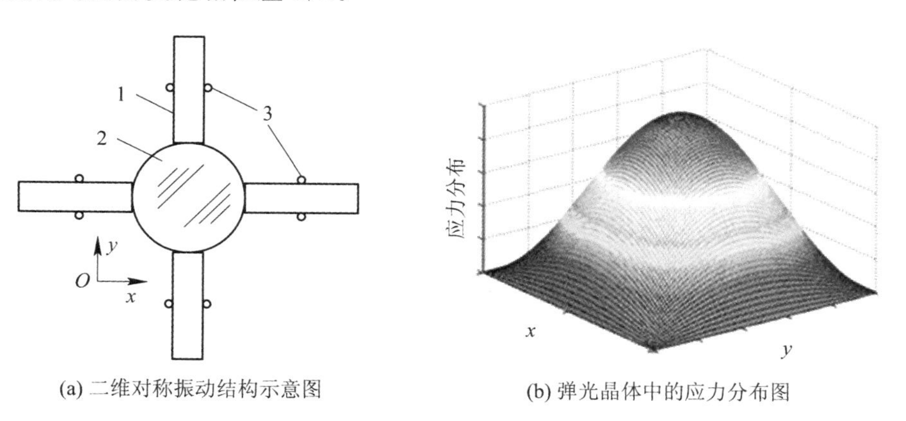

(a) 二维对称振动结构示意图　　(b) 弹光晶体中的应力分布图

图 2.5　二维振动结构的 PEM 及其应力分布图

图 2.6 为一维结构的弹光调制器和二维结构的弹光调制器的机械振动形变示意图。二维振动模态的弹光调制器相对于一维振动模态的弹光调制器，其优点在于：在弹光调制器施加相同幅度的驱动信号时，其产生的应力幅值是一维振动模态的 2 倍。

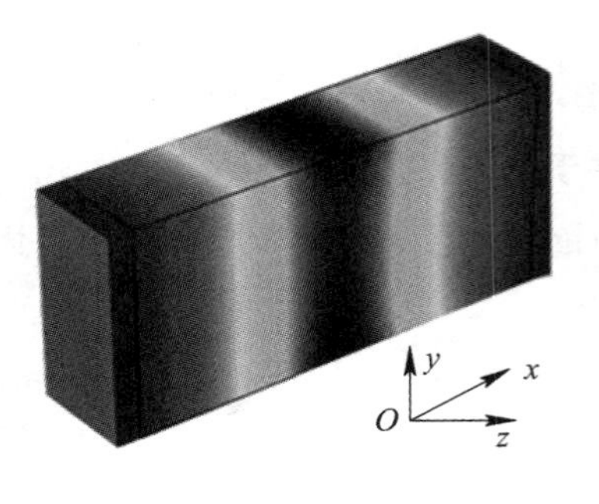

(a) x方向一维机械振动形变

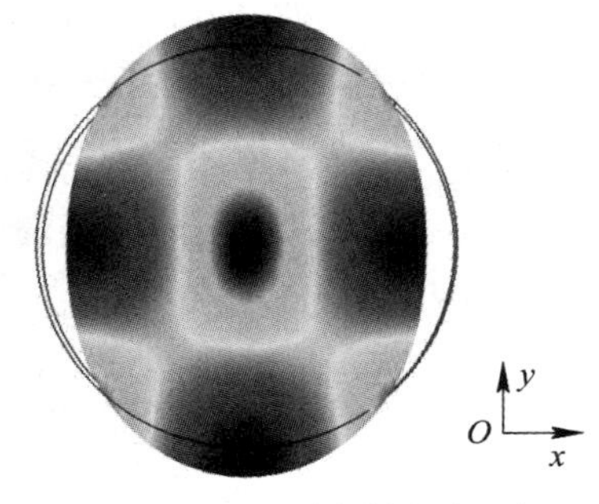

(b) xOy平面二维机械振动形变

图 2.6　一维和二维机械振动图

2.2.2　压电驱动器振动模型及切型选择

在工程实践中，常用的压电驱动器主要有压电陶瓷和压电晶体两大类。其中，采用压电陶瓷材质的驱动器驱动频带宽，在较低驱动频率下可以实现较大推力或位移量，但其方向性较差，且在高频振动下会产生较为明显的热效应，稳定性较差；采用压电晶体材质的驱动器驱动频带窄、振动方向性好、工作频率高，热效应可通过切型选择进行降低。为保证 PEM 工作在最佳状态，需要压电驱动器与弹光晶体一同工作在最佳谐振状态，结合压电晶体的特点，选择压电晶体材质的驱动器较为合适。

为了尽可能降低 PEM 的振动热效应，需选用热效应较低的 α-石英晶体作为 PEM 的压电驱动器。α-石英晶体是一种常见的压电材料，化学成分为 SiO_2，熔点为 1750 ℃，密度为 2.6 g/cm^2，莫氏硬度为 7。压电石英晶体属于各向异性晶体，不同切型的石英晶体对应的弹性柔顺系数、压电和机电耦合系数也有所不同，从而对应的振动和压电特性也存在较大差异。下面将对 α-石英晶体进行坐标变换分析。

压电石英晶体是三方晶系中 3m 点群晶体的代表性晶体之一，它的物理学坐标系的 z 轴沿三度轴方向；x 轴垂直于其中某一镜面，因此，按右手法则选取；y 轴应在某一镜面内，其相对介电、弹性柔顺、压电系数张量形式为

$$\boldsymbol{\varepsilon}=\begin{pmatrix}\varepsilon_{11} & 0 & 0\\ 0 & \varepsilon_{11} & 0\\ 0 & 0 & \varepsilon_{33}\end{pmatrix} \tag{2.21a}$$

$$\boldsymbol{d}=\begin{pmatrix} d_{11} & -d_{11} & 0 & d_{14} & 0 & 0 \\ 0 & 0 & 0 & 0 & -d_{14} & -2d_{11} \\ 0 & 0 & 0 & 0 & 0 & 0 \end{pmatrix} \tag{2.21b}$$

$$\boldsymbol{s}=\begin{bmatrix} s_{11} & s_{12} & s_{13} & s_{14} & 0 & 0 \\ s_{12} & s_{11} & s_{13} & -s_{14} & 0 & 0 \\ s_{13} & s_{13} & s_{33} & 0 & 0 & 0 \\ s_{14} & -s_{14} & 0 & s_{55} & 0 & 0 \\ 0 & 0 & 0 & 0 & s_{55} & 2s_{14} \\ 0 & 0 & 0 & 0 & 2s_{14} & s_{66} \end{bmatrix} \tag{2.21c}$$

其中，$s_{66}=2(s_{11}-s_{12})$。

首先,将坐标系 xyz 按右手法则绕 z 轴旋转 φ，此时，坐标系变换为 $x'y'z'(z'//z)$；然后，再将 $x'y'z'$按右手法则绕 x'轴旋转 θ；最后，坐标系变换成 $x''y''z''(x''//x')$。通过上述坐标变换的规则，得到 32 点群相关物理量随空间变换的规律。

设 $\boldsymbol{A}=(a_{ij})(i,j=1,2,3)$是坐标变换矩阵，则绕 z 轴旋转和绕 x 旋转的坐标变换矩阵分别为

$$\boldsymbol{A}_{rz}=\begin{pmatrix} \cos\varphi & \sin\varphi & 0 \\ -\sin\varphi & \cos\varphi & 0 \\ 0 & 0 & 1 \end{pmatrix} \tag{2.22a}$$

$$\boldsymbol{A}_{rx}=\begin{pmatrix} 1 & 0 & 0 \\ 0 & \cos\theta & \sin\theta \\ 0 & -\sin\theta & \cos\theta \end{pmatrix} \tag{2.22b}$$

应变张量的变换矩阵 $\boldsymbol{N}$ 为

$$\boldsymbol{N}=\begin{bmatrix} a_{11}^2 & a_{12}^2 & a_{13}^2 & a_{12}a_{13} & a_{13}a_{11} & a_{11}a_{12} \\ a_{21}^2 & a_{22}^2 & a_{23}^2 & a_{22}a_{23} & a_{23}a_{21} & a_{21}a_{22} \\ a_{31}^2 & a_{32}^2 & a_{33}^2 & a_{32}a_{33} & a_{33}a_{31} & a_{31}a_{32} \\ 2a_{21}a_{31} & 2a_{22}a_{32} & 2a_{23}a_{33} & a_{22}a_{33}+a_{32}a_{23} & a_{23}a_{31}+a_{33}a_{21} & a_{21}a_{32}+a_{31}a_{22} \\ 2a_{31}a_{11} & 2a_{32}a_{12} & 2a_{33}a_{13} & a_{32}a_{13}+a_{12}a_{33} & a_{33}a_{11}+a_{13}a_{31} & a_{31}a_{12}+a_{11}a_{32} \\ 2a_{11}a_{21} & 2a_{12}a_{22} & 2a_{13}a_{23} & a_{12}a_{23}+a_{22}a_{13} & a_{13}a_{21}+a_{23}a_{11} & a_{11}a_{22}+a_{21}a_{12} \end{bmatrix} \tag{2.23}$$

其中，$a_{ij}(i, j=1, 2, 3)$为坐标变换 **A** 矩阵元。在以上变换原则下，晶体的相对介电系数张量、弹性柔顺系数张量和压电系数张量变换公式分别为

$$\begin{cases}\boldsymbol{\varepsilon}'=\boldsymbol{A}_{rx}\cdot\boldsymbol{A}_{rz}\cdot\boldsymbol{\varepsilon}\cdot\boldsymbol{A}_{rz}^{\mathrm{T}}\cdot\boldsymbol{A}_{rx}^{\mathrm{T}}\\ \boldsymbol{d}'=\boldsymbol{A}_{rx}\cdot\boldsymbol{A}_{rz}\cdot\boldsymbol{d}\cdot\boldsymbol{N}_{rz}^{\mathrm{T}}\cdot\boldsymbol{N}_{rx}^{\mathrm{T}}\\ \boldsymbol{s}'=\boldsymbol{N}_{rz}\cdot\boldsymbol{N}_{rx}\cdot\boldsymbol{s}\cdot\boldsymbol{N}_{rz}^{\mathrm{T}}\cdot\boldsymbol{N}_{rx}^{\mathrm{T}}\end{cases}\tag{2.24}$$

机电耦合系数坐标变换公式为

$$k'_{ij}=\frac{d'_{ij}}{\sqrt{\varepsilon'_{ij}s'_{ij}}}\tag{2.25}$$

根据上述坐标变换规则以及张量变换公式，代入压电石英晶体的相对介电系数、弹性柔顺系数和压电系数，如表 2.1～表 2.3 所示。

表 2.1　压电石英晶体的相对介电系数

相对介电系数	ε_{11}	ε_{33}
	4.52	4.68

表 2.2　压电石英晶体的弹性柔顺系数

弹性柔顺系数 ($\times10^{-12}$ m^2/N)	s_{11}	s_{33}	s_{55}	s_{12}	s_{13}	s_{14}
	12.77	9.6	20.04	−1.79	−1.22	4.5

表 2.3　压电石英晶体的压电系数

压电系数 ($\times10^{-12}$ C/N)	d_{11}	d_{14}
	2.31	0.73

根据表 2.1～表 2.3 可计算出晶体压电和机电耦合系数。

根据上述坐标变换公式，可计算出压电石英晶体在长度伸缩振动下的特征频率为

$$f_{\mathrm{n}}=\frac{n}{2l}\sqrt{\frac{1}{\rho s'_{22}}},\quad n=1, 3, 5, \cdots\tag{2.26}$$

对应的压电系数、弹性柔顺系数公式为

$$d'_{12}=-d_{11}\cos^2\varphi_1+d_{14}\cos\varphi_1\sin\varphi_1\tag{2.27}$$

$$s'_{22}=s_{11}\cos^4\varphi_1+s_{33}\sin^4\varphi_1+(2s_{13}+s_{44})\cos^2\varphi_1\sin^2\varphi_1-2s_{14}\cos^3\varphi_1\sin\varphi_1\tag{2.28}$$

为了与弹光晶体的振动方式配合，要求压电驱动器以长度伸缩模式工作。

为了保证 y 方向长度伸缩模式的振动频率单一性好，需要尽可能避免除 s'_{22} 外，其他弹性柔顺系数引起的振动。其中，弹性柔顺系数 s_{24} 最为关键，因为 s_{24} 将通过 y 方向的受力引起 x 方向的横向剪切运动。对于压电石英晶体，可通过切型的选择减小 s_{24} 引入的运动。图 2.7 是 s_{24} 随切角变化的曲线，可以看出，压电石英晶体工作在长度伸缩振动模式时，单转角切型有 x-0°～5°和 x-18.5°两种，其中，前者的频率温度特性较好，尤其是 $x-$ 5°单转角切型的一级频率温度系数近乎为 0，但后者的振动方向性以及频率单一性更佳，该切型下的剪切弹性柔顺系数 $s_{24}\approx 0$。对于 PEM 而言，选用 x-18.5°切型的压电石英晶体(如图 2.8 所示)较为合适。进而根据式(2.27)和(2.28)可得，x-18.5°切型的压电石英晶体 $d'_{12}=1.8578°$，$s'_{22}=14.4688°$。

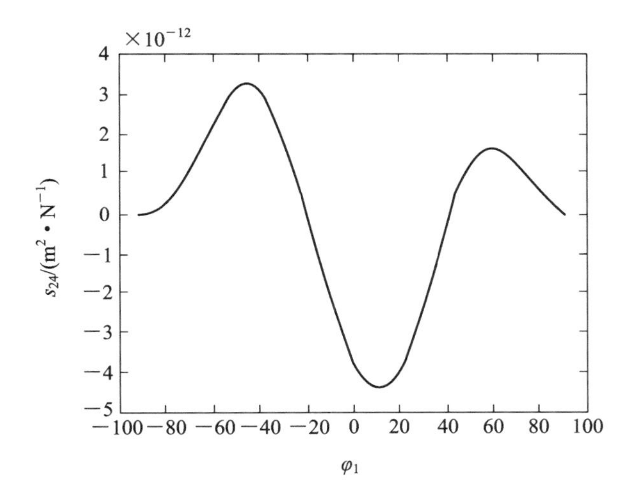

图 2.7　s_{24} 随切角变化的曲线

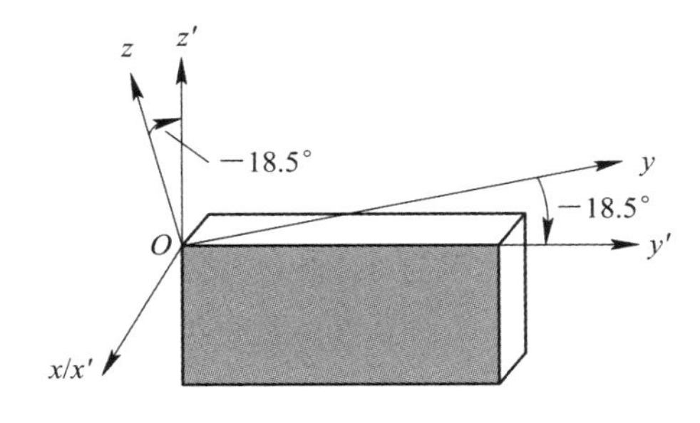

图 2.8　x-18.5°切型的压电石英晶体

2.2.3　弹光调制器振动模型及品质因数

对于前面所述的弹光调制器，属于简谐激振力驱动的单自由度有阻尼振动系统，可等效为图 2.9 所示的弹簧振子模型，坐标原点取静力平衡位置 0—0，取质量块 m 的振动位移矢量 x 为广义坐标，向下为正，根据牛顿运动定律，可直接写出系统的运动微分方程

$$m\ddot{x} + c\dot{x} + kx = P_0 \sin(\omega t) \tag{2.29}$$

式中，m 是等效质量，c 是阻尼系数，k 是弹性系数，$P_0 \sin(\omega t)$是加载的外部简谐激振力。

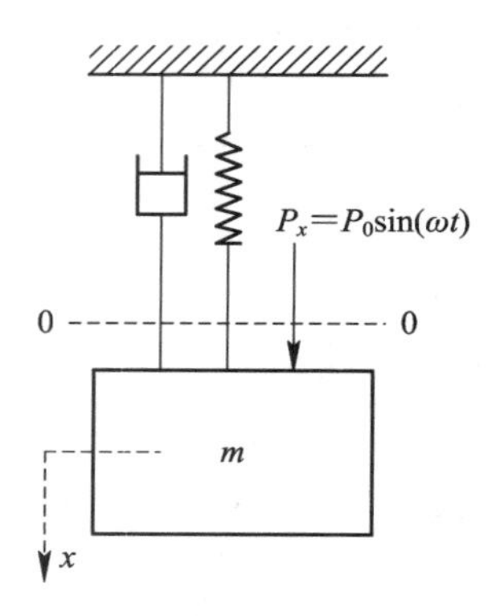

图 2.9　弹光调制器等效动力学模型

令 $\omega_n^2 = \dfrac{k}{m}$，$\alpha = \dfrac{c}{2m}$，$q = \dfrac{P_0}{m}$，则式(2.29)可改写为

$$\ddot{x} + 2\alpha\dot{x} + \omega_n^2 x = q\sin(\omega t) \tag{2.30}$$

该非齐次二阶常数线性微分方程式的通解为

$$x = A\mathrm{e}^{-\alpha t}\sin(\omega_d t + \varphi) + B\sin(\omega t - \psi) \tag{2.31}$$

式中，B 为受迫振动振幅，ω 为受迫振动圆频率，ψ 为振动体位移 x 与激振力 P_x 之间的相位差。

式(2.31)等号右侧第一项表示有阻尼的自由振动(即衰减振动)，第二项表示有阻尼的受迫振动。起振时，运动是衰减振动和受迫振动的叠加，形成暂态过程。该过程称为瞬态过程，随着时间的推移，衰减振动的幅度最终趋于零，而受迫振动则可在外力作用下维持，从而形成振动的稳态过程，这一过程中的

振动称为稳态振动。一般不考虑振动的暂态过程，仅研究振动的稳态过程。因此可以仅分析式(2.31)中的第二项，即

$$x = B\sin(\omega t - \psi) \tag{2.32}$$

其稳态解如下所示：

$$B = \frac{P_0}{k}\frac{1}{\sqrt{[1-(\omega/\omega_n)^2] + (2\xi)^2(\omega/\omega_n)^2}} \tag{2.33}$$

$$\psi = \arctan\frac{2\xi(\omega/\omega_n)}{1-(\omega/\omega_n)^2} \tag{2.34}$$

$$\beta = \frac{B_{max}}{B_0\dfrac{\omega_n^2}{2\alpha\sqrt{\omega^2-\omega_n^2}}\dfrac{1}{2\xi\sqrt{1-\xi_{max}^2}}} \tag{2.35}$$

其中，β 为动力放大系数；ω_n 为固有频率；$\xi=\dfrac{c}{2m\omega}$为阻尼比。通常定义驱动信号的共振频率 $\omega=\omega_n$，则

$$\beta = \frac{1}{2\xi} \tag{2.36}$$

当 ξ 较小时，共振时的动力放大系数 β 与极大值 β_{max} 近似相等，因而相应的品质因数 Q 可记为

$$Q = \frac{1}{2\xi} \tag{2.37}$$

品质因数 Q 反映了系统的阻尼大小，以及系统的谐振放大能力。

图 2.10 是弹光调制器做受迫振动时的幅频特性曲线，其峰值频率为

$$\omega = \omega_n\sqrt{1-2\xi^2} \tag{2.38}$$

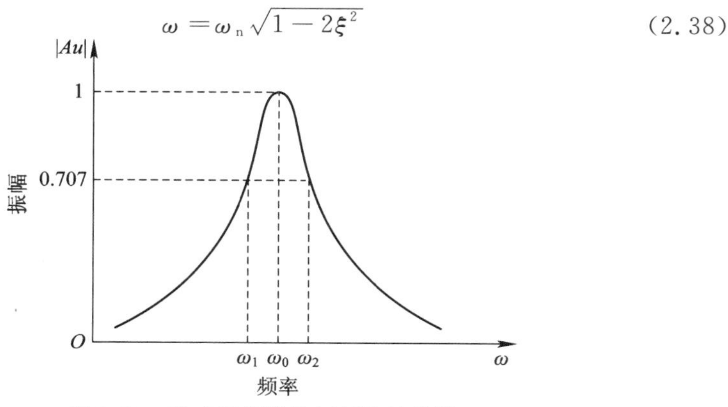

图 2.10　弹光调制器的幅频特性曲线

当 ξ 较小时，可认为 $\omega=\omega_n$，两个半功率点分别为 ω_1 和 ω_2，谐振带宽为 $\Delta\omega=\omega_1-\omega_2$，

$$\frac{1}{\sqrt{[1-(\omega/\omega_n)^2]+(2\xi)^2(\omega/\omega_n)^2}}=\frac{1}{2\sqrt{2}\xi} \tag{2.39}$$

忽略高阶成分的影响，可得

$$\omega_1=(1-\xi)\omega_n \tag{2.40}$$

$$\omega_2=(1+\xi)\omega_n \tag{2.41}$$

通过测量固有频率和带宽，可估算 PEM 的品质因数为

$$Q=\frac{\omega}{\Delta\omega} \tag{2.42}$$

品质因数与谐振带宽成反比，反映了系统阻尼的大小和共振峰的尖锐程度。品质因数 Q 又可反映谐振器件振动过程中阻尼作用下产生的能量损耗，其物理意义在于描述某一周期内的能量损耗情况。定义如下：

$$Q=2\pi\frac{W}{\Delta W} \tag{2.43}$$

其中 W 为振动能量，ΔW 为损耗能量和。

一般来说，能量损耗有空气阻尼损耗、热弹性损耗、支撑损耗以及表面损耗四种情况，因此式(2.43)可改写为

$$Q=2\pi\frac{W}{\sum_{i=1}^{4}\Delta_i W} \tag{2.44}$$

对式(2.44)求倒数，可得

$$\frac{1}{Q}=\sum_{i=1}^{4}\frac{1}{Q_i}=\frac{1}{Q_1}+\frac{1}{Q_2}+\frac{1}{Q_3}+\frac{1}{Q_4} \tag{2.45}$$

式中，Q_1、Q_2、Q_3、Q_4 分别代表空气阻尼损耗、热弹性损耗、支撑损耗以及表面损耗的品质因数。

2.3 弹光调制器的结构设计

弹光调制器的弹光效应大小与调制器内部应力的大小直接相关，需要尽可

能设计出阻尼较小、品质因数 Q 值较高以及振动稳定性较好的弹光调制器件，以便为后续的弹光调制傅里叶变换光谱仪提供基本元件。本节将对二维八角形对称结构的弹光调制器进行设计。

2.3.1　弹光调制器材料选择以及调制频率的确定

为了满足弹光调制傅里叶变换光谱仪光谱探测波段的需要，鉴于硒化锌晶体具有较宽的通光范围，本书选择硒化锌材料的晶体作为弹光晶体，选用 xyt-18.5°切型的 α-石英晶体作为压电驱动器。

PEM 一般工作在十几千赫兹至数百千赫兹频率范围内，工作频率越高，PEM 体积越小；反之越大。PEM 体积太小会影响到最终弹光调制干涉仪的最大调制光程差，体积太大又会额外增大整个干涉系统体积，且大尺寸的压电石英晶体和硒化锌晶体加工较为困难，会增加成本。

例如：当设计 50 kHz 的弹光调制器时可采用硒化锌晶体，并可根据式(2.19)和式(2.27)确定硒化锌晶体和 xyt-18.5°切型的 α-石英晶体的外形尺寸，如表 2.4(a)和表 2.4(b)所示。

表 2.4(a)　硒化锌弹光晶体外形尺寸

外形	边长 L	倒角距离 l	厚度 D
八角形	33.33 mm	7.6 mm	32 mm

表 2.4(b)　α-石英晶体外形尺寸

外形	长 L	宽 D	高 h	切型
长方体	51.08 mm	35.2 mm	6.5 mm	xyt-18.5°

上述示例中，晶体长度主要是为了满足晶体面内振动基态频率为 50 kHz 的需求。理论上，压电石英晶体的厚度与宽度可以设为任意值，但实际上，压电石英晶体的厚度或宽度尺寸选择不合适，很容易引起不同方向上的剪切振动，因此需要酌情考虑，尽量避免。另外，压电石英晶体的宽度比弹光晶体的厚度略厚，可在一定程度上提高 PEM 振动方向的单一性以及稳定性。同时，由于硒化锌晶体材料的品质因数大于 10^3，压电石英晶体的品质因数大于 10^4，其对应的频率较高，分别为 1853.5 kHz · mm 和 2550 kHz · mm。因此，对弹

光晶体和压电石英晶体的加工尺寸精度以及二者的频率匹配提出了较高的要求。

2.3.2　弹光晶体和压电晶体的支撑及耦合方式

为了尽可能提高弹光晶体和压电石英晶体构成的弹光调制器的品质因数，在设计弹光晶体和压电石英晶体构成弹光调制器时需要考虑两者的组合方式以及弹光调制器的支撑方式，降低弹光晶体和压电晶体之间的耦合损耗，确保压电晶体的振动能量尽可能多地传递给弹光晶体，提高弹光调制器的调制效率。

理论上，弹光晶体的支撑必须使整个调制器处于一个平衡位置，且不能引入不必要的残余应力来破坏整个振动的对称性，更不能因支撑问题影响机械振动的自由度。在弹光调制器结构设计中，正八角形结构的弹光晶体的四个倒角位置处于机械振动的波节位置，此处机械振动的振幅最小，近似为零。因此，选择在四个倒角位置安置支撑元部件，可以将支撑结构对机械振动的影响降低到最小，如图 2.11(a)所示。为了保证支撑位置尽可能稳固，且尽可能不影响整个 PEM 的振动特性，所设计的支撑件如图 2.11(b)所示。其方法是通过在弹光晶体上胶黏一个圆柱形法兰盘，利用紧固件如螺丝与其耦合，再外加一个盘簧保证耦合的稳固。

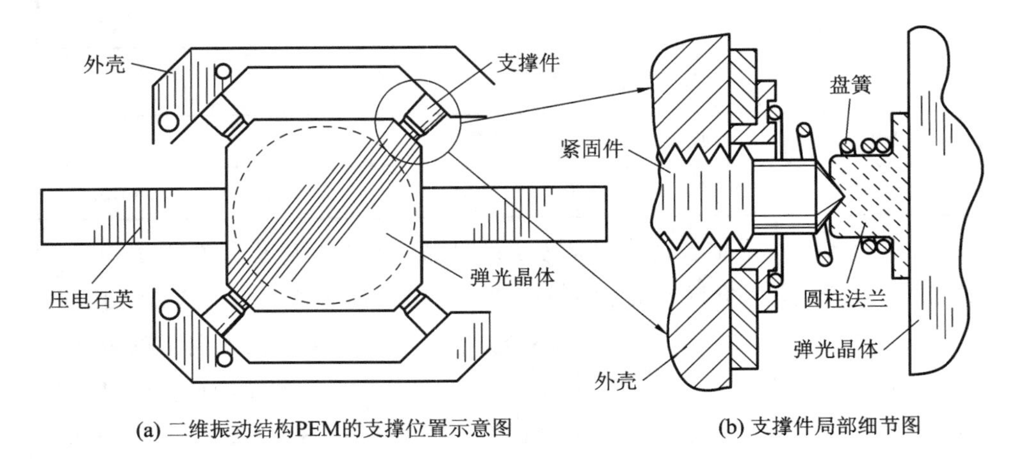

图 2.11　二维振动结构 PEM 的支撑结构示意图

弹光晶体和压电晶体之间的耦合可以通过“硬连接”和“软连接”两种方式实现。“硬连接”是将弹光晶体和压电晶体组合成一个整体谐振器件，该整体将产生一个新特性频率，且该特性频率不一定与单独的弹光晶体或者压电晶体一致。如果使用该连接方式，组合谐振器件的振动模态将对整体结构的对称性非常敏感。“软连接”方式是压电晶体存在一个固有谐振频率，如果该谐振频率与弹光晶体的特性频率一致，同时压电晶体的机械品质因数 Q 比较高，则压电晶体与弹光晶体之间的连接可以采用“软连接”，只要压电晶体能提供足够能量维持弹光晶体的振动损耗。在“软连接”方式下，弹光晶体处于自由振动状态，同时降低了残余应力的影响。在工程应用中，为了提高弹光调制器整体谐振品质因数、降低支撑难度，在弹光调制器采用“软连接”支撑方式时尽可能采用对称结构。

RTV(Room Temperature Vulcanized Silicone Rubber，室温硫化硅橡胶)是线性聚合物，硅和氧原子交替组成主链与硅相连的有机基组成侧基。RTV 由于主链的硅氧结构和侧基的有机基，使其兼有无机物和有机物的特性，具有许多材料不能同时具备的高弹性和较宽的使用温度范围。RTV 具有比较好的黏结性能、弹性和超声传导特性，因此在工程中，可用作弹光调制器中弹光晶体和压电晶体“软连接”的胶合剂。

2.3.3　弹光调制器的结构优化及频率匹配

1. 弹光调制器的有限元仿真与优化

通过理论计算确定弹光晶体外形、压电晶体的切型、支撑方式、耦合方式之后，可通过有限元仿真的方法对所设计的 PEM 模型进行振动特性仿真，更进一步了解弹光调制器的特性，并进一步完善、优化 PEM 的整个振动性能。

下面利用 COMSOL Multiphysics 有限元仿真软件，建立弹光调制器的三维模型，对其进行特性频率分析，分析压电石英晶体各个尺度上的基频与高频是否存在较为接近的情况。仿真过程中，暂不加入胶黏层的仿真模型，而是直接采用弹光晶体与压电石英晶体直接相连的结构方式，并通过参数化扫描方式，对其频率匹配进行分析，寻找频率匹配范围。

通过有限元仿真分析，弹光调制器的整体特征频率与弹光晶体、压电晶体的差异大小，以及频率匹配范围大小。建立弹光调制器的有限元仿真模型，如

图 2.12 所示。

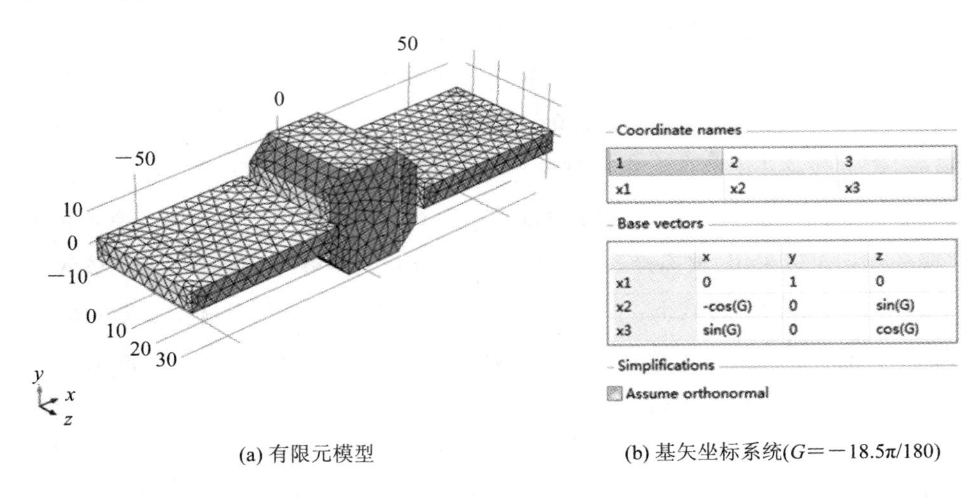

(a) 有限元模型　　(b) 基矢坐标系统($G=-18.5\pi/180$)

2.12 弹光调制器有限元模型

由于压电晶体需要进行切型选择，因此要定义一个局部坐标系。根据式(2.21)和式(2.23)定义新的基矢坐标系统，如图 2.12(b)所示。下面对压电晶体的有限元分析就是在该坐标系下进行的。

在进行有限元仿真时，设定边界条件是：设定弹光调制器的八角形四个倒角位置为辊支撑，其余所有边界为自由边界。压电材料上下表面施加一个正弦电压信号，该边界条件能与实际弹光调制器支撑方式较契合。最终得到的振动模态如图 2.13 所示。

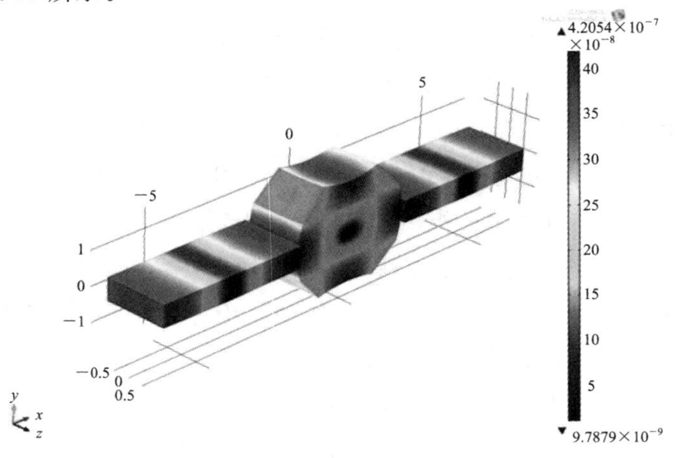

图 2.13　弹光调制器特征频率下的振动示意图

从图 2.13 可以看出，整个振动形变与理论预期相一致，压电晶体和弹光晶体中的振动周期均为半个波长。选取压电石英晶体表面中心点为参考点，绘制振动幅值随时间的变化曲线，如图 2.14 所示。

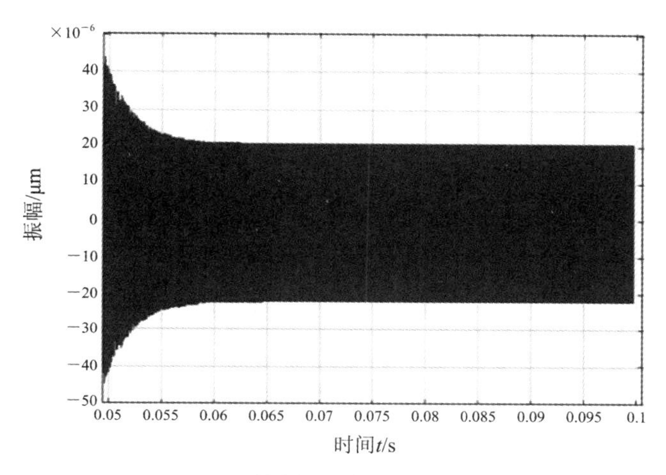

(a) 整个振动过程曲线图

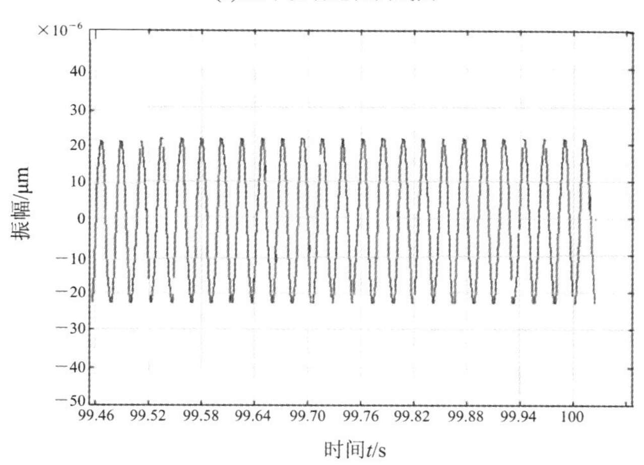

(b) 稳态振动局部放大图

图 2.14　弹光调制器瞬态振动幅值曲线

可以看出整个弹光调制器的振动特点是：弹光调制器的振动过程存在一个暂态过程，这与理论分析结果相一致。当振动过程由暂态进入稳态后，弹光调制器的整体振动幅值趋于稳定，且振动的正弦特性较好。图 2.14 中，仿真时用的驱动电压为 1000 V，其振动幅值约为 20 μm，振动频率为 50.036 kHz。

2. 压电晶体的尺寸及频率匹配

对于压电石英晶体特征频率的测定，可在其上下表面施加电场后，通过频率扫描方式，测量其最大振动幅值所对应的频率，即谐振频率。压电晶体驱动器的振动幅值可通过激光多普勒测振仪进行测量，其实验装置如图 2.15 所示。为了保证压电晶体驱动器工作于较佳的自由振动状态，需要考虑其支持方式和支撑面的大小，因为不同的支撑位置和支撑面的面积会改变谐振频率；最佳的支撑位置在压电石英晶体的长度中心点，一般支撑面的大小应尽量小于 1 mm^2，尽可能不影响晶体的振动特性。本实验方案选用工型夹具对压电石英晶体上下电极表面中心位置实施钳支的办法来保证压电石英晶体工作在长度伸缩振动模式。

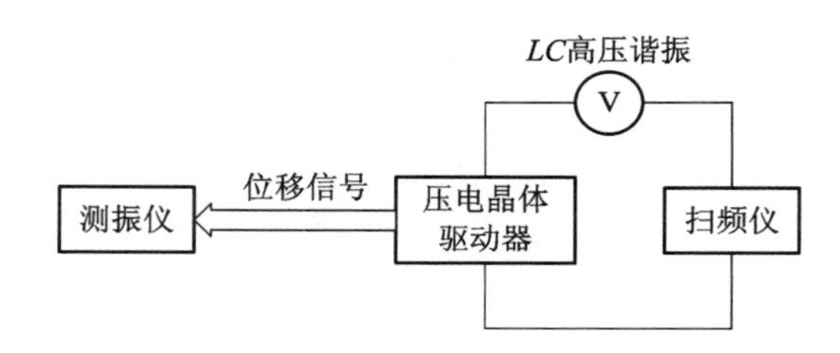

图 2.15　压电石英晶体的特征频率测试装置图

对于弹光晶体，由于其自身没有压电效应，因此设计了如图 2.16 所示的弹光晶体纵向振动频率测试装置。图 2.16 中，由两块压电陶瓷构成一对压电发生器和接收器，通过扫频方式对测试的弹光晶体进行驱动，压电陶瓷接收器接收的振动幅值最强时所对应的驱动频率值，即为弹光晶体的振动特征频率值。

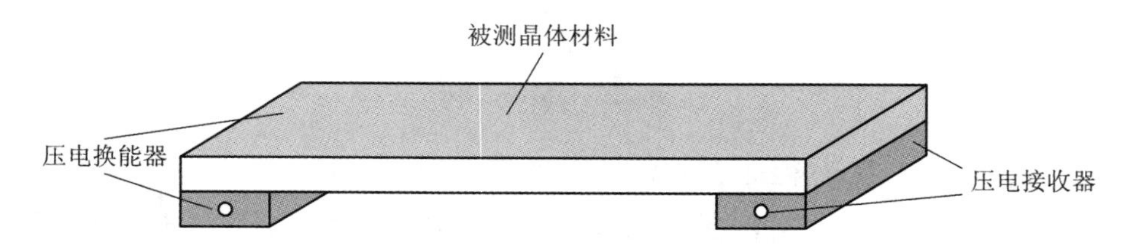

图 2.16　硒化锌晶体纵向振动频率测试装置示意图

其测试结果如表 2.5 所示。

表 2.5　硒化锌晶体以及压电石英晶体的实测频率及其仿真对比

硒化锌晶体频率/kHz		压电石英晶体频率/kHz	
仿真值	实测值	仿真值	实测值
50.021	49.883	50.012	49.998
50.021	49.875	50.012	49.992
50.021	49.880	50.013	49.988

通过上述分析发现，最初设计的理论材料参数与实际材料参数存在一定差异，而且实际应用中不是同一批生长出来的晶体，其材料性能也存在一定差异，从而导致压电石英晶体和弹光晶体的固有频率存在一定差异。因此，需根据仿真结果重新修订弹光晶体和压电石英晶体的尺寸、参数等。根据仿真结果修改的外形参数如表 2.6 所示。

表 2.6(a)　修改后的硒化锌晶体外形尺寸

外形	边长 L	倒角距离 l	厚度 D
八角形	33.21 mm	7.45 mm	32.00 mm

表 2.6(b)　修改后的压电石英晶体外形尺寸

外形	长 L	宽 D	高 h	切型
长方体	51.03 mm	35.2 mm	6.51 mm	xyt-18.5°

根据表 2.6 的参数，分别采用硒化锌晶体和压电石英晶体对其进行加工和切型选择。并采用硅橡胶进行黏合，采用图 2.17 的方式进行外壳的支撑等。加工的弹光调制器实物如图 2.17 所示。

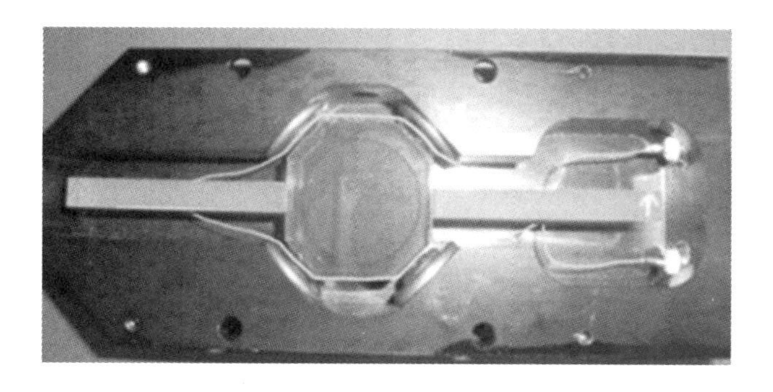

图 2.17　按尺寸加工的弹光调制器实物图

在进行弹光调制器结构和参数设计时，需要从两个方面着重考虑晶体的尺寸匹配：

第一，硒化锌晶体尺寸与压电石英晶体尺寸的匹配，根据 2.2.1 节和 2.2.2 节所提到的材料频率计算公式和参数计算选定尺寸，且考虑加工误差对频率的影响。工艺上实现不困难。

第二，由于选用两块压电石英晶体同时以相同频率驱动硒化锌晶体，因此，还需考虑同一组压电石英驱动器的尺寸匹配。在实际加工时，必须保证两块石英晶体属于同一批次生长的材料，且每两块压电石英晶体要同时进行切割，才可能使加工的两块压电石英晶体的固有频率差较小，满足谐振驱动的需求。

2.4 弹光调制双折射干涉仪的原理与设计

2.4.1 弹光调制双折射干涉仪的工作原理

以弹光调制器作为干涉元器件，构成弹光调制双折射干涉仪，结构示意图如图 2.18 所示。在该结构中，有一个 45°的起偏器、一个 −45°的检偏器以及 PEM 和点光电探测器。入射光源 I_{in} 经起偏器后产生与 x、y 轴成 45°的两束偏振光，即:o 光和 e 光。

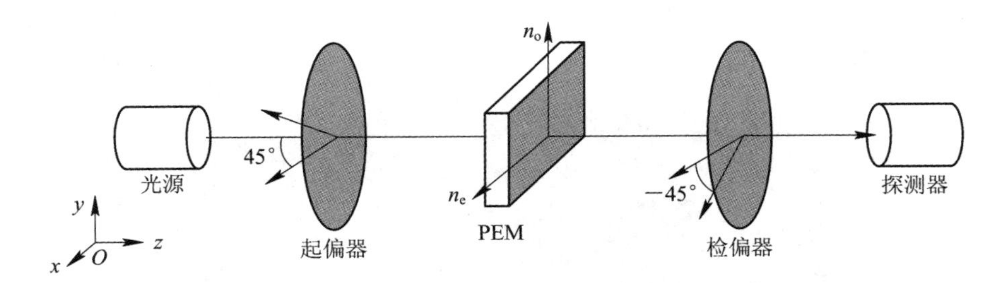

图 2.18 弹光调制双折射干涉仪结构示意图

弹光调制器在周期性驱动信号作用下，使得弹光晶体在 x、y 方向上的瞬态折射率发生变化，从而在两个方向上产生折射率差，以至于 o 光和 e 光在通过振动的弹光调制器时，产生不同的相位延迟，即两束光的光程差为

$$x = l\Delta n \tag{2.46}$$

式中，$\Delta n=n_o-n_e$ 为调制器的瞬态双折射率差；n_o、n_e 分别为晶体在 x、y 方向上的瞬态折射率；l 为光在弹光晶体中的通光路程。

弹光调制器的瞬态双折射率差为

$$\Delta n = B\sin(\omega_0 t) \tag{2.47}$$

式中，B 为双折射率差的最大幅值；ω_0 为调制器的谐振频率。

根据式(2.46)、式(2.47)可知，复原后光谱的分辨率与最大光程差有关。

由式(2.47)可知，瞬态双折射率差与调制器的谐振频率、压电石英晶体的振幅、黏合剂强度等因素有关。

当入射光为单色光时，两束光的相位差为

$$\Delta\varphi = 2\pi\upsilon x = 2\pi\upsilon l\Delta n \tag{2.48}$$

式中，υ 为入射光的波数。

由式(2.48)可知，改变晶体的双折射率差可改变两束光的相位差，产生连续变化的干涉图。滤除探测器检测光信号中的直流分量，可得单色光的干涉信号为

$$I_{\text{out}} = aI_{\text{in}}\cos\Delta\varphi = aI_{\text{in}}\cos(2\pi\upsilon l\Delta n) \tag{2.49}$$

式中，I_{in}、I_{out} 分别为入射光和出射光的辐射强度；a 为出射光与入射光的幅值增益。

因此，有单色光的干涉图：

$$I_{\text{out}}(t) = aI_{\text{in}}\cos[2\pi X\upsilon\sin(\omega_0 t)] \tag{2.50}$$

式中，$X=lB$，称为弹光调制器的延迟因子。

当入射光为复色光时，则有复色光的干涉图：

$$I_{\text{out}}(t) = a\int_0^{\infty} I_{\text{in}}(\upsilon)\cos[2\pi X\upsilon\sin(\omega_0 t)]\mathrm{d}\upsilon \tag{2.51}$$

由式(2.50)和式(2.51)可知，弹光调制干涉图的相位差呈正弦规律变化。若采用等时间方式采样干涉图获得的干涉信号是非线性变化的。图2.19(a)是窄带光信号在相位差线性和正弦调制时，在半个调制周期内产生的单周期干涉图。

对式(2.51)进行傅里叶变换可得入射光的光谱：

$$I_{\text{in}}(\upsilon) = \int_0^{\frac{T_0}{4}} I_{\text{out}}(t)\cos[2\pi Bl\upsilon\sin(\omega t)]\cos(\omega t)\mathrm{d}t \tag{2.52}$$

其中，T_0 为调制周期。

从式(2.52)可以看出光谱信号的一些特点：

(1) 弹光调制信号由正弦信号 $\sin(\omega t)$ 与时间 t 叠加而成，类似于

cos[* sin(*)]形式，经过傅里叶展开后的展开项的系数形式包含贝塞尔形式。但应当注意的是，由贝塞尔展开项仅能得到电信号频谱，而不是光谱信息。

(2) 原有光信号中的 υt 项被调制成了 $\upsilon \sin t$，其正交关系也变成了 $\upsilon \sin t$，由于 $\sin t$ 是非线性的，如图 2.19(b)所示，因而原来从 DFT 进行运算的准确性、对称性等不再成立，不能直接使用快速傅里叶变换 FFT 对式 (2.52) 进行变换得到光谱数据。

图 2.19 描述了线性光程差与弹光调制中的非线性光程差导致的干涉图区别。图 2.19(a)是线性光程差变化时等相位采样的窄带干涉图，图 2.19(b)是正弦光程差变化时非等相位采样的窄带干涉图。

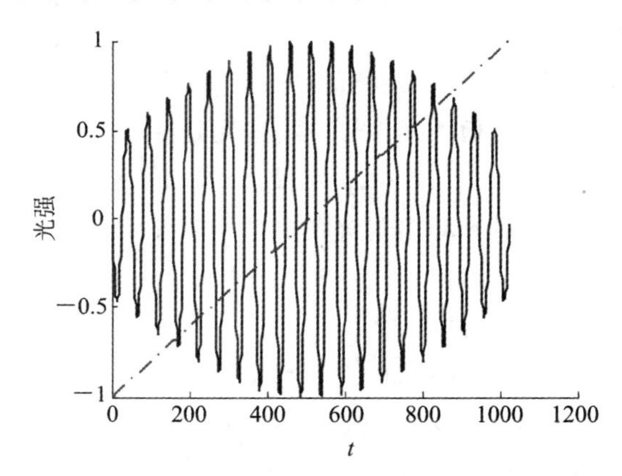

(a) 线性光程差变化时等相位采样的窄带干涉图

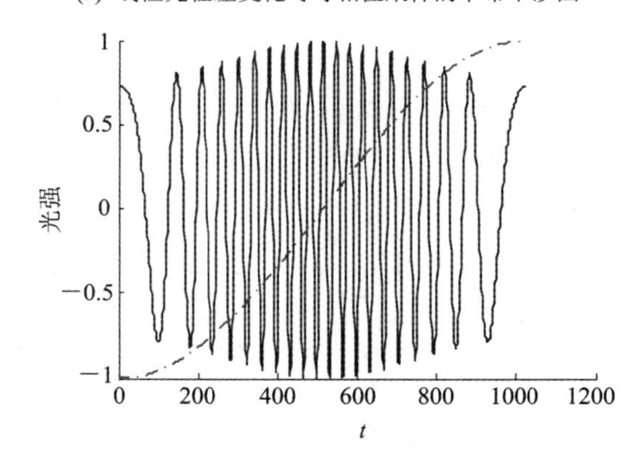

(b) 正弦光程差变化时非等相位采样的窄带干涉图

图 2.19　线性光程差与弹光调制中的非线性光程差导致的干涉图区别

弹光调制双折射干涉仪作为一种新型的干涉仪，其主要优点如下：

（1）调制频率高。弹光调制器的调制频率与晶体的谐振频率有关，一般在几十千赫兹到几百千赫兹。因此，每秒能产生数万张干涉图，比普通 FTS 的速度高两三个数量级，可用于高速运动物体或瞬态光谱测量，且扫描速度与光谱分辨率无关。

（2）光谱范围宽。选择不同材料的弹光晶体可实现不同光谱范围的探测。若采用熔融石英晶体作为弹光晶体，其光谱范围可从真空紫外到近红外；若采用多晶硒化锌晶体，其光谱范围可从可见光到中红外；若选用硅材料，其光谱范围又可拓展至太赫兹波段。

（3）成本低。弹光调制双折射干涉仪是一种时间调制型傅里叶变换干涉仪，可采用点探测器完成干涉图的光电转换。

（4）受光面积及视场角大，灵敏度高。弹光调制双折射干涉仪中对光通量产生衰减的元件较少。

（5）稳定性高。弹光调制器是谐振器件，没有运动部件，外界的振动对其干扰小。

同时，弹光调制双折射干涉仪也存在不足之处。如：

（1）要求采样速率高，很难实现等相位采样。如当干涉仪调制频率为 50 kHz 时，辐射源为 3～10 μm 时，信号源最高频率为 131 MHz，其采样频率应大于 262 MHz；很难以短波长的激光作为参考光源实现等相位采样。

（2）相位差非线性变化。干涉信号的相位差是正弦变化，等时间采样的干涉信号不能直接利用快速傅里叶变换复原入射信号光谱。

（3）数据处理系统硬件实现难。弹光调制器调制频率高，要求有高响应速率的探测器、宽带调理电路、大容量的数据存储器和高速时钟等。

2.4.2　多次反射式弹光调制器设计参数分析

弹光调制双折射干涉议通过增加两束光的双折射率差 Δn，可以提高两束光的光程差，从而提高重建光谱的光谱分辨率。根据弹光调制器的振动模型可知，通过增加压电驱动器的驱动电压值可以增加压电驱动器的应变量，从而增加双折射率差 Δn。但是单纯地通过增大驱动电压来提高折射率的改变量 Δn 以提高调制光程差有工作极限：一是受到材料本身的应变极限限制；二是较大的应变必然引入较大的热效应，从而改变晶体固有谐振频率、杨氏模量等物理参数，使得电学控制难度和复杂度提高，甚至出现整个谐振过程难以控制的情形。

根据式(2.48)，不仅可以通过改变 Δn 增加两束光的光程差，也可以通过增加两束光的传输路程来改变最大光程差。基于此原理，有研究人员研制了多次反射式结构的弹光调制干涉仪。多次反射式结构的目的是在整个弹光晶体达到一定折射率差 Δn 的前提下，通过进一步增加光传播路径 l 来提高调制光程差。为了在弹光晶体内实现光的多次反射，需要入射光倾斜入射进弹光晶体的边缘位置，通过镀制适当尺寸的金属反射膜，使得入射光线在晶体内部实现多次反射，最终从晶体另一个边缘射出。该办法可以有效地增大光传播路径 l，且光线在晶体内部实现全反射，保证了光能的利用率。

为论证多次反射式弹光调制器设计的正确性和可行性，下面将对弹光晶体入射角、通光面积等进行分析。

1. 弹光晶体有效入射角分析

对于各向同性晶体硒化锌材料而言，通过弹光效应会产生一个较小的单轴双折射，即：$n_x \neq n_y = n_z$，其中 x 轴是应力轴方向，z 轴垂直于应力面，如图 2.20 所示。

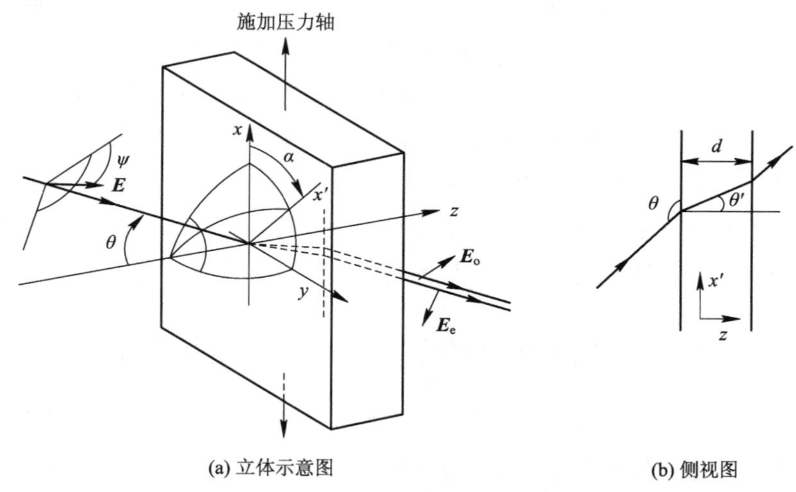

图 2.20　弹光晶体入射角与相位延迟量示意图

假设有一束任意偏振度的离轴光线(用 $\boldsymbol{E}$ 矢量描述)入射到应力面，则该束光线将通过双重反射被分解为两束线偏振光；这两束光线相互平行，但空间位置相互错开并存在一个固定相位差 φ（相位延迟量）。对于诸如电光晶体、波片等而言，这个额外的相位延迟量会对调制效果产生极大影响，但对于弹光调制而言，影响较小，原因如下：

弹光调制的相位延迟量的量级处于$\dfrac{\left(\dfrac{\Delta n}{n}\right)d}{\lambda}$，而双重反射引起的光线分量 s 的量级在$\left(\dfrac{\Delta n}{n}\right)d$ 量级，即波长的整数倍量级上。也就是说，在宏观尺度上，因双重反射引起的寻常光和非寻常光的输出结果是一致的。

当$\dfrac{|\Delta n|}{n}\ll 1$ 时，相位差 φ 与入射角的关系可表示如下：

$$\frac{\Delta n(\theta, \alpha)}{n} \approx \frac{\Delta n(0, 0)}{n}(1-\sin^2\theta\cos^2\alpha) \tag{2.53}$$

其中，α、θ 分别是入射光线的方位角和俯仰角，得到的相位延迟量可表示为

$$\varphi(\theta, \alpha) \approx \varphi(0, 0)(1-\sin^2\theta\cos^2\alpha) \tag{2.54}$$

根据式(2.54)，可近似得到角度与相位差关系式

$$\frac{\Delta\varphi}{\varphi} \approx (\sec\theta - 1) \approx \frac{1}{2}\theta^2 \tag{2.55}$$

其中，$\Delta\varphi$ 是相位延迟误差。假设允许 10% 的相位延迟误差，则弹光晶体的允许最大入射角 $\theta_{max}=25°$。

2. 弹光晶体通光面积分析

弹光晶体相位延迟量随空间分布情况可表达为

$$\delta(x, y, d) = \delta_0\sin\left(\frac{\pi x}{L}\right)\sin\left(\frac{\pi y}{L}\right)\sin(\omega t - \psi) \tag{2.56}$$

若不考虑相位延迟量 δ 随时间变化情况，则在某一时刻 d，弹光晶体的 δ 空间分布情况可写为

$$\delta(x, y) = \delta_0\sin\left(\frac{\pi x}{r}\right)\sin\left(\frac{\pi y}{r}\right) \tag{2.57}$$

其中，$r\leqslant L$。式(2.56)描述的是一个正弦曲面，如果允许 10% 的相位延迟误差，则其有效的入射面积为以 $r=10$ mm 为直径的圆，可得如图 2.21 所示的计算曲线。

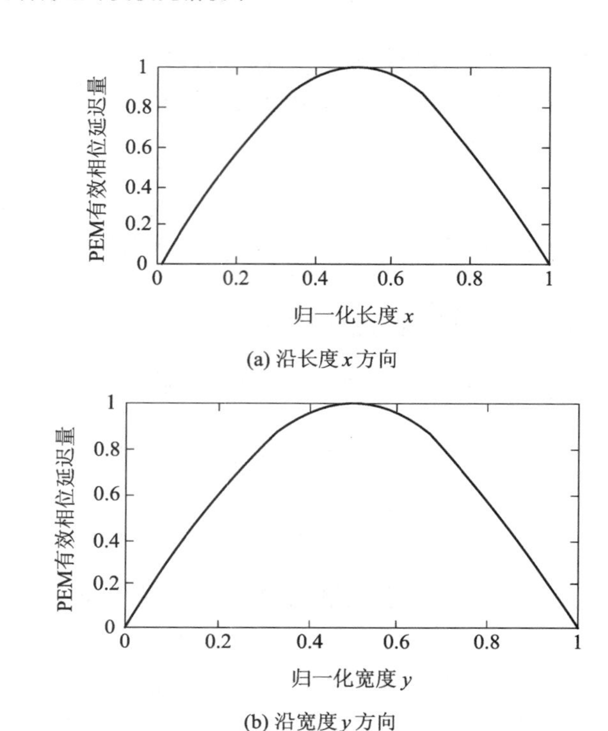

(a) 沿长度 x 方向

(b) 沿宽度 y 方向

图 2.21 弹光晶体调制光程差随空间分布曲线

2.4.3 多次反射式弹光调制干涉仪的结构模型

传统的弹光调制干涉仪一般选择最大应力处中心位置进行单次入射，其入射光传播的距离为晶体的厚度 D，如图 2.22(a)所示。其特点是：光路和干涉模型简洁，充分利用弹光调制晶体的中心应力最大位置，且入射光线的直径较大。

如果要提高调制光程差，可通过增大调制电压幅值或利用多块弹光调制器串联方式获得，详见第 1 章综述。

多次反射式弹光调制干涉仪结构示意图如图 2.22(b)所示，它在弹光晶体前后表面镀制相互交错的反射膜，通过光线倾斜入射的办法，让入射光线在晶体内部产生多次全反射，最后从晶体另一侧射出。因此，光线在晶体内部的实际传播距离 l 将为晶体厚度 D 的数倍，从而根据公式 $x=l\Delta n$ 可知，其最大调制光程差将会增大。该方法充分利用了弹光晶体在一个维度上的全部传播空间和应力-折射率分布理论。但由于晶体中的应力分布并不均匀，而是呈现余弦曲线分布，因而会使入射光在通光路径上受到的应力不同，需要重新建立双折射干涉调制函数模型。

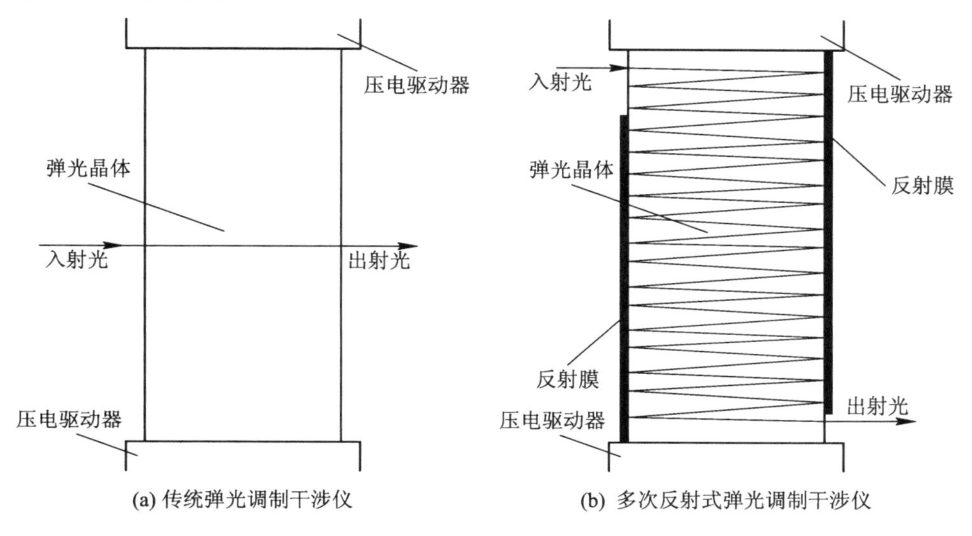

图 2.22　弹光调制干涉仪光线传播示意图

为更好分析在弹光晶体中光的传播路径信息，对图 2.22(b)进行简化，如图 2.23 所示。为了方便表述，定义如图 2.23 所示的坐标系，晶体厚度方向为 z 方向，反射沿 x 方向进行，y 轴垂直于纸面向外，O 为坐标中心点，图示晶体界面位置在 $y=0$ 处，光线入射方向与 z 轴成 θ_0 夹角，其折射角为 θ_1，整个入射区域长度为 d，为方便给出多次反射式双折射干涉的一般性公式，首先假设入射光线为理想光线，直径为 0(直径不为 0 的情况详见 2.4.4 的误差分析部分)，并假设在弹光晶体中的入射光按照 z 轴反对称。

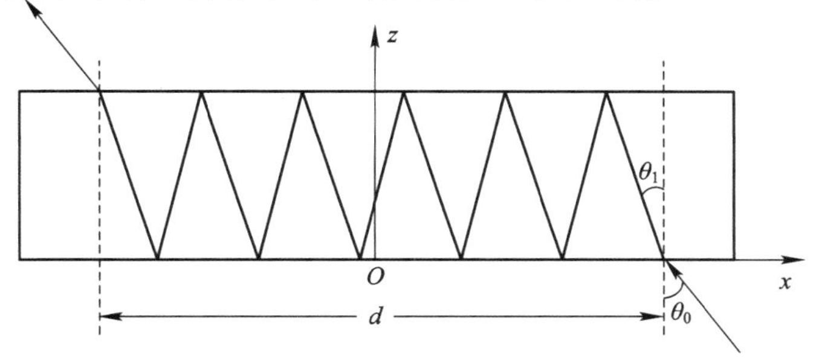

图 2.23　弹光晶体多次反射光路示意图

根据弹性力学和式(2.57)可知，弹光晶体在 $y=0$ mm 处随着 x 变化沿 x 方向与沿 y 方向应力差的幅值满足：

$$\delta(x)=\delta_x(x,0)-\delta_y(x,0)=\delta_0\cos\left(\frac{\pi}{l}x\right) \tag{2.58}$$

式中，$\delta_x(x,0)$为坐标$(x,0)$处沿 x 方向的应力幅值，$\delta_y(x,0)$为坐标$(x,0)$处沿 y 方向的应力幅值，δ_0 为坐标$(0,0)$处沿 x 方向与沿 y 方向应力差的幅值，l 为弹光晶体的长度。因此在 $y=0$ mm 处，折射率差幅值随着 x 变化为

$$\Delta n(x)=n_o(x)-n_e(x)=\delta_0\sigma\cos\left(\frac{\pi}{l}x\right) \tag{2.59}$$

其中，σ 为应力弹光系数。根据弹光理论和图 2.23 可得在 x 位置，任意入射光(入射角 $\theta_0\neq 0°$)，在 $y=0$ mm 处通过弹光晶体后产生单次光程差为

$$\begin{aligned}L(x,\theta)&=\int_0^D \frac{\delta_0\sigma}{\cos\theta_1}\cos\left[\frac{\pi}{l}(x-z\tan\theta_1)\right]\mathrm{d}z\\&=\frac{\delta_0\sigma l}{\pi\sin\theta_1}\left\{\sin\left(\frac{\pi}{l}x\right)-\sin\left[\frac{\pi}{l}(x-D\tan\theta_1)\right]\right\}\end{aligned} \tag{2.60}$$

对于入射后反射的偶数次光线而言，则有

$$\begin{aligned}L(x,\theta)&=\int_D^0 \frac{\delta_0\sigma}{\cos\theta_1}\cos\left[\frac{\pi}{l}(x-z\tan\theta_1)\right]\mathrm{d}z\\&=-\frac{\delta_0\sigma l}{\pi\sin\theta_1}\left\{\sin\left(\frac{\pi}{l}x\right)-\sin\left[\frac{\pi}{l}(x-D\tan\theta_1)\right]\right\}\end{aligned} \tag{2.61}$$

其中，θ_0 和 θ_1 满足光的折射定律：$n_0\sin\theta_0=n_1\sin\theta_1$，$D$ 为晶体厚度。

经过 m 次反射叠加后产生的最大光程差为

$$\begin{aligned}L^m(x,\theta_1)=&\sum_{j=0}^{m}(-1)^j\frac{\delta_0\sigma l}{\pi\sin\theta_1}\cdot\\&\left\{\sin\left[\frac{\pi}{l}(x-jD\tan\theta_1)\right]-\sin\left[\frac{\pi}{l}(x-jD\tan\theta_1-D\tan\theta_1)\right]\right\}\end{aligned} \tag{2.62}$$

其中，m 为奇数。如果入射的初始条件为 $x=x_0$，$\theta=\theta_0$，整个反射长度为 d，有

$$(m+1)\cdot D\tan\theta_1=d \tag{2.63a}$$

$$2x_0+d=l \tag{2.63b}$$

则多次反射调制后的干涉信号强度为

$$I^m(t, x, \theta_1)=\int_0^{\infty} I(\upsilon)\cos[2\pi L^m(x, \theta_1)\upsilon\sin(\omega t)]\mathrm{d}\upsilon \tag{2.64}$$

由式(2.62)和式(2.64)可以看出，当入射角和入射位置确定之后，最大调制光程差 $L^m(x, \theta_1)$ 即固定不变，为常数，因而整个干涉光强公式的形式与式(2.52)完全一致，因此其对应的傅里叶变换光谱公式应写为

$$I(\upsilon)=\int_0^{\frac{T}{4}} I^m(t, x, \theta_1)\cos[2\pi L^m(x, \theta_1)\upsilon\sin(\omega t)]\cos(\omega t)\mathrm{d}\upsilon \tag{2.65}$$

式(2.65)的基本形式与式(2.52)一致，因此其对应的干涉图以及特点与图 2.19 形式也一致，二者的不同之处在于，后者的最大光程差 $L^m(x, \theta_1)$ 更大。

通过光传输多次反射方式在提高调制光程差的同时，并未改变弹光调制干涉仪的其他特性。同时，多次反射传输是在弹光晶体内表面反射，不存在物理界面之间的反射损失，从而可以很好地保证光能利用率。

2.4.4　多次反射式弹光调制干涉仪的误差分析

多次反射式弹光调制干涉光强公式是建立在入射光线直径为零的理想情况下。但实际情况是入射光线均存在一定的光束直径。因此，需要对实际入射光线直径不为零时的干涉光强进行误差分析。另外，弹光调制晶体处于谐振工作状态时，由于受到 x 方向的伸缩振动影响，其实际在 z 方向还存在一个微小伸缩振动。该振动与 x 方向的伸缩振动满足泊松关系，该微小形变量必然会造成式(2.60)的微小变化，因此，还需要分析该微小变化对最终调制光程差的影响。

1. 入射光线直径不为零时的误差分析

假设实际入射光束直径为 $2h$，则在单次倾斜入射时，入射光束两侧边缘光线是存在不同光程差的，对于每一条入射光线，其单次倾斜入射的光程差均可用式(2.60)来描述，但其初始入射位置 x 应改为 $x\pm\Delta h$。分析时，不需要考虑每条光线的光程差函数模型，只需要考虑最边缘的两条光线的光程差函数即可，令 $x_1=x_0+h$，$x_2=x_0-h$，x_0 为光束中心位置，则其经过 m 次反射后的最大调制光程差可写为

$$L^m(x_1, \theta_1) = \sum_{j=0}^{m} (-1)^j \frac{\delta_0 \sigma l}{\pi \sin\theta_1} \cdot \left\{ \sin\left[\frac{\pi}{l}(x_1 - jD\tan\theta_1)\right] - \sin\left[\frac{\pi}{l}(x_1 - jD\tan\theta_1 - D\tan\theta_1)\right]\right\} \tag{2.66a}$$

$$L^m(x_2, \theta_1) = \sum_{j=0}^{m} (-1)^j \frac{\delta_0 \sigma l}{\pi \sin\theta_1} \cdot \left\{ \sin\left[\frac{\pi}{l}(x_2 - jD\tan\theta_1)\right] - \sin\left[\frac{\pi}{l}(x_2 - jD\tan\theta_1 - D\tan\theta_1)\right]\right\} \tag{2.66b}$$

由于最边缘的两条光线的入射角完全相同，因此它们依然满足式(2.62)所示的约束条件，式(2.66a)与式(2.66b)相减可得边缘处的光程差为

$$\begin{aligned}\Gamma_{L^m} &= \sum_{j=0}^{m} (-1)^j \frac{\delta_0 \sigma l}{\pi \sin\theta_1} \left\{ \cos\left[\frac{\pi}{l}(x_1 - jD\tan\theta_1) - \frac{D\tan\theta_1}{2}\right] \sin\left(\frac{\pi}{l}\frac{D\tan\theta_1}{2}\right)\right. \\ &\quad \left. - \cos\left[\frac{\pi}{l}(x_2 - jD\tan\theta_1) - \frac{D\tan\theta_1}{2}\right] \sin\left(\frac{\pi}{l}\frac{D\tan\theta_1}{2}\right)\right\} \\ &= \sum_{j=0}^{m} (-1)^j \frac{\delta_0 \sigma l}{\pi \sin\theta_1} \left\{\left\{ \cos\left[\frac{\pi}{l}(x_1 - jD\tan\theta_1) - \frac{D\tan\theta_1}{2}\right]\right.\right. \\ &\quad \left.\left. - \cos\left[\frac{\pi}{l}(x_2 - jD\tan\theta_1) - \frac{D\tan\theta_1}{2}\right]\right\} \sin\left(\frac{\pi}{l}\frac{D\tan\theta_1}{2}\right)\right\}\end{aligned} \tag{2.67}$$

令 $\Psi = \dfrac{D\tan\theta_1}{2}$，则式(2.67)可改写为

$$\Gamma_{L^m} = \sum_{j=0}^{m} (-1)^j \frac{\delta_0 \sigma l}{\pi \sin\theta_1} \cdot \left\{\left\{ \cos\left[\frac{\pi}{l}x_1 - \left(\frac{2\pi j}{l} + 1\right)\Psi\right] - \cos\left[\frac{\pi}{l}x_2 - \left(\frac{2\pi j}{l} + 1\right)\Psi\right]\right\} \sin\left(\frac{\pi}{l}\Psi\right)\right\} \tag{2.68}$$

利用三角函数和差化积公式，有

$$\Gamma_{L^m} = \sum_{j=0}^{m} (-1)^j \frac{\delta_0 \sigma l}{\pi \sin\theta_1} \cdot$$
$$\left\{ \left\{ -2\sin\left[\frac{x(x_1 + x_2)}{2l} - 2\left(\frac{2\pi j}{l} + 1 \right) \Psi \right] \sin\left[\frac{\pi(x_1 - x_2)}{2l} \right] \right\} \sin\left(\frac{\pi}{l} \Psi \right) \right\} \tag{2.69}$$

令 $x = x_0$，光束直径为 $2h$，则有

$$\Gamma_{L^m} = \sum_{j=0}^{m} (-1)^j \frac{\delta_0 \sigma l}{\pi \sin\theta_1} \left\{ \left\{ -2\sin\left[\frac{\pi x_0}{l} - 2\left(\frac{2\pi j}{l} + 1 \right) \Psi \right] \sin\left(\frac{\pi}{l} h \right) \right\} \sin\left(\frac{\pi}{l} \Psi \right) \right\} \tag{2.70}$$

由式(2.70)可以看出，光束直径对最大调制光程差之差的影响为常数项 $\sin(h \cdot \pi/l)$，与入射位置以及入射角度无关，只与光束半径 h 成正比。因此，要求入射光束直径越小越好。

在 h 一定时，Γ_{L^m} 是入射位置 x_0 和入射角 θ_1 的函数。如果反射光线沿 z 轴完全对称，则可得 $x_0 = d/2$，因此可以发现，对于式(2.66a)，当 $j = 0$ 时，有

$$L(x_1, \theta_1) = \frac{\delta_0 \sigma l}{\pi \sin\theta_1} \left\{ \sin\left[\frac{\pi}{l} \left(\frac{d}{2} + h \right) \right] - \sin\left[\frac{\pi}{l} \left(\frac{d}{2} + h - D\tan\theta_1 \right) \right] \right\} \tag{2.71a}$$

对于式(2.66b)，当 $j = m$ 时，有

$$L(x_2, \theta_1) = \frac{\delta_0 \sigma l}{\pi \sin\theta_1} \left\{ \sin\left[\frac{\pi}{l} \left(\frac{d}{2} + h \right) \right] - \sin\left[\frac{\pi}{l} \left(\frac{d}{2} + h - D\tan\theta_1 \right) \right] \right\} \tag{2.71b}$$

采用同样的办法，也可以得到 $L(x_1, \theta_1)(j=1) = L(x_2, \theta_1)(j=m-1)$，…，即虽然光束的单次反射光程差均不相同，但由于整体调制应力余弦分布沿 z 轴中心对称的特点，x_2 位置入射光线的光程差与 x_1 位置入射光线的光程差大小是沿 z 轴对称的，因而二者的叠加光程差 $L^m(x_1, \theta_1) = L^m(x_2, \theta_1)$；也就是说，当反射光线沿 z 轴对称时，光束直径的大小对最终叠加产生的最大调制光程差没有影响。这一结论可以利用光线传播的可逆性定理分析。

由于入射位置 x_0 和入射角 θ_1 是两个相互独立的自变量，因此，在利用式(2.70)进行理论分析时，可以预先确定入射光线位置，然后再进行入射角度的优化设计。但需要注意的是，入射位置至少要保证具有一定直径的入射光线能够完全入射，即 $x_0 \geqslant h$，当 x_0 确定后，再利用中心对称的约束条件中的式(2.63)对

θ_1 进行入射约束，尽可能得到最接近中心对称的情况。

2. 弹光晶体厚度微小形变对光程差的影响

在弹光晶体谐振时，受材料横向应变的影响，其纵向也会产生相应的纵向应变，其比值为弹光晶体的泊松系数，也叫横向变形系数，如图 2.24 所示。

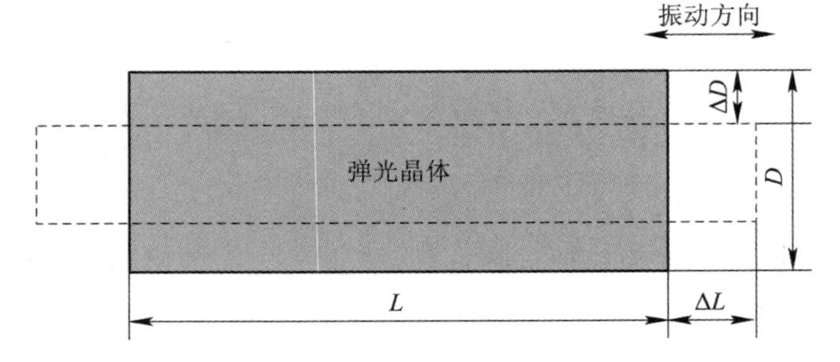

图 2.24 弹光晶体振动示意图

如图 2.24 所示，晶体在长度方向伸缩 ΔL 时，还伴随着厚度方向 ΔD 的伸缩，其关系可用泊松比表示为

$$\Delta D = \Delta L \cdot \xi \tag{2.72}$$

其中，ξ 为泊松比，则式(2.66)可改写为

$$\begin{aligned} L^m(x, \theta_1) = & \sum_{j=0}^{m} (-1)^j \frac{\delta_0 \sigma l}{\pi \sin\theta_1} \cdot \\ & \left\{ \sin\left[\frac{\pi}{l}(x - j(D+\Delta D)\tan\theta_1) - \frac{(D+\Delta D)\tan\theta_1}{2}\right] \cdot \right. \\ & \left. \sin\left[\frac{\pi}{l}\left(\frac{(D+\Delta D)\tan\theta_1}{2}\right)\right] \right\} \end{aligned} \tag{2.73}$$

根据误差分析，可得

$$\begin{aligned} \Delta L^m(x, \theta_1) = & \frac{\delta_0 \sigma l}{\pi \sin\theta_1} \left\{ \sum_{j=0}^{m} (-1)^j \left| \cos\left[\frac{\pi}{l}(x - jD\tan\theta_1)\right] \right| \Delta D - \right. \\ & \left. \sum_{j=0}^{m} (-1)^j \left| \cos\left[\frac{\pi}{l}(x - jD\tan\theta_1 - D\tan\theta_1)\right] \right| \Delta D \right\} \end{aligned} \tag{2.74}$$

对于硒化锌晶体而言，其泊松比 $\xi = 0.28$，根据驱动电压-振幅关系曲线可知，当长度伸长量 $\Delta L_{max} = 5.4\ \mu m$，入射角 $\theta_0 = 7°$，入射位置 $x = 4$ mm，代入式(2.74)计算可得 $\Delta L^m(x, \theta_1) = 0.13\ \mu m$。

3. 最佳入射角和入射位置研究

由前述的多次反射式弹光调制器可知，需要确定干涉仪产生的最大光程差，首先需确定沿 x 轴入射位置和入射角，以便最终确定最大光程差的大小。为了尽可能得到大的调制光程差，并保证入射角以及入射位置不至于太苛刻而难以实现，需要对入射角以及入射位置进行优化选择。

首先，大的调制光程差意味着尽可能多的反射次数，因此，沿 x 轴入射位置选择 $x=0$ mm 处应为最佳，即从晶体边缘位置入射，该位置可以保证将整个晶体长度分布内的相位延迟量全部利用上，但考虑到入射光线自身存在一定的半径(约 1～3 mm)，并且在 $x=0$～3 mm 范围内的相位延迟量较小，其归一化值约 0～0.15，因此初步选定入射位置为 $x=4$ mm 附近。

其次，入射角的选择需要综合考虑尽可能多的反射次数、在该入射角度下允许的入射角度误差范围以及光线能否完全出射而不被阻挡等因素。为解决入射角的问题，可利用几何光学仿真软件 Zemax 对多次反射结构弹光调制进行仿真分析。如设仿真条件为：选择非序列光学模块，折射率为 $n=2.4$ 的透明介质材料，厚度 $d=32$ mm，入射光波长为 671 nm 的高斯光束，光束直径 $r=2$ mm，光束发散角 $\Phi=2.5$ mrad，晶体通光面前后表面放置两组适当面积的全反射面以模拟实际镀制的金属全反射膜。

图 2.25 是仿真结果，其最佳的入射角选定为 7°，入射位置 $x=4$ mm，可保证 22 次有效反射，并且允许的入射角误差范围为±0.9°；图 2.26 是根据仿真结果所设计的镀膜区域示意图；表 2.7 是硒化锌晶体相应的加工尺寸及要求。

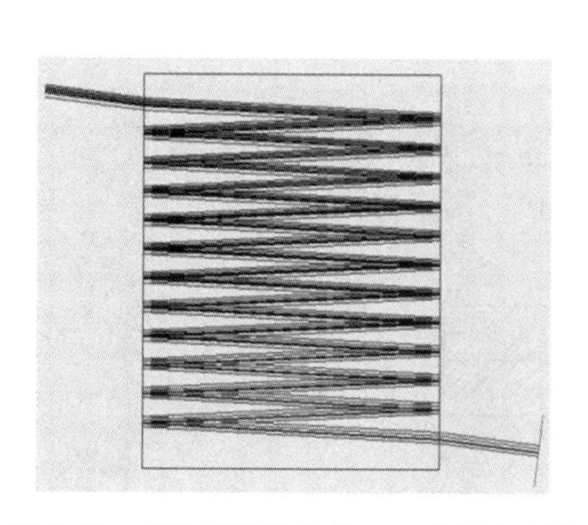

图 2.25　多次反射结构 Zemax 光线追迹图

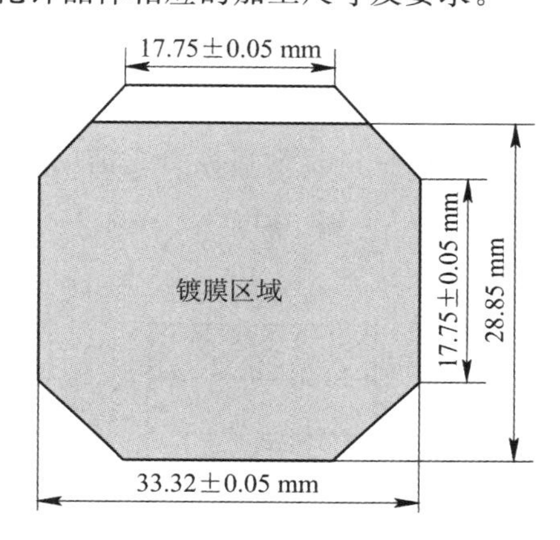

图 2.26　硒化锌晶体表面镀膜示意图

表 2.7 硒化锌晶体加工尺寸及要求

项　　目	要　　求
材料	硒化锌
外型公差	±0.05 mm
厚度公差	±0.2 mm
面型	λ/4 @632.8 nm
光洁度	10～20
平行度	＜1′
有效孔径	＞90%
材料纯度	＞99.9%
角度误差	±0.2°

2.4.5 多次反射式弹光调制器的镀膜

要实现弹光调制器内光线的多次反射，需对弹光调制器镀反射膜。反射膜一般可分为两大类，一类是金属反射膜，另一类是全电介质反射膜。此外，还有把两者结合起来的金属电介质反射膜。其中，金属反射膜的优点是制备工艺简单、工作波长范围宽，因此，本节选用金属反射膜进行多次反射式弹光调制器的设计。

光学组件的反射可以分为前反射式及背反射式两类，如图 2.27 所示。

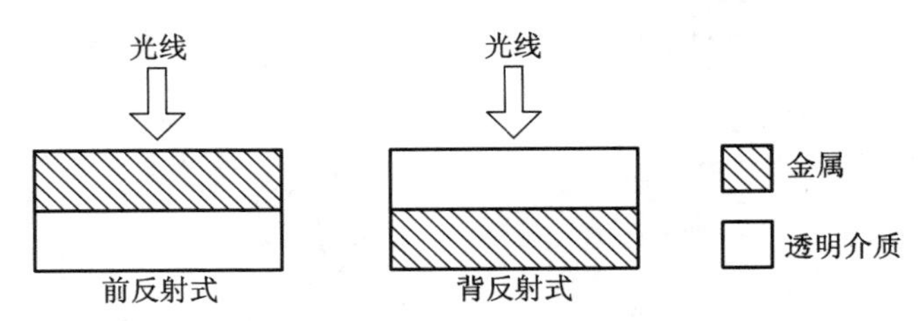

图 2.27 前反射式与背反射式示意图

光线直接照射在反射膜上的方式称为前反射式，光线穿过透明介质再照到反射膜的方式称为背反射式。前反射式效果较好，但必须考虑反射膜的表面品质，且反射膜容易被刮伤和氧化。背反射式只需将透明介质的表面研磨、抛光后，再镀上一层足够厚的反射膜层即可，对于镀膜的表面品质要求宽松。

表2.8列出了几种常见的金属反射膜在不同波段的反射率。表中，银在可见光和近红外光波段的反射性能较好，为最佳的反射膜材料；铝在近紫外光、可见光、近红外光都有良好的反射率，是光学反射镜最常使用的材料；金与铜在650～800 nm的反射率较好，在红外波段也具有较佳的反射率，但是当波长小于500 nm时，金、铜反射膜的反射率下降明显。

表2.8　几种金属反射膜在不同波长的反射率

金属种类	反射率/%		
	波长800 nm	波长650 nm	波长500 nm
铝(Aluminum)	86.7	90.5	91.8
银(Silver)	99.2	98.8	97.9
金(Gold)	98.0	95.5	47.7
铜(Copper)	98.1	96.6	60.0

假设弹光调制傅里叶变换光谱仪探测波段在近红外至中远红外波段，同时为了便于可见光进行光学系统装调，选择金反射膜作为弹光晶体表面的全反射膜，金反射膜的特性曲线如图2.28所示。

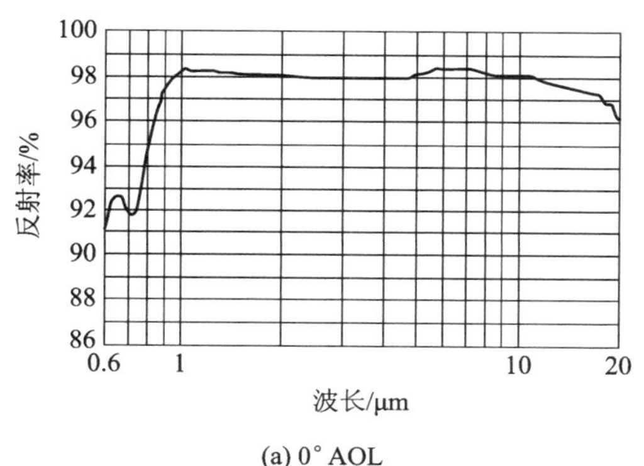

(a) 0° AOL

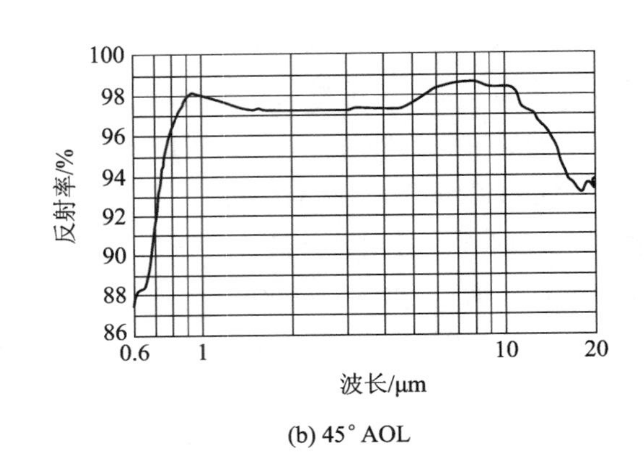

(b) 45° AOL

图 2.28 金反射膜反射率曲线(AOL：光入射角)

金属反射膜的镀膜方式可以分为蒸发镀膜、溅射镀膜、离子镀膜三种。蒸发镀膜是加热源将蒸发材料加热到足够高的温度，使蒸发材料转变为气态，蒸气分子运动到基片表面，凝结成固态薄膜。蒸发镀膜广泛应用于光学镜片、滤光片的镀膜，提升透光率和反射率。溅射镀膜是一种物理气相沉积技术，通过高能离子轰击靶材，使靶材原子溅射出来并沉积在基片表面形成薄膜。溅射镀膜具有较好的膜层均匀性和附着力，广泛应用于半导体、光学和储能材料等领域。离子镀膜是一种结合物理气相沉积和化学气相沉积特点的技术，通过等离子体中的离子轰击和化学反应，在基片表面形成薄膜。离子镀膜技术具有较好的膜层附着力和致密性，广泛应用于工具涂层、装饰和功能薄膜领域。

在这三种镀膜方式中蒸发镀膜的密度最差，只能达到理论密度的95％，镀膜的附着力也最差，但是蒸发镀膜速率最快；离子镀膜不但密度最高、晶粒最小，而且镀膜与基板的附着力也是三种镀膜中最大的，只是离子镀膜最大的缺点是基板必须是导电材料，并且镀膜时基板的温度会升高到几百摄氏度，上述的缺点使离子镀膜的应用受到很大的限制。目前，溅射镀膜是制备薄膜材料的主要技术之一，用溅射靶材沉积的薄膜致密度高，与基材之间的附着性好。

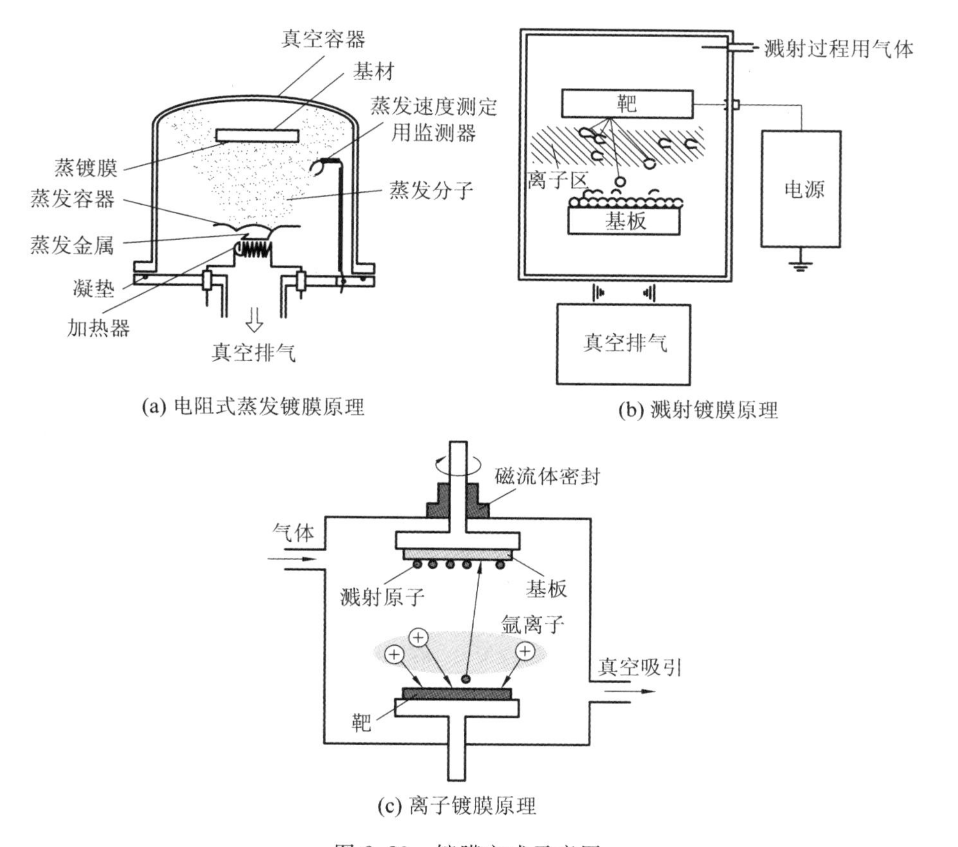

图 2.29　镀膜方式示意图

2.5　基于多次反射式弹光调制器的干涉系统

基于 2.4 节研制的多次反射式弹光晶体和切角为－18.5°压电石英晶体设计了多次反射式弹光调制器。根据图 2.18 的弹光调制干涉仪的工作原理框图，搭建如图 2.30 所示的实验装置。图中，从左至右依次是光源(671 nm 激光器)、调制方向为 45°起偏器、孔径光阑、多次反射式弹光调制器、－45°检偏器、聚焦透镜、高速光电探测器，这些光学器件一起构成弹光调制傅里叶变换干涉系统。弹光调制器在频率大约为 50 kHz 的 *LC* 高压谐振驱动信号下产生周期性的形变和折射率变化，从而入射光经光学系统后产生对应变化的干涉图。干涉图通过光电探测器转换为电信号，由高速数据采集卡采集连续变化的干涉图，进行后续的数据处理。

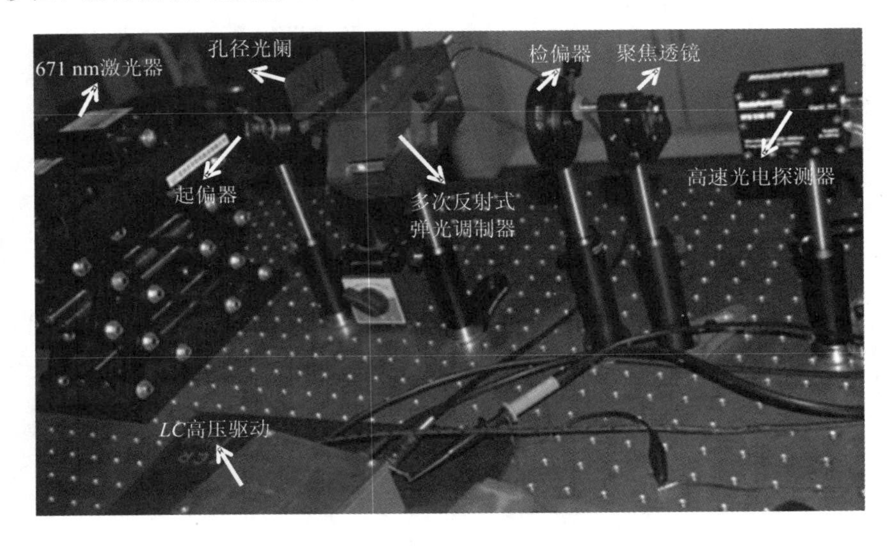

图 2.30　多次反射式弹光调制干涉仪性能测试实验装置图

图 2.31 是 671 nm 的入射光在弹光调制器处于不同驱动电压下时，探测器检测的光强干涉图。

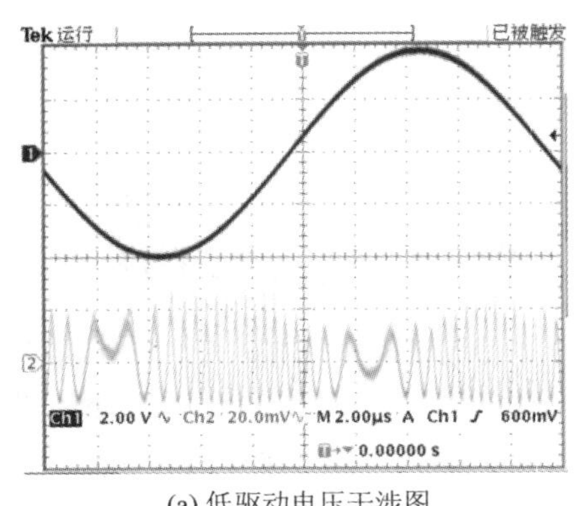

(a) 低驱动电压干涉图

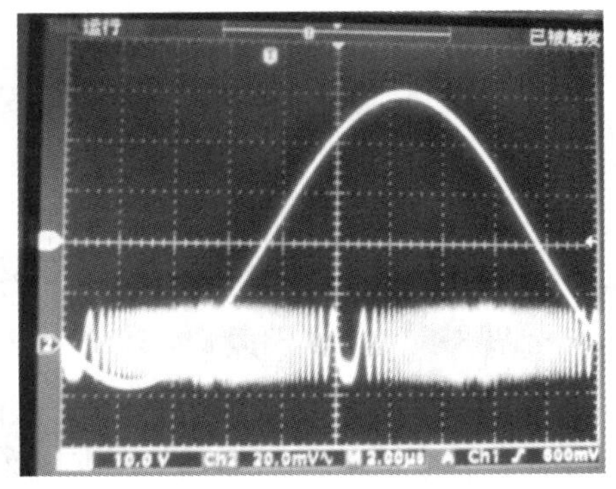

(b) 高驱动电压干涉图

图 2.31　多次反射式弹光调制干涉仪干涉光强图

比较图 2.31(a)和图 2.31(b)可以看出，随着施加在弹光调制器上的驱动电压的增加，产生干涉图的光程差也增加；且与无反射的弹光调制器相比较，在相同驱动电压下，多次反射式弹光调制器所产生的光程差是单次的 15 倍，光程差明显提高。

本章小结

本章首先分析在外加应力场作用下的晶体弹光效应特性，给出相应的弹光效应关系，并对所设计的弹光调制器的双折射干涉原理进行理论分析及实验测试，分析弹光调制光程差的特点以及对最大光程差进行预估；其次，为进一步增大调制光程差，首次提出采用多次反射式弹光晶体结构，分析该弹光晶体内部的应力分布情况和入射角对调制光程差的影响，并通过仿真计算，优选出最佳入射位置和入射角度，推导其相应的干涉光强公式和傅里叶变换光谱表达式，并进行实际加工测试。结果表明，所设计的多次反射式弹光调制干涉仪能进一步将最大调制光程差提升15倍左右。

参考文献

[1] CHENG J C, NAFIE L A, ALLEN S D, et al. Photoelastic Modulator for the 0.55～13 μm Range [J]. Applied Optics, 1976, 15(8): 1960-1965.

[2] DINER D J, DAVIS A, CUNNINGHAM T, et al. Use of photoelastic modulators for high-accuracy spectropolarimetric imaging of aerosols [C]//2006 Earth Science Technology Conference (ESTC—06), College Park, MD, June 26, 2006.

[3] 秦自楷. 压电石英晶体[M]. 北京：国防工业出版社，1980.

[4] WANG Y, JIANG Y. Crystal orientation dependence of piezoelectric properties in LiNbO3 and LiTaO3[J]. Opt. Mater., 2003, 23(1-2): 403-408.

[5] 张维屏，机械振动. 机械振动学[M]. 北京：冶金工业出版社，1983.

[6] 倪振华. 振动力学[M]. 西安：西安交通大学出版社，1989.

[7] 高新来，王跃林，李和昌，等. 脱酰胺型 RTV 硅橡胶的研究[J]. 有机硅材料，2003，17(3)：7-9.

[8] 阮鹏，陈智军，付大丰，等. 基于 COMSOL 的声表面波器件仿真[J]. 测试技术学报，2012，26(5)：422-428.

[9] LING W P. Photoelastic modulator system：US 7920318[P]. 2011-4-5.

[10] 肖定全，王民，物理学. 晶体物理学[M]. 成都：四川大学出版社，1989.

[11] OAKBERG T C. Modulated interference effects：use of photoelastic modulators with lasers[J]. Optical Engineering，1995，34(6)：1545-1550.

[12] BUICAN T. High retardation-amplitude photoelastic modulator：WIPO 2010011376[P]. 2010-1-29.

[13] 陈友华. 遥测用多次反射式弹光调制傅里叶变换光谱技术研究[D]. 太原：中北大学，2013.

第3章　弹光调制干涉仪的驱动控制技术

由第2章可知，弹光调制干涉仪可以通过优化匹配特性参数的方式提高其调制效率和品质因数，但是由于固有阻尼的存在，PEM 在工作过程中将不可避免地产生热损耗，尤其是在大应变、大位移共振模式下产生大的光程差时，PEM 的热损耗功率及其对干涉仪稳定性的影响将更加显著。本章将分析弹光调制器的频率温漂特性以及弹光调制器的稳定驱动控制技术。

3.1　弹光调制器的频率温度漂移特性分析

谐振器件的固有频率随温度变化的特性称为频率温度漂移特性。弹光调制器是由压电晶体和弹光晶体构成的谐振器件，本节将在分析弹光晶体和压电晶体的频率温度系数的基础上，分析弹光调制器的谐振频率温度漂移特性。

3.1.1　硒化锌弹光晶体频率温度系数

描述器件频率温度特性的方法有频率温度系数和频率温度特性曲线。为了便于分析弹光调制器的频率温度特性，本节将通过频率温度系数分析一维长棒形的硒化锌弹光晶体的频率温度特性，也就是改进的 Kemp 型 PEM 的频率温度系数。由第2章分析可知，弹光晶体在调制过程中处于长度伸缩振动模式，且弹光晶体的长度尺寸远大于宽度和厚度尺寸，因此，调制过程中需要考虑其长度方向上的应力作用，即弹光晶体长度方向的弹性柔顺系数。

改进的 Kemp 型 PEM 振动模型中弹光晶体固有频率的表达式可以表示为

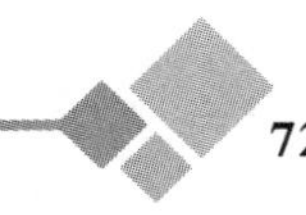

$$f_r = \frac{1}{2l}\sqrt{\frac{1}{\rho s'_{22}}} \tag{3.1}$$

其中，s'_{22}为弹光晶体在长度伸缩振动模式下的弹性柔顺系数。由式(3.1)可知，弹光调制器的固有频率与晶体的密度ρ、弹性柔顺系数s'_{22}和晶体的尺寸l等因素有关。因此，弹光晶体的频率温度特性也与这些因素的温度特性相关。频率温度系数作为温度t的一个高阶多项函数，由于高阶分量的影响较小且计算过于复杂，在实际工程应用中往往忽略其高阶项的影响。因此，将硒化锌弹光晶体的频率温度系数等效为一级频率温度系数，其对应的频率温度系数表达式为

$$a_0 = \frac{1}{f_0}\left(\frac{\partial f}{\partial t}\right)_{t_0} \tag{3.2}$$

其中，t_0为室温，f_0为室温下的初始谐振频率，a_0为硒化锌晶体频率温度系数。将式(3.1)代入式(3.2)得到频率温度系数的表达式为

$$a_0 = -\frac{1}{2}t_{s'_{22}}^{(1)} - \frac{1}{2}t_{\rho}^{(1)} - a_l^{(1)} \tag{3.3}$$

其中，$t_{s'_{22}}^{(1)} = \left(\frac{1}{s'_{22}}\frac{\partial s'_{22}}{\partial t}\right)_{t_0}$为一级弹性温度系数，$t_{\rho}^{(1)} = \left(\frac{1}{\rho}\frac{\partial \rho}{\partial t}\right)_{t_0}$为一级密度温度系数，$a_l^{(1)} = \left(\frac{1}{l}\frac{\partial l}{\partial t}\right)_{t_0}$为一级线膨胀系数。硒化锌弹光晶体作为一种各向同性的晶体材料，其一级弹性温度系数不受晶体加工过程中所选取的坐标系影响。

将一级弹性温度系数、一级线膨胀系数和一级密度温度系数代入式(3.3)中，得到弹光调制器的频率温度系数的理论计算值为$a_0 = 52\times10^{-5}$℃。即，频率温度系数为正值，随着弹光晶体温度的升高，其谐振频率增加。

 3.1.2 压电驱动器的频率温度系数

压电驱动器作为硒化锌弹光晶体调制过程中的简谐激励源，是弹光调制型傅里叶变换干涉仪的重要组成部分。常用的压电驱动器有压电陶瓷和压电晶体两大类。压电陶瓷驱动器虽然具有较大的振动带宽，但其振动模态的单一性差。在基频振动范围内虽然可以产生较大的交变应力和应变幅度，但振动稳定性较差，且在大位移振动时热损耗严重。压电晶体驱动器的典型特点是：频带窄，频率单一性好，振动方向性好，工作频率较高，通过选择合适的切型和加工方式，能够有效降低大位移振动时热损耗的影响。对于弹光调制技术而言，

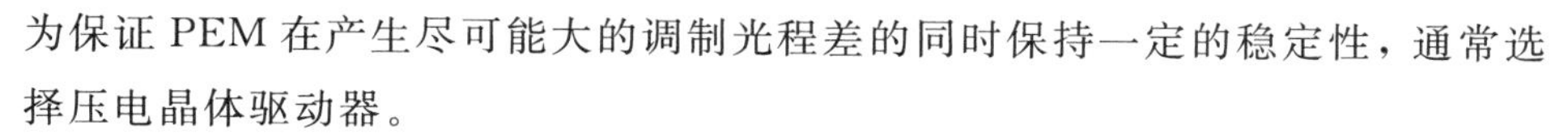

为保证 PEM 在产生尽可能大的调制光程差的同时保持一定的稳定性，通常选择压电晶体驱动器。

压电晶体驱动器在产生大位移振动的同时，还应该具有尽可能高的能量转换效率和较低的温度变化率。通过对比现有压电晶体材料的压电系数、机电转换效率、弹性极限和实际生产过程中的技术成熟度，初步符合要求的压电晶体材料有 α-石英晶体和铌酸锂晶体。α-石英晶体是一种常见的压电材料，化学成分为 SiO_2，熔点为 1750℃，密度为 2.6 g/cm^3，莫斯硬度为 7；铌酸锂晶体的熔点为 1253℃，密度为 4.65 g/cm^3，莫斯硬度为 5。作为三方晶系中 3 m 点群晶体的代表性晶体，α-石英晶体和铌酸锂晶体二者均为各向异性晶体。各向异性晶体由于切型和切角的差异，加工得到的压电晶体驱动器性能参数也会有明显不同，需要对各切型下的性能参数进行权衡。其不同切型对应的弹性柔顺系数、压电系数和机电耦合系数不同，对应的振动和频率温度特性也存在极大的差异。虽然通过选择合适的切型和加工方式，铌酸锂晶体能够获得高于 α-石英晶体的压电系数和机电耦合系数，但是其对应切型下得到的压电驱动器频率温度系数也明显高于 α-石英晶体，在大位移振动时的频率漂移现象非常显著。因此，基于铌酸锂晶体的压电驱动器在高稳定性、大光程差 PEM 中的使用受到了限制。

为了与弹光晶体的振动模式相配合，采用 α 切型的石英晶体的压电驱动器也需要工作在长度伸缩振动模式下。为保证 PEM 工作过程中压电驱动器振动模型不变，对应的 α-石英晶体可选切型有 x-0°～5°和 x-18.5°两种。这两种切型下得到的压电晶体驱动器都具有优于铌酸锂晶体的频率温度特性，对应的一级频率温度系数也都能够满足大光程差弹光调制干涉仪稳定性的要求。

然而，α-石英晶体具有各向异性特点，在长度伸缩振动模式下，由于厚度方向上的弹性柔顺系数 s_{24} 与切角之间具有非线性关系，因此长度方向上的受迫振动可能会引起压电晶体驱动器在厚度方向产生受激振动。在弹光调制器工作过程中，通过选择合适的 α-石英晶体加工切型和切角，仅保留 s_{22}' 方向基频状态下的长度伸缩振动模式，可以避免压电晶体驱动器在厚度和高度方向上产生其他类型的同步振动。图 3.1 为弹光晶体在厚度方向上 s_{24} 随压电晶体驱动器切型的变化曲线。从图 3.1 可以看出，为消除厚度方向上的同步振动，应该选择 x-18.5°切型作为 α-石英晶体的加工方式，该切型下长度方向的伸缩振动与厚度方向引起的切变振动耦合系数几乎为零。

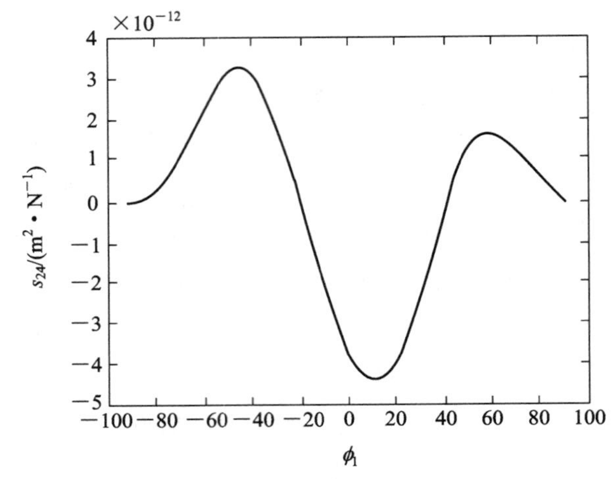

图 3.1 不同切型下的弹性柔顺系数

由上述分析可知，综合考虑能量转换效率、振动单一性和频率温度特性，对于高稳定性、大光程差 PEM 设计而言，应选用 x-18.5°切型 α-石英晶体制备压电驱动器。x-18.5°切型下 α-石英晶体的一阶频率温度特性呈线性分布关系如图 3.2 所示，一阶频率温度系数仅为 -25×10^{-6}℃，这说明随着压电晶体自身温度的升高，其谐振频率降低。这同时也说明了第 2 章 2.2.2 节压电驱动器参数选择的理由。

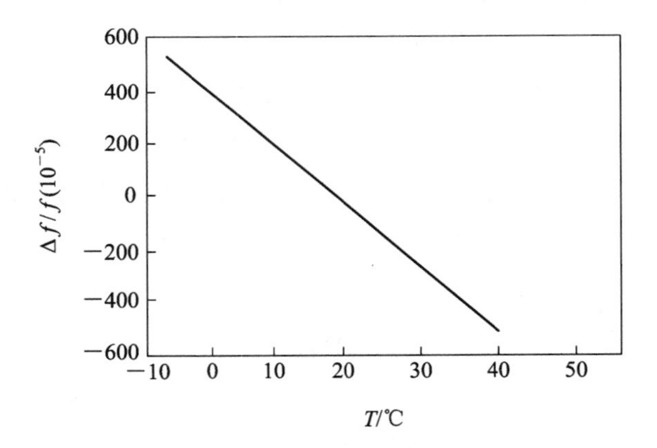

图 3.2 x-18.5°切型下的频率温度系数

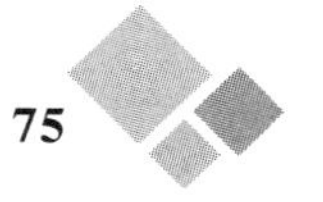

3.1.3 弹光晶体与压电晶体驱动器升温幅度的关系

弹光调制器是由压电晶体驱动器和弹光晶体构成的，但在工作中压电晶体驱动器和弹光晶体具有不同的热时间常数、比热容和热阻抗等参数，如表 3.1 所示。以调制频率为 50 kHz 的 Kemp 型 PEM 为例，压电驱动器选用 x-18.5° 切型 α-石英晶体，弹光晶体选用硒化锌晶体，调制过程中弹光晶体的振幅是两端压电驱动器振幅的叠加，因此 PEM 在调制过程中因热损耗造成的各部分温度变化需要分别进行推导和计算。

表 3.1　压电晶体驱动器和弹光晶体参数对比

材　　料	硒化锌弹光晶体	压电晶体驱动器
比热容 c/(J/(kg·K)，@25°)	0.355	0.8
导热率 K/(W/(m·℃)，@25°)	16.9	1.4
密度 ρ/(g·cm^{-3})	5.26	2.1
材料纯度	>99.9%	>99.9%

由于压电晶体驱动器和弹光晶体所处的外界环境条件一致，且振动过程中二者自身的热损耗速度快于与外界环境的热交换速度，因此在不考虑热交换的条件下，由表 3.1 的参数以及式(3.4)可计算弹光调制器和压电晶体驱动器的热损耗：

$$Q = c \cdot m \cdot \Delta T \tag{3.4}$$

根据第 2 章设计的弹光晶体和压电晶体的尺寸参数，以及式(3.4)，可以得到 PEM 在调制过程中弹光晶体与压电晶体驱动器升温幅度间的关系为

$$\frac{\Delta T_{\text{硒化锌}}}{\Delta T_{\text{压电驱动器}}} \approx 1.6 \tag{3.5}$$

式(3.5)说明构成弹光调制器的弹光晶体和压电晶体驱动器在调制过程中，会产生不同的温度变化。

3.2 弹光调制器的温度漂移模型分析

 3.2.1 弹光调制器的温度漂移模型

弹光调制器作为一种高品质因数的低阻尼器件，在有大的应变、应力条件下长期工作，将不可避免地产生大量的热损耗。

弹光调制器调制过程中产生的热损耗能量一部分以热交换方式向外界扩散，另一部分损耗的热能将会引起弹光调制器自身温度的升高，进而引起弹光晶体、压电晶体驱动器的谐振频率变化，从而使得弹光调制器的频率匹配状态发生变化。为了更好地分析热损耗对弹光调制器谐振频率的影响，建立如图3.3所示的弹光调制器热动态交换模型。

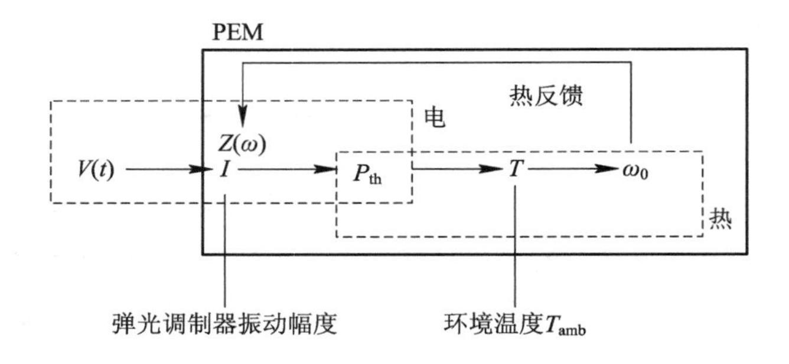

图3.3　弹光调制器动态热交换模型

弹光调制器热动态交换模型表明弹光调制器在调制过程中热、电两个物理场的相互耦合及热交换过程，可以为研究PEM的频率温度漂移特性和弹光调制干涉仪的稳定控制提供理论依据。在该弹光调制器动态热交换模型中，将PEM等效为RLC谐振电路模型，R为PEM在位移谐振状态下等效电路的阻抗，由压电驱动器的阻抗和弹光调制器等效阻尼两部分构成。在驱动信号$V(\omega)$的作用下，弹光调制器的热损耗功率取决于其品质因数Q、谐振电抗$Z(\omega)$和与温度相关的谐振频率ω_r。弹光调制器的谐振电抗$Z(\omega)$可表示为

$$Z(\omega)=R\left[1+\mathrm{j}Q\left(\frac{\omega}{\omega_r}-\frac{\omega_r}{\omega}\right)\right] \tag{3.6}$$

在驱动信号$V(\omega)$作用下，流过PEM的电流信号$I(\omega)$和热损耗功率P_{th}分别为

$$I(\omega)=\frac{V(\omega)}{Z(\omega)}=\frac{V(\omega)}{R\left[1+jQ\left(\frac{\omega}{\omega_r}-\frac{\omega_r}{\omega}\right)\right]} \tag{3.7}$$

$$P_{th}=\frac{V^2(\omega)}{2R\left[1+Q^2\left(\frac{\omega}{\omega_R}-\frac{\omega_R}{\omega}\right)^2\right]} \tag{3.8}$$

热损耗功率P_{th}是弹光调制干涉仪的内部热源，主要由PEM中各部分的等效阻尼以及二者间的连接阻尼组成。热力学的时间常数一般在数十秒量级，而电路模型中各参数的时间常数均小于10^{-2}秒量级。因此，当压电晶体驱动器及弹光晶体的温度发生变化后，该RLC谐振电路模型的等效电学参数将会在弹光调制器达到热平衡状态之前发生变化，进而引起谐振频率漂移，对应的弹光调制器各部分的热损耗也随之发生变化。当PEM在驱动信号$V(\omega)$作用下和周围环境达到热平衡状态后，其自身温度和谐振频率将不再发生变化。

PEM是低阻抗、高Q值的谐振器件，当要求弹光调制干涉仪产生的光程差比较大时，其产生的热损耗也是比较大的，一部分热损耗能量引起弹光调制器自身温度变化。

弹光调制器热损耗引起的自身温度变化为

$$\frac{dT}{dt}=\frac{V^2(\omega)}{2cR_{th}\left[1+Q^2\left(\frac{\omega}{\omega_r}-\frac{\omega_r}{\omega}\right)^2\right]}-\frac{T_{amb}-T}{\tau_{th}} \tag{3.9}$$

其中，$\tau_{th}=R_{th}\cdot c$为热时间常数，c为比热容，R_{th}为各部分与环境温度之间的热阻抗，T_{amb}为弹光调制器的初始温度，T为PEM自身温度。

弹光调制器的频率温度系数可以等效为与电容充电相似的一阶系统：

$$\omega_r(T)=\omega'_r+a(T-T_{amb}) \tag{3.10}$$

其中，ω_r'为弹光调制器初始固有频率；T_{amb}为弹光调制器的初始温度；a为频率系数。将式(3.10)与式(3.9)联合求解，可得到弹光调制器的频率温度模型：

$$\frac{d\omega_r}{dt}=\frac{a}{2cR_{th}}\times\frac{V^2(\omega)}{1+Q^2\left(\frac{\omega}{\omega_r}-\frac{\omega_r}{\omega}\right)^2}+\frac{\omega_r(T)-\omega'_r}{a\tau_{th}} \tag{3.11}$$

从式(3.11)可知，弹光调制器的频率温度漂移与驱动电压、品质因数、谐

振状态有关，且频率漂移率与驱动电压成正比、与品质因数成反比关系。同时当 PEM 处于最佳谐振状态时，热损耗引起的频率漂移更严重。

以弹光调制器作为核心器件设计大光程差弹光调制干涉仪时，要求弹光调制器有高的驱动电压、高的品质因数 Q 以及良好的谐振工作状态，这将导致弹光调制器固有频率的漂移。

3.2.2　弹光调制器频率漂移特性对其调制稳定性的影响

在常温下，设压电晶体驱动器和弹光晶体的固有谐振频率分别为 ω_{r1} 和 ω_{r2}，当激励信号的频率为 ω_r' 时，对应的品质因数分别为 Q_1 和 Q_2。PEM 的品质因数可表示为

$$Q = Q_1 \times Q_2 \times \beta \tag{3.12}$$

式中，β 为常数，表征压电晶体与弹光晶体的传递效率。

由 3.1 节可知，弹光调制器中的压电石英晶体和弹光晶体有不同方向的频率温度系数，温度升高将引起各自谐振频率向不同方向变化，使得 $\omega_r \neq \omega_{r1} \neq \omega_{r2}$。这将导致弹光晶体和压电石英晶体的品质因数降低，如图 3.4 所示。

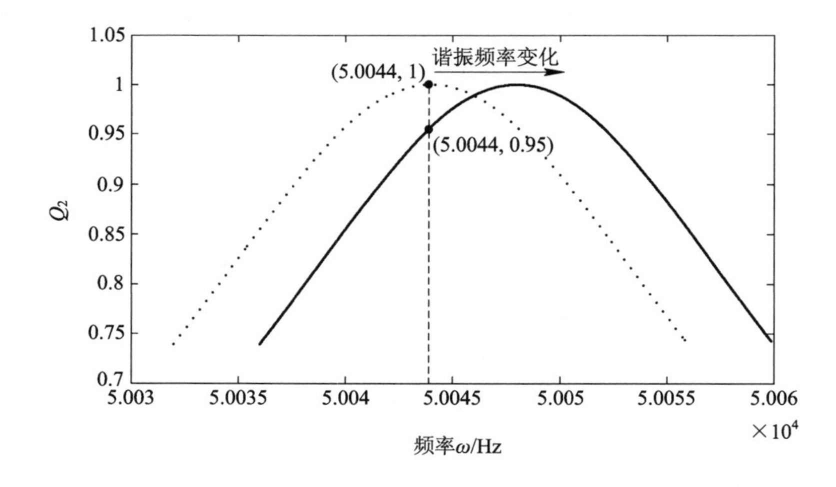

图 3.4　频率漂移造成的 Q 值变化

在初始温度下，设压电晶体驱动器和弹光晶体的初始频率分别为 ω_a、ω_r，初始频率偏移量为 $\Delta\omega = \omega_a - \omega_r$，初始驱动信号频率为 ω'，弹光调制器的光程差因子 η 的表达式为

$$\eta=\frac{1}{\sqrt{1+Q_1^2\left(\frac{\omega_a}{\omega'}-\frac{\omega'}{\omega_a}\right)^2}}\times\frac{1}{\sqrt{1+Q_2^2\left(\frac{\omega_a-\Delta\omega}{\omega'}-\frac{\omega'}{\omega_a-\Delta\omega}\right)^2}}\tag{3.13}$$

从式(3.13)可知，温度升高将会引起压电晶体驱动器和弹光晶体谐振频率向不同方向变化，导致品质因数降低，同时谐振程度变差，使得光程差因子减小，从而降低重建光谱的分辨率。

根据 3.1～3.2 节的相关理论，可以得出以下结论：

(1) 为使 PEM 具有尽可能高的调制效率和光程差，需要优化压电晶体驱动器和弹光晶体的频率匹配特性，以使 PEM 处于最佳谐振状态。

(2) 热损耗作为弹光调制干涉仪的一种固有损耗，在大光程差 PEM 工作过程中将不可忽视。优化弹光调制器的频率匹配可减小 PEM 工作过程中的热损耗。

(3) 热损耗将使压电晶体驱动器和弹光晶体的谐振频率向不同方向变化，降低调制过程中 PEM 的品质因数和调制效率，进而影响最大光程差稳定性。

3.3　压电晶体驱动器的谐振特性分析

为降低大光程差弹光调制器工作过程中热损耗的影响，本节对压电晶体驱动器在调制过程中的损耗类型进行分析，求解谐振频率和反谐振频率对应的压电晶体驱动器对应的品质因数。

3.3.1　压电晶体驱动器的损耗及导纳特性

当电压晶体加载上交变驱动信号时，在最大导纳频率附近，存在一个电抗分量为零、信号电压与电流同相位的频率，这个频率称为压电晶体驱动器的谐振频率；在最小导纳频率附近，存在一个电纳分量为零、信号电压与电流同相位的频率，这个频率称为压电晶体驱动器的反谐振频率。

从电学角度出发，弹光调制器等效为一个二端口能量传递网络，弹光晶体等效为压电晶体驱动器的负载。为改善弹光调制器工作过程中的能量传递效率，有必要对压电晶体驱动器在不同基频范围内的导纳特性和品质因数进行研究。

如图 3.5 所示，在改进的 Kemp 型弹晃调制器中，xyz-18.5°切型压电晶体驱动器处于长度伸缩振动模式(k_{31} 模式)，其长度 l、宽度 w 和厚度 t 满足 $l \gg w \gg t$，其机电耦合系数 k_{31} 表达式为

$$k_{31}=\frac{d_{31}}{\sqrt{s_{11}^{E}\varepsilon_{33}^{T}}} \tag{3.14}$$

其中，d_{31} 为该切型下压电晶体驱动器的压电常数，ε_{33}^{T} 和 s_{11}^{E} 分别表示应力恒定时的介电常数和场强恒定时的弹性柔顺系数。

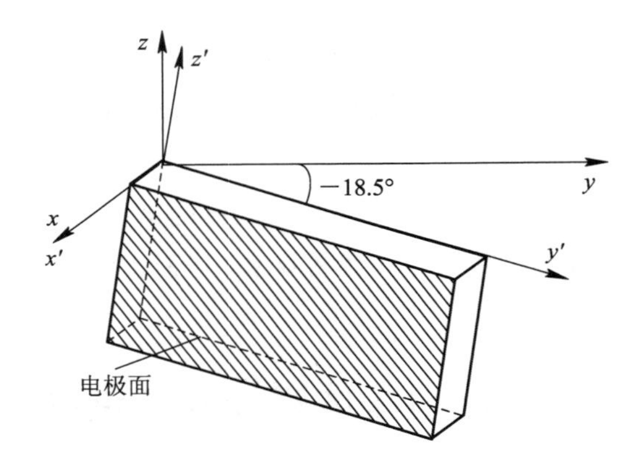

图 3.5 压电晶体驱动器振动模型

压电晶体驱动器的压电特性涉及力学和电学之间的相互作用，而压电方程是描述压电材料的力学量和电学量之间相互关系的表达式。由于应用状态和测试条件的不同，压电晶体可以在不同的电学边界条件和机械边界条件下，压电方程的独立变量可以任意变换。由 3.2 节可知，弹光调制器在调制过程中压电驱动器的边界条件为机械自由和电学短路，因此其适用于第一类压电方程：

$$\begin{cases} D=d_{31}T+\varepsilon_{33}^{T}E \\ S=s_{11}^{E}T+d_{31}E \end{cases} \tag{3.15}$$

其中，应力 T 和电场强度 E 为自变量，应变 S 和电位移 D 为因变量。

将第一类压电方程和基于牛顿第二定律的压电晶体驱动器运动方程 $\rho\frac{\partial^{2}u}{\partial t^{2}}=\frac{\partial T}{\partial x}$联立，可以得到压电晶体驱动器长度伸缩振动模式下的波动方程为

$$\frac{\partial^2 \vartheta}{\partial t^2}=\frac{1}{\rho s_{11}^E}\frac{\partial^2 v}{\partial x^2}=C^2\frac{\partial^2 v}{\partial x^2} \tag{3.16}$$

其中，$v=\dfrac{1}{\sqrt{\rho s_{11}^E}}$为 α-石英晶体中的声速。在弹光调制器调制过程中，压电晶体驱动器在驱动信号 $E=E_0 e^{j\omega t}$ 的激励下，基于逆压电效应产生长度方向的伸缩振动，则波动方程的通解可表示为

$$v(x,t)=[A\cos(kx)+B\sin(kx)]e^{j\omega t} \tag{3.17}$$

其中，波矢量值 $k=\dfrac{\omega}{c}$，A、B 为待定系数，由压电晶体驱动器所处的边界条件确定。压电晶体驱动器的两端为自由端，其机械自由的边界条件为：$x=0$ 时，有 $T_1|_{x=0}=0$；$x=l$ 时，有 $T_1|_{x=l}=0$。按照该边界条件求得 A、B 的值，并代入波动方程的通解中，得到

$$v(x,t)=\frac{d_{31}E}{k}\cdot\frac{\cos[k(l-x)]-\cos(kx)}{\sin(kl)} \tag{3.18}$$

图 3.6 绘出了 $t=0$ 及 $t=\dfrac{\pi}{\omega}=\dfrac{1}{2}$时的压电晶体驱动器振动波形。从中可以看出，压电晶体驱动器传播的是纵驻波。

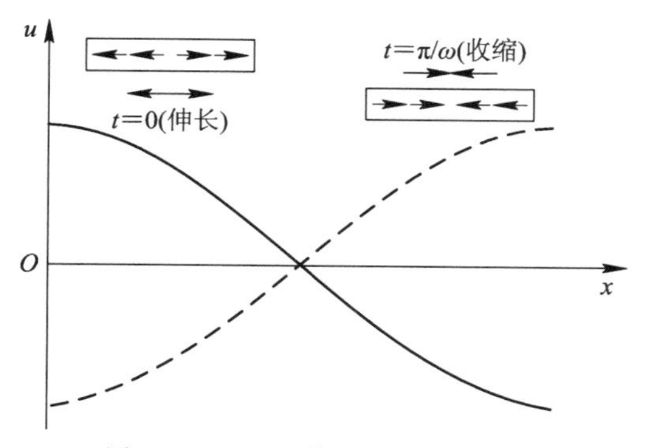

图 3.6　压电晶体驱动器振动波形

根据压电晶体驱动器波动方程的通解，可以得到其在振动过程中的电位移表达式为

$$D(x,t)=\frac{d_{31}E}{s_{11}^E}\left\{\frac{\sin[k(l-x)]+\sin(kx)}{\sin(kl)}-1\right\}+\varepsilon_{33}^T E \tag{3.19}$$

流过压电晶体驱动器电极面上的电流 I 等效于电极面上的电荷量 Q 随时间的

变化率，即 $I=\frac{\mathrm{d}Q}{\mathrm{d}t}$。而电极面上的电荷量 Q 与电位移 D 的关系满足

$$Q=\int_0^l\int_0^w D(x,t)\mathrm{d}x\mathrm{d}y \tag{3.20}$$

其中，l 为电极面的长度，w 为电极面的宽度。将式(3.19)和式(3.20)联立，可以得到流过压电石英驱动器电极面的电流为

$$I=\mathrm{j}\omega l\cdot w\left[\left(\varepsilon_{33}^T-\frac{d_{31}^2}{s_{11}^E}\right)+\frac{d_{31}^2\tan\left(\frac{kl}{2}\right)}{s_{11}^E\frac{kl}{2}}\right]E \tag{3.21}$$

在弹光调制器调制过程中，压电晶体驱动器在驱动信号 $E=e_0\mathrm{e}^{\mathrm{j}\omega t}$ 的激励下，其厚度 z 坐标轴方向为均匀强电场，则两电极面间的电压和电场强度满足

$$U=\int_0^t E\mathrm{d}z=Et \tag{3.22}$$

其中，t 为压电晶体驱动器的厚度。将式(3.21)和式(3.22)联立，即可得到理想状态下压电晶体驱动器的等效导纳表达式为

$$Y=y_\mathrm{d}+y_\mathrm{m}=\mathrm{j}\omega\frac{\varepsilon_{33}^T wl}{t}\left[1-k_{31}^2+k_{31}^2\frac{\tan\left(\frac{\omega l}{2v}\right)}{\frac{\omega l}{2v}}\right] \tag{3.23}$$

其中，ω 为驱动电信号频率，$v=\frac{1}{\sqrt{\rho s_{11}^E}}$为 α-石英晶体中的声速，t 为压电晶体驱动器的厚度。

由压电石英晶体驱动器等效电路模型，可知谐振频率下压电晶体驱动器等效导纳最大和反谐振频率下等效导纳最小的特性，压电晶体驱动器工作在谐振频率时满足

$$\frac{\tan\left(\frac{\omega l}{2v}\right)}{\frac{\omega l}{2v}}=\infty$$

工作在反谐振频率时满足

$$\frac{\tan\left(\frac{\omega l}{2v}\right)}{\frac{\omega l}{2v}}=\frac{k_{31}^2-1}{k_{31}^2}$$

由于晶体切型和振动模式存在差异，因此其压电系数、介电系数和弹性柔顺系数也不尽相同，振动方程和谐振频率的计算以及对应的能量损耗和品质因数也不尽一致。在长度伸缩振动模式下，压电晶体驱动器的能量损耗由初始条件下的介电损耗及振动过程中的机械损耗和压电损耗三部分构成，其表达式为

$$\varepsilon^{T*}=\varepsilon^{T}(1-\mathrm{j}\tan\delta) \tag{3.24}$$

$$s^{E*}=s^{E}(1-\mathrm{j}\tan\varphi) \tag{3.25}$$

$$d^{*}=d(1-\mathrm{j}\tan\theta) \tag{3.26}$$

其中，ε^T 为恒定应力条件下的介电常数，δ 为电位移 D 与电场 E 之间的相位延迟；s^E 为恒定电场条件下的弹性柔顺系数，φ 为应变 s 与应力 T 之间的相位延迟；d 为压电常数，θ 为应变 s 与电场 E 之间的相位延迟。

将各损耗因子代入式(3.23)中，得到包含损耗因子的弹光调制器导纳表达式为

$$\begin{aligned}Y&=y_{\mathrm{d}}+y_{\mathrm{m}}\\&=\mathrm{j}\omega C_{\mathrm{d}}(1-\mathrm{j}\tan\delta')+\mathrm{j}\omega C_0k_{31}^2\left[1-j(2\tan\theta-\tan\varphi)\right]\frac{\tan\left(\dfrac{\omega l}{2v^*}\right)}{\dfrac{\omega l}{2v^*}}\end{aligned} \tag{3.27}$$

其中，$C_0=\dfrac{wl}{b}\varepsilon_{33}^{T}$，$C_{\mathrm{d}}=C_0(1-k_{31}^2)$，$\tan\delta'=\dfrac{1}{1-k_{31}^2}\left[\tan\delta-k_{31}^2(2\tan\theta-\tan\varphi)\right]$。

 3.3.2 谐振和反谐振状态下品质因数分析

为了便于分析压电晶体驱动器在不同驱动频率下的等效导纳，定义归一化频率因数 $\Omega=\dfrac{wl}{2v}$。压电晶体驱动器在谐振状态和反谐振状态下满足 $\Omega_{\mathrm{r}}=\dfrac{\pi}{2}$ 和 Ω_{a}，由于损耗因子的存在，压电晶体驱动器等效导纳在谐振频率 ω_{r} 和反谐振频率 ω_{a} 处分别对应于 $Y_{\max}$ 和 $Y_{\min}$。压电晶体驱动器作为一种高 Q 值谐振器件，其损耗因子 $\tan\delta$、$\tan\varphi$ 和 $\tan\theta$ 的绝对值很小，因此在不影响计算精度的条件下，取 v^* 幂级数展开式的一阶近似，可以得到 $v^*=v\left(1+\mathrm{j}\,\dfrac{\tan\varphi}{2}\right)$。

1. 谐振频率下的品质因数

压电晶体驱动器在谐振状态下工作时，对应的−3 dB带宽为$\Delta\Omega_r=\Omega_r-\dfrac{\pi}{2}$且$\Delta\Omega\ll1$。由$\tan^2\varphi\approx0$可得

$$\frac{\omega l}{2v^*}=\left(\frac{\pi}{2}+\Delta\Omega_r\right)\left(1-j\,\frac{1}{2}\tan\varphi\right)$$

将$\tan\left(\dfrac{\omega l}{2v^*}\right)^{-1}$按照泰勒级数展开并取一阶近似可以得到

$$\frac{1}{\tan\left(\dfrac{\omega l}{2v^*}\right)}=-\Delta\Omega_r+j\,\frac{\pi}{4}\tan\varphi \tag{3.28}$$

其中，$\tan\varphi\cdot\Delta\Omega_r\approx0$。若压电晶体驱动器工作的谐振频率$\Omega_r$，当$\Delta\Omega_r=0$时，其动态导纳$Y_m$为最大值

$$Y_m^{max}=\frac{8\omega_r C_0 k_{31}^2}{\pi^2\tan\varphi} \tag{3.29}$$

当$\Delta\Omega_r=\dfrac{\pi\tan\varphi}{4}$时，$Y=\dfrac{\sqrt{2}}{2}Y_{max}$。根据品质因数$Q$的定义，可以得到谐振频率$\omega_r$下压电晶体驱动器的品质因数为

$$Q_r=\frac{\Omega_r}{2\Delta\Omega_r}=\frac{1}{\tan\varphi} \tag{3.30}$$

压电晶体驱动器工作在谐振状态时，导纳曲线如图3.7所示。

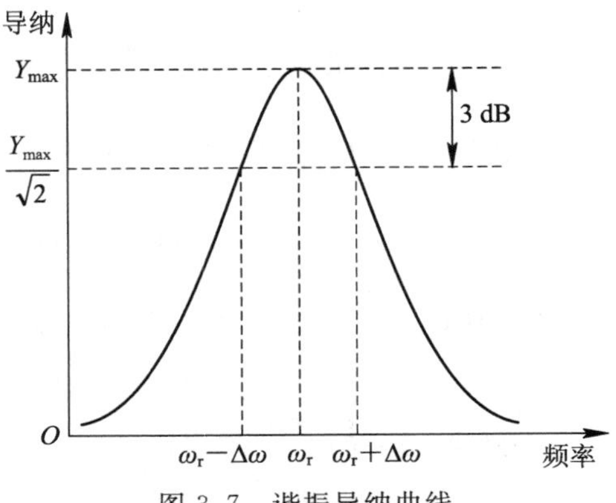

图 3.7 谐振导纳曲线

2. 反谐振频率下的品质因数

当压电晶体驱动器以反谐振状态工作时，同样存在 $\frac{\omega l}{2v^*}=\Omega\left(1-\mathrm{j}\frac{1}{2}\tan\varphi\right)$，将 $\tan\left(\frac{\omega l}{2v^*}\right)$ 按照泰勒级数展开并取一阶近似为

$$\tan\left(\frac{\omega l}{2v^*}\right)=\tan\Omega-\mathrm{j}\frac{\Omega\tan\varphi}{2\cos^2\Omega} \tag{3.31}$$

将上式代入式(3.27)，可以得到压电晶体驱动器的等效导纳表达式为

$$Y(\Omega)=\frac{2vC_0}{l}(y_1+\mathrm{j}y_2) \tag{3.32}$$

其中，$y_1=\tan\delta'(1-k_{31}^2)\Omega+\left(2\tan\theta-\frac{3}{2}\tan\varphi\right)k_{31}^2\tan\Omega+\tan\varphi k_{31}^2\frac{\Omega}{2\cos^2\Omega}$，$y_2=(1-k_{31}^2)\Omega+k_{31}^2\tan\Omega+k_{31}^2\tan\varphi\left(2\tan\theta-\frac{3}{2}\tan\varphi\right)\frac{\Omega}{2\cos^2\Omega}$。

采用一阶近似，可以得到

$$y_2=(1-k_{31}^2)\Omega+k_{31}^2\tan\Omega$$

当压电晶体驱动器工作在反谐振频率 Ω_a 时，其动态导纳 Y_m 取最小值，且虚部满足 $y_2=0$。由此可得

$$\cos^2\Omega_a=\frac{k_{31}^4}{(1-k_{31}^2)\Omega_a^2+k_{31}^4} \tag{3.33}$$

$$Y_{\min}(\Omega)=\left[\tan\delta'(1-k_{31}^2)\Omega_a+\left(2\tan\theta-\frac{3}{2}\tan\varphi\right)\tan\Omega_a+\frac{\Omega_a k_{31}^2\tan\varphi}{2\cos^2\Omega_a}\right]^2 \tag{3.34}$$

将 $\tan\delta'$ 和式(3.33)代入式(3.34)，整理得

$$Y_{\min}(\Omega)=A^2\Omega_a^2 \tag{3.35}$$

其中，$A=(\tan\delta+\tan\varphi-2\tan\theta)+\frac{\tan\varphi}{2}\left[1+\left(k_{31}-\frac{1}{k_{31}}\right)^2\Omega_a\right]$。

在反谐振频率 -3 dB 带宽范围内，存在

$$Y(\Omega')=Y(\Omega_a+\Delta\Omega_a)=2Y_{\min}$$

根据泰勒级数展开式的一阶近似，可以得到

$$\tan\Omega=\tan\Omega_a+\frac{\Delta\Omega_a}{\cos^2\Omega_a},\quad \frac{\Omega'}{2\cos^2\Omega'}=\frac{\Omega_a}{2\cos^2\Omega_a}+\frac{1+2\Omega_a\tan\Omega_a}{2\cos^2\Omega_a}$$

将二者代入式(3.35)中得到方程

$$A^2\left(\frac{\Omega_a}{\Delta\Omega_a}\right)^2+2AB\left(\frac{\Omega_a}{\Delta\Omega_a}\right)-(B^2+C^2)=0 \tag{3.36}$$

其中

$$B=(1-k_{31}^2)\tan\delta'+k_{31}^2\left(2\tan\theta-\frac{3}{2}\tan\varphi\right)\frac{1}{\cos^2\Omega_a}+k_{31}^2\tan\varphi\,\frac{1+2\Omega_a\tan\Omega_a}{2\cos^2\Omega_a}$$

$$C=(1-k_{31}^2)+\frac{k_{31}^2}{\cos^2\Omega_a}$$

且满足 $C\gg B$。因此，可以得到方程(3.36)的解为

$$\frac{\Omega_a}{\Delta\Omega_a}=\pm\frac{C}{A}$$

压电晶体驱动器反谐振频率下的品质因数为

$$Q_a=\frac{1-k_{31}^2+\dfrac{k_{31}^2}{\cos^2\Omega_a}}{2(\tan\delta+\tan\varphi-2\tan\theta)+\left[1+\left(k_{31}-\dfrac{1}{k_{31}}\right)^2\Omega_a^2\right]\tan\varphi} \tag{3.37}$$

将式(3.37)变形后可以得到 Q_a 与 Q_r 之间的关系为

$$\frac{1}{Q_a}=\frac{1}{Q_r}+\frac{2}{1+\left(k_{31}-\dfrac{1}{k_{31}}\right)^2\Omega_a^{\ 2}}(\tan\delta+\tan\varphi-2\tan\theta) \tag{3.38}$$

压电晶体驱动器工作在反谐振状态时，导纳曲线如图 3.8 所示。

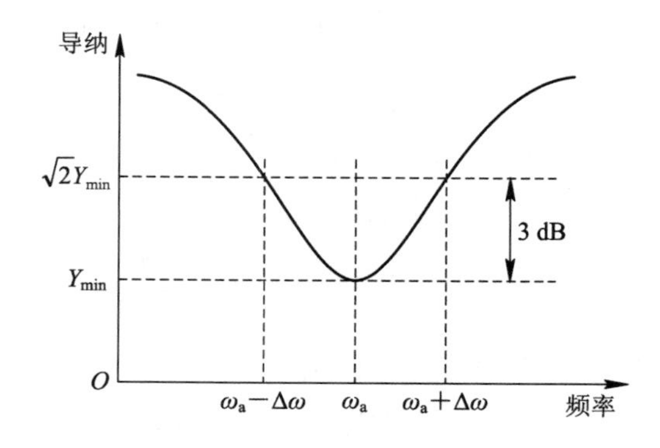

图 3.8　反谐振导纳曲线

3. 大光程差弹光调制器中压电晶体驱动器Q_a与Q_r的比较

由式(3.38)可知，Q_a与Q_r二者之间的差异取决于$\tan\delta+\tan\varphi$与$2\tan\theta$之间的数学关系。基本压电方程在低电场强度条件下，能够描述压电振子的物理模型，各损耗因子间满足$\tan\delta+\tan\varphi=2\tan\theta$，谐振频率和反谐振频率下压电晶体驱动器具有相同的品质因数Q。但是，为使弹光调制干涉仪获得尽可能大的调制光程差，PEM中压电晶体驱动器的驱动电压通常高达数百伏。在高电场强度条件下，除正、逆压电效应外，还应该考虑电致伸缩效应对压电晶体驱动器性能的影响。

电致伸缩效应是在外电场作用下电介质所产生的与场强二次方成正比的应变。该效应由电场中电介质的极化所引起，并可以在所有的电介质材料中产生。其典型特征是应变的正负与外电场方向无关。在压电材料中，外电场还可以引起另一种类型的应变，即常见的逆压电效应。因此，严格意义上来说，外电场所引起的压电体的总应变包含逆压电效应与电致伸缩效应两部分。由于压电材料的压电系数远高于其自身的电致伸缩系数，因此，在低电场强度条件下，电致伸缩所引起的应变比压电体的逆压电效应引起的应变小几个数量级，常忽略不计。在机械自由和电学短路的边界条件下，压电晶体驱动器的压电方程可简化为

$$S=d^{*}E \tag{3.39}$$

$$D=d^{*}T \tag{3.40}$$

在逆压电效应中，如式(3.39)所示，其过程包含电场诱导电介质产生极化电位移和极化电位移产生应变两个部分。在极化电位移产生的应变中，包含逆压电应变和电致伸缩应变两部分。该过程的损耗满足

$$\tan\theta=\tan\delta+\tan\lambda \tag{3.41}$$

其中，$\tan\lambda$为电致伸缩损耗。同理，在压电效应中，如式(3.40)所示，其过程包含应力产生的应变和应变诱导产生的电位移。在应变诱导产生的电位移中，包含压电极化和逆电致伸缩极化两部分。该过程中的损耗满足

$$\tan\theta=\tan\varphi+\tan(-\lambda) \tag{3.42}$$

其中，$\tan(-\lambda)$为逆电致伸缩损耗。将式(3.41)和式(3.42)联立可以得

$$2\tan\theta-\tan\varphi-\tan\delta=\tan(-\lambda)+\tan\lambda>0 \tag{3.43}$$

因此，在高电场强度、大光程差调制过程中，由于电致伸缩效应的影响，

压电晶体驱动器的损耗因数满足条件 $\tan\delta+\tan\varphi-2\tan\theta<0$，使得压电晶体驱动器反谐振频率下的品质因数 Q_a 高于谐振频率下的品质因数 Q_r，反谐振频率下压电晶体驱动器具有更高的能量利用率和负载驱动能力。

3.3.3　反谐振匹配型 PEM 的设计思想

在大光程差弹光调制干涉仪工作过程中，由于电致伸缩效应的存在，反谐振频率下压电晶体驱动器的品质因数 Q_a 高于谐振频率下的品质因数 Q_r。由 PEM 振动模型及匹配特性分析可知，为获得较高的调制效率，提高弹光调制干涉仪的能量利用效率，降低热损耗引起的温度变化幅度，可采用反谐振匹配型结构的 PEM。其设计思想为：使压电晶体驱动器的反谐振频率 ω_a 与弹光调制器的谐振频率相一致，在驱动信号 $V(\omega_x)$ 作用下，反谐振匹配型 PEM 能够使弹光调制干涉仪获得较谐振匹配型 PEM 更高的调制效率，调制过程中热损耗造成的 PEM 各部分温度升高幅度也将随之降低。反谐振匹配型 PEM 设计原理如图 3.9 所示。

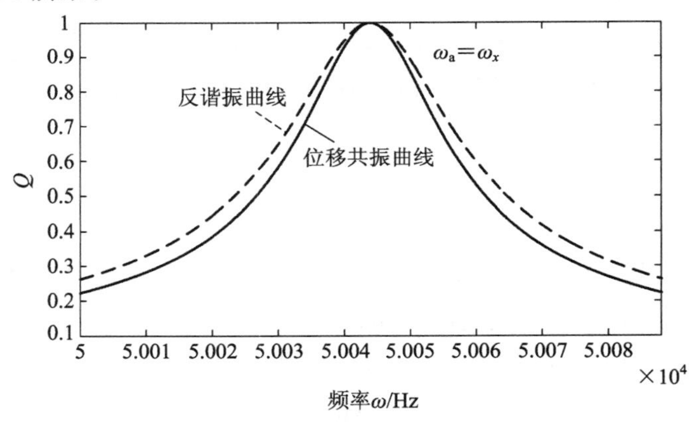

图 3.9　反谐振匹配原理图

3.4　反谐振匹配型 PEM 的驱动电路设计

3.4.1　匹配网络设计

在弹光调制干涉系统中，为使产生的驱动信号在驱动电路作用下对

PEM 进行有效激励，需要考虑驱动电路和 PEM 之间的谐振、阻抗匹配特性，因此需设计两者的匹配电路。弹光调制器是一种电容性器件，作为驱动电路的容性负载，其在调制过程中驱动电压信号和电流信号之间产生一定的相位差，使其偏离谐振状态。因此，需通过匹配网络将其改为纯阻性负载。同时在 PEM 负载为纯阻性时，匹配网络还需要将驱动电路和 PEM 二者的阻抗进行变换，以使得驱动电路的输出功率尽可能加载到 PEM 上，提高能量利用效率。

根据压电石英晶体的电学特性，可将压电晶体驱动器等效为如图 3.10 所示的电路。

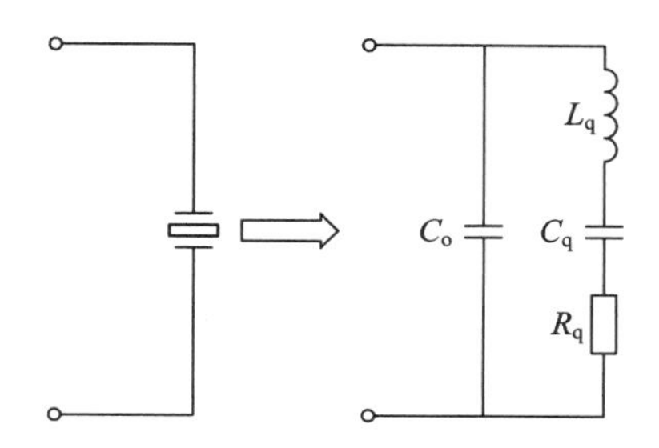

图 3.10 压电石英驱动器等效电路

图 3.10 中，C_o、L_q、C_q 和 r_q 分别代表压电晶体驱动器的静态电容、动态电感、动态电容和等效电阻。在匹配电路设计中，常用的匹配方法有串联和并联两种。串联匹配电路具有滤波作用，能够有效滤除开关型驱动电路中的谐波成分，降低三极管电路的功耗。因此，通常采用电感串联电路实现调谐匹配。由 3.3 节可知，当压电晶体驱动器工作在反谐振频率下时，其等效导纳具有最小值。为了使驱动电路获得较高的能量传递效率，采用在串联匹配电感中加入并联电容的方法实现阻抗匹配。在该匹配方法中，当 PEM 工作在反谐振频率时，通过选择合适的电感和电容值，匹配电感也能够在该频率下达到谐振状态，同时，在 PEM 调制过程中引入了相应的充放电回路，有利于提高整体驱动电路的能量转换效率。匹配电路如图 3.11 所示。

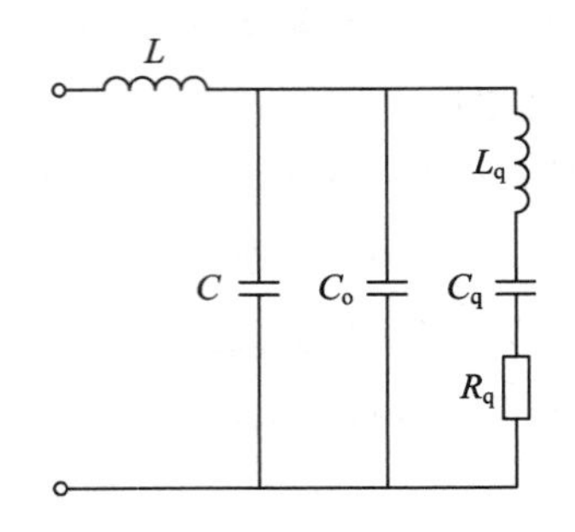

图 3.11　串联电感并联电容的匹配电路

3.4.2　弹光调制器的高压驱动电路设计

在设计了 LC 串联谐振匹配电路后，需要设计相应的驱动电路对反谐振匹配结构的 PEM 进行驱动。弹光调制干涉仪采用的是基于谐振调制的静态干涉技术，其工作过程中对驱动电路的功率要求不高。根据压电晶体驱动器的压电特性参数可知，在满足功率要求的前提下，应变与施加在电极面上的电场强度成正比关系。因而，为使弹光调制干涉仪能够产生尽可能大的调制光程差，需要压电晶体驱动器产生大的应变，为此，需要驱动电路输出高电压、大电场强度信号。

在弹光调制驱动电路设计中，通常将产生的驱动信号经高压功率放大电路后，再与匹配电路相结合，实现对 PEM 的驱动。

常用的高压放大电路主要有功率放大电路、开关电路和谐振升压电路三种形式。结合 LC 串联匹配电路结构特点，可采取谐振升压方式实现基于反谐振匹配的弹光调制干涉仪驱动电路。

功率放大电路是一种以输出较大功率为目的的放大电路。它一般可直接驱动负载，带载能力较强。功率放大电路通常作为多级放大电路的输出级。在进行功率放大电路分析设计时需考虑最大输出功率、转换效率及功率三极管的安全工作参数等。

功率放大电路通常采用共射-共基组合放大电路。下面是一种典型的用于弹光调制器驱动的功率放大电路。在电路中，采用具有高耐压值的晶体三极管 2N5551 作为核心器件，构成准互补甲乙类对称功率放大电路。在功率放大电路和 LC 串联匹配电路之间加入由开关三极管 TIP34 和快速恢复二极管构成的充放电回路，能够有效地提高电路的充放电速度，改善能量利用效率。匹配电容 C 的加入，使驱动电路的输出阻抗与反谐振状态压电晶体驱动器的阻抗达到匹配，同时为了获得较高的输出电压，将 LC 匹配网络的谐振频率与压电晶体驱动器的反谐振频率调谐在同一频率点。压电晶体驱动器和弹光晶体的品质因数均高达 10^3 量级，驱动电路作为一种升压型功率放大电路，在带负载情况下其品质因数不可能高于 10^2 量级。因此，反谐振驱动中 LC 谐振升压电路的谐振频率接近弹光调制器谐振频率即可满足要求。例如，谐振升压电路选电感值为 5 mH，电容值为 2 nF，可使谐振频率为 50 kHz。为获取尽可能高的输出电压，要求电感 L 中磁环具有尽可能小的磁导率，电容 C 具有较高的耐压值和品质因数。高压驱动电路整体结构如图 3.12 所示。

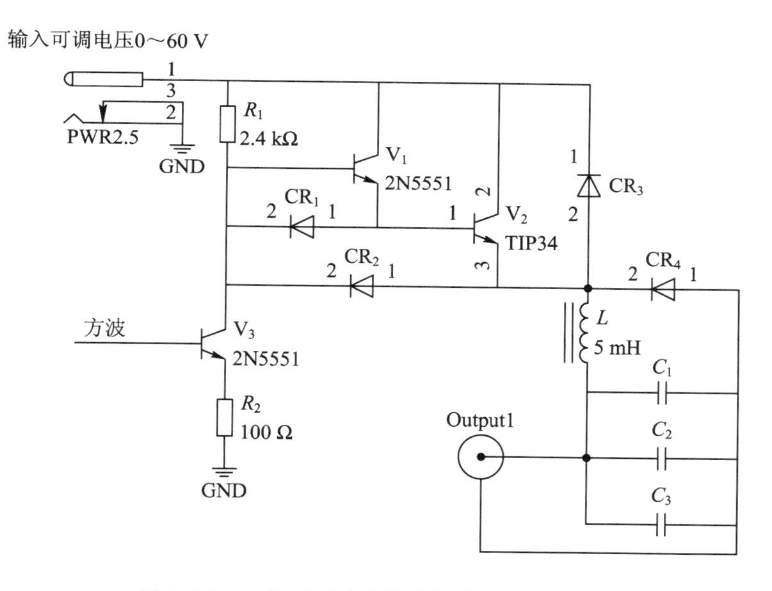

图 3.12　一种基于功率放大的高压驱动电路

3.4.3　反向串接驱动电路

基于 LC 谐振升压原理的驱动电路可以输出较高的驱动电压，但是由于受到 LC 元件耐压值的限制，其实际输出的驱动电压幅值仍不能满足大光程差调制的需求。在相同功率条件下，压电晶体驱动器产生应变的大小取决于两个电

极面的电势差高低。因此为进一步提高驱动电路的输出电压幅值，设计了一种反相串接式驱动电路。其结构如图 3.13 所示。

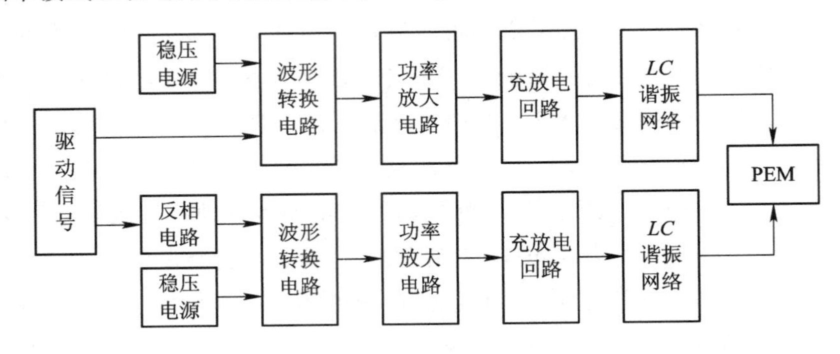

图 3.13　反相串接式驱动电路结构图

反相串接式驱动电路将两路驱动电路以串联方式进行连接，实现两路驱动电压输出电路信号的累加。该方案要求控制系统能够实现双路控制信号的同频同相输出，且一路驱动电路加入反向电路，其目的是实现控制信号的相位反相，使两个驱动电路输出信号同频反相、幅值相同。将两个通道的输出端分别加载至 PEM 的两个电极面，使上下电极面之间的电势差 $V(\omega)$ 满足

$$V(\omega)=V_1(\omega)-V_1(-\omega)=2V_1(\omega) \tag{3.44}$$

其中，$V_1(\omega)$ 为通道 1 的输出电压，$V_1(-\omega)$ 为通道 2 的输出电压，$V(\omega)$ 为加载至 PEM 上的驱动信号。

由于采用反相串接结构，该方案不需要设计接地回路来隔离各通道的电源回路，各支路及控制系统实现了接地回路和电源电路的共用，避免了短路电流的出现，能够灵活调节输出驱动电压的幅值范围，具有结构简单、能量转换效率高的特点。

在系统初始化时，根据系统要求的光谱分辨率，对功率放大电路输入信号的初始值进行设置。随后，根据检测的干涉图的最大光程差值，对功率放大电路的输入信号进行调节。FPGA 产生的方波信号的幅值是 3.3 V，且 FPGA 的驱动功率很小，故采用两路反相高压驱动电路将驱动信号进行功率放大。在 FPGA 中，基于软件编程产生两个频率相同、相位差为 180°的方波信号 Drive-sig1 和 Drive-sig2，作为驱动信号分别控制两路功率放大电路。这两路功率放大电路的结构、参数是完全相同的，都是由功率放大电路、*LC* 谐振电路

组成。两路功率放大电路输出的高压信号幅值相同、相位相反，施加在弹光调制器的压电晶体的两端，其瞬时电压是单个功率放大电路输出电压的 2 倍。因此，使得弹光调制器相位延迟增加 1 倍，弹光调制干涉图的最大光程差增加 1 倍。

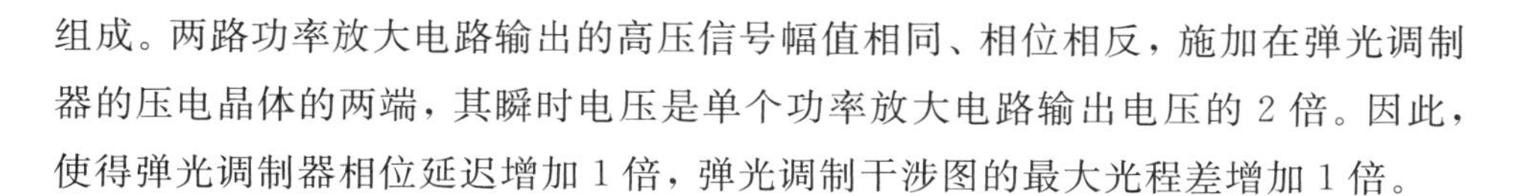

3.5　多参数宽带匹配自适应驱动控制技术

3.5.1　多参数宽带匹配自适应驱动控制方案

因弹光调制器在高压激励下其谐振频率漂移、品质因数降低，为保证弹光调制干涉仪工作于最佳谐振状态，本节将研究以数字锁相环为核心的谐振频率自调节方法，同时结合干涉图最大光程差检测理论，建立驱动电压自适应控制模型，实现弹光调制干涉仪的稳定控制。

已知流过压电晶体驱动器的电流信号与电压信号的相位差 $\varphi(\omega)$ 为

$$\varphi(\omega)=-\arctan\left[Q_1\left(\frac{\omega}{\omega_r}-\frac{\omega_r}{\omega}\right)\right] \tag{3.45}$$

由于环境温度的变化会导致弹光调制器自身谐振频率的漂移，因此，升温过程中相位差 $\varphi(\omega)$ 为

$$\varphi(\omega)=-\arctan\left[Q_1\left(\frac{\omega}{\omega_r+\beta T}-\frac{\omega_r+\beta T}{\omega}\right)\right] \tag{3.46}$$

由式(3.46)可知，在压电晶体驱动器温度上升过程中，其相位差 $\varphi(\omega)$ 由驱动频率 ω 和升温温度 T 共同决定。当激励信号的频率 $\omega=\omega_r+\beta T$ 时，驱动电压与电流同相位，弹光调制器处于最佳谐振状态。因此，通过驱动电压和反馈电流的相位信息，基于数字锁相技术可实现频率调节。由此建立的多参数宽带匹配自适应驱动控制系统结构框图如图 3.14 所示。

基于弹光调制器电流反馈信号与驱动信号的正弦特性，在频率调节中采用了方波鉴相器。反馈电流信号作为鉴相器的一个输入端；驱动电压信号在驱动弹光调制器时，同时作为鉴相器的参考信号。鉴相双路的输入信号转换为方波信号，通过检测两个输入信号的时间间隔，实现相位差的测量。基于相邻两次相位差的比较值调节频率控制字，从而调节驱动信号的频率。通过驱动信号频

率调节实现温度变化时，驱动信号的频率能跟踪弹光调制器谐振频率的变化而进行调节。同时，基于系统初始设定的光谱分辨率和最大光程差要求，通过参考激光干涉图过零比较计数的方法，检测一幅干涉图的最大光程差。将最大光程差的实际测量值与预设值进行比较，调节驱动电路的输出电压，以维持干涉图最大光程差的稳定。

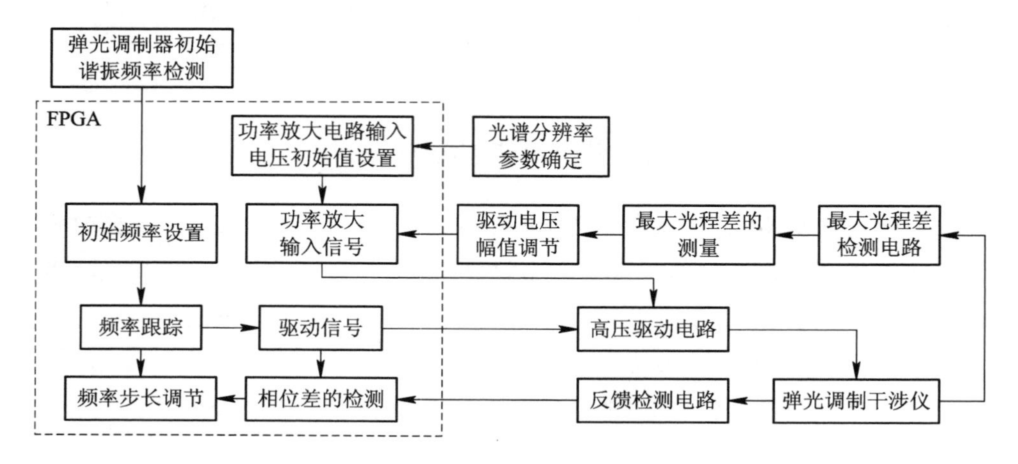

图 3.14 多参数宽带匹配自适应驱动控制系统结构框图

3.5.2 弹光调制器的频率自跟踪技术

由第 2 章分析已知，弹光调制器的谐振频率会随着自身的温度变化产生漂移。为了使弹光调制器工作于最佳谐振状态，有比较高的 Q 值，要求驱动信号的频率能自动跟踪弹光调制器的谐振频率的变化。根据频率跟踪的设计方案，将弹光调制器两端驱动电压信号与驱动电流信号的相位进行对比，通过相位差的变化调节驱动频率。

1. 频率跟踪电路的设计思想

为了保证弹光调制器的工作效率及调制光程差的稳定，需要驱动调制系统实现频率自动跟踪的功能。对弹光调制器的反馈电流信号的采集是实现频率自动跟踪的基础。通过反馈采集、波形变换电路得到反馈电流信号与激励信号进行比较，进而实现频率自动跟踪。系统通过在压电晶体与地之间引入反馈电阻，得到反馈电流信号。弹光调制的反馈原理如图 3.15 所示。

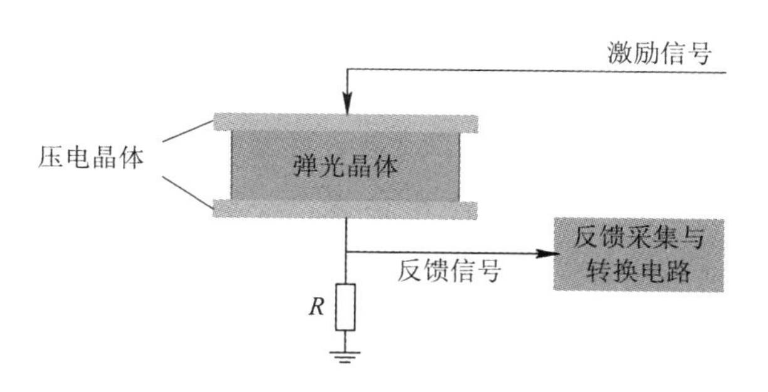

图 3.15　弹光调制的反馈原理图

反馈采集与波形转换电路如图 3.16 所示。其稳压电路由晶体三极管 V_1、稳压二极管 CR_2 以及 R_3、R_6 等电阻组成。晶体三极管 V_4 和稳压二极管 CR_5 的作用是当采集电路发生波动时，确保转换电路稳定输出。反馈信号占空比的调节由 20 pF 的电容 C_4 确定，由于转换电路的噪声较小，其输出信号可直接与驱动信号进行相位比较。通过选用失调电压小的比较器，将与驱动信号同频率的正弦波反馈信号转换为方波信号，且在电路中增加稳压电路，以使得采集

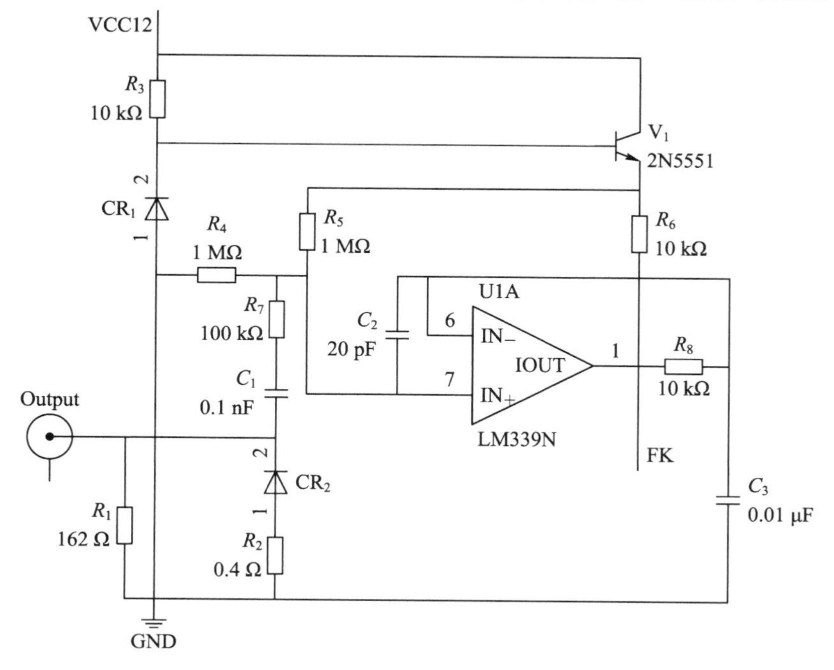

图 3.16　反馈采集与波形转换电路

的反馈信号幅值波动时波形转换电路输出始终保持稳定的。电容 C_3 的作用是将输出的反馈电流方波信号的占空比调节为 50%。因波形转换得到的方波信号幅值稳定且噪声小，可直接输入控制器进行相位比较。

2. 基于 DDS 的驱动信号产生技术

由于弹光调制器频率稳定与控制系统对高压驱动信号频率的精度要求较高，且为快速实现频率自动跟踪，系统对驱动信号发生电路的频率调节即调频速率也有较高的要求。因此选择以 DDS(Direct Digital Synthesizer，直接数字频率合成器)为基础的信号发生技术。根据系统对方波和正弦信号的需求，将这两种函数的各个相位所对应的幅值以采样定理为基础进行离散处理，然后依相位顺序保存到波形数据表文件中，再将不同相位对应的幅度从波形数据表中逐次提取，以实现线性叠加，从而产生所需频率的数字信号。基于 DDS 的驱动频率调节原理如图 3.17 所示。

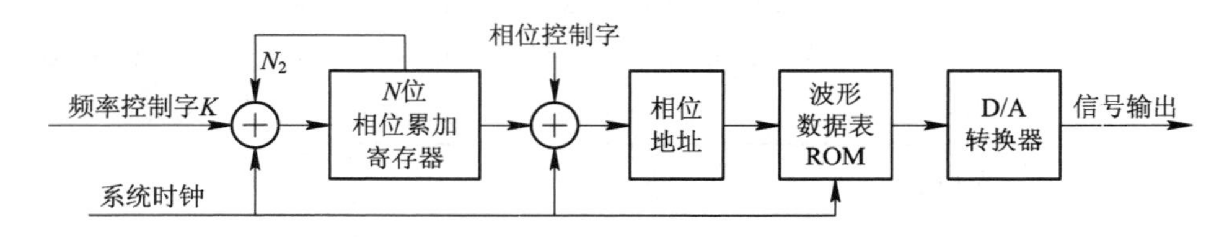

图 3.17 基于 DDS 的驱动频率调节原理图

在系统时钟 f_{clk} 的作用下，频率控制字 K 与 N 位相位累加寄存器中累计的相位数据 N_2 在 N 位相位累加器中实现加法，得到最新的累加相位数据 N_1 并保存到 N 位相位累加寄存器中。在下一个 f_{clk} 时钟到来时，相位累加器将重复上述过程以实现对频率控制字 K 的累加，也就是相位的线性累加。每次相位累加得到的数据就是输出信号的不同相位点，而 N 位相位累加器的溢出频率也就是 DDS 最终输出信号的频率 f_{out}。因此 DDS 输出信号的频率 f_{out} 的计算公式为

$$f_{\mathrm{out}} = \frac{f_{\mathrm{clk}} K}{2^N} \tag{3.47}$$

输出信号的频率分辨率为

$$\Delta f = \frac{f_{\mathrm{clk}}}{2^N} \tag{3.48}$$

DDS 中一个 N 位的相位累加器对应了 2^N 个相位点，与相位点相对应的也有 2^N 个幅值数据，而波形存储器存储的数据量即对应相位点的幅值数据的多少，与信号相位量化误差和幅度量化误差成反比。因此 DDS 系统产生信号的相位分辨率为

$$\Delta\phi = \frac{2\pi}{2^N} \tag{3.49}$$

图 3.18 所示为频率自动跟踪软件程序流程图。弹光调制器的频率自动跟踪程序主要由驱动控制信号发生模块的程序设计和信号频率控制模块的程序设计组成。控制系统产生的控制信号的频率分辨率以及作为频率控制依据的相位分辨率的精确度对于保证 PEM 控制系统的调制效率等起到了决定性的作用。

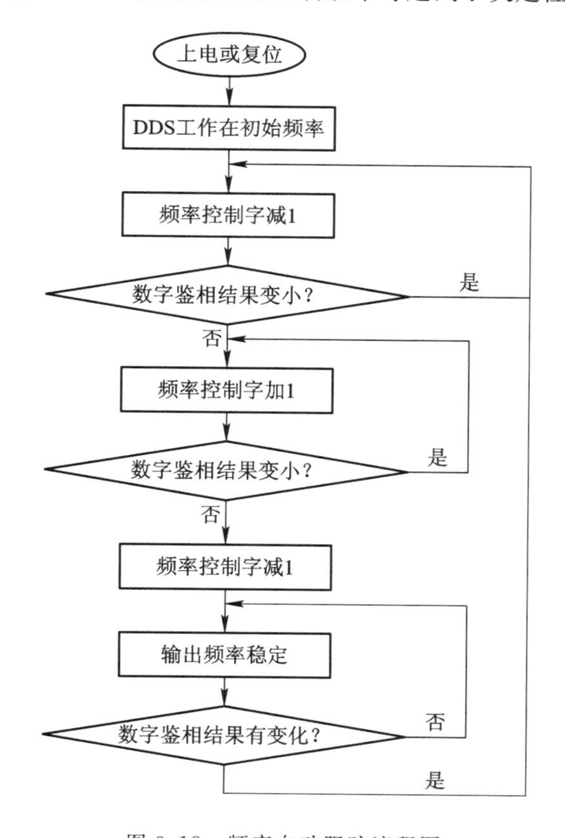

图 3.18　频率自动跟踪流程图

当系统上电或复位后，DDS 的初始频率设置为弹光调制器固有频率，如：

49.15 kHz。数字鉴相器将判断两信号的相位差，若相位差变小，则频率控制字减 1 后更新到 DDS 程序中，数字鉴相器再次进行判断；若相位差依然在减小，则重复上述操作；若相位差变大，频率控制字加 1 后再加载到 DDS 程序中，若此时数字鉴相器变小，重复上述操作。数字鉴相器通过实时监控相位差，实现对谐振频率的动态调节，使弹光调制器尽可能工作在谐振状态下。

3. 改进的 DDS 的信号发生技术

1）改进的 DDS 的设计思路

若系统频率 f_{clk} 为 50 MHz，再结合式(3.47)～式(3.49)，可得到系统的相位分辨率为 0.35°，频率分辨率为 48 825.125 Hz。可知，频率分辨率太差，无法满足系统频率微调以及高精度频率跟踪的需求。因此，在传统 DDS 技术的基础上一种改进的 DDS 频率调节方法被提出。其原理如图 3.19 所示。

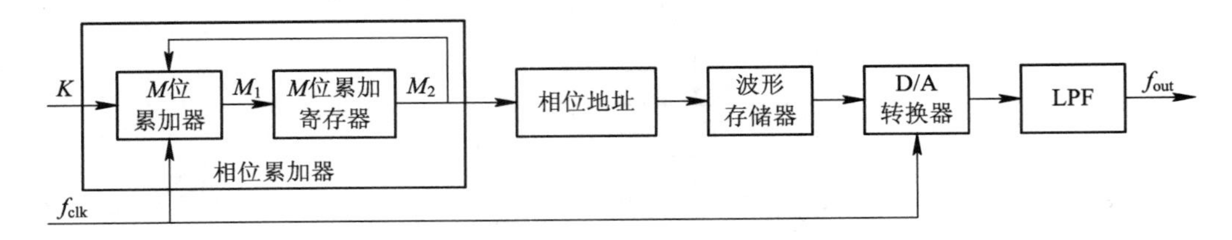

图 3.19 改进的 DDS 的原理框图

在改进的 DDS 中将 M 位相位累加器设置为 27 位，但是取其前 10 位作为相位寻址的输入端，这样存储的数据依然是 1024 个，此时系统的相位分辨率仍然是 0.35°，而频率分辨率则提高到 0.372 Hz，因此改进的 DDS 不仅可以满足系统对频率高分辨率的需求，更可以通过对频率控制字的微调实现对输出信号频率的微调，为频率自动跟踪的实现奠定基础。

2）数字鉴相器与相位差比较算法的设计

在频率跟踪技术中要实现驱动信号的频率跟踪，需要通过 DDS 中的数字鉴相器进行相位差的检测。数字鉴相器要实现三个功能：首先，需要将反馈电流信号数字化为方波信号，反馈信号的频率与驱动信号的频率即调制频率相一致，为 50 kHz 左右，将其对应的时钟周期定义为 T；其次，将处理后的反馈信号与最初的驱动方波进行相位比较，对 50 MHz 的系统频率进行连续累计计数，如：4096 次；求 4096 次的计数值，再求平均得到两信号的相位差，如此便减小了偶然误差，从而保证了测量相位差的准确性。数字鉴相器的原理如图 3.20 所示。

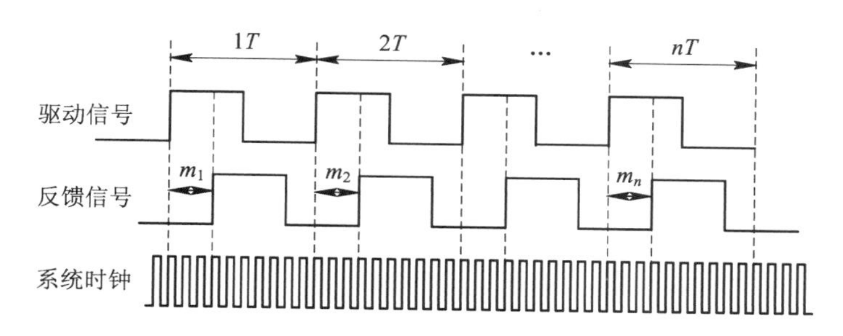

图 3.20　数字鉴相器的原理图

图 3.20 中，m 是一次鉴相得到的结果，将 m_1 到 m_n 累加求平均为鉴相结果。每次平均后得到的鉴相相位差都与上一次结果进行比较，相位差的变化趋势反映出驱动信号频率与弹光调制器固有频率的相对变化趋势，从而可调节频率控制字的大小，使驱动信号的频率不断向当前弹光晶体固有频率靠近，直到鉴相相位差达到相对最小而保持稳定。此时，PEM 工作在最佳的谐振状态，频率实现自动跟踪并保持稳定。其算法流程如图 3.21 所示。

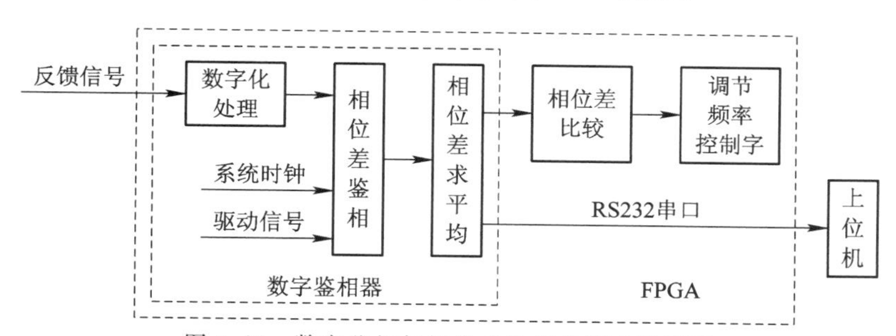

图 3.21　数字鉴相与相位差比较的算法流程图

3.5.3　弹光调制器驱动信号的幅值调节技术

当驱动信号的频率跟随弹光调制器的谐振频率调节时，将使弹光调制器处于较好的谐振状态。但由 3.4 节可知，弹光调制器的高压功放电路采用 RLC 谐振电路，其谐振频率与驱动信号的谐振频率接近。但在驱动信号频率变化时将导致高压功放电路在相同的驱动信号下产生的输出信号的幅值衰减，使弹光调制器的调制深度降低。因此，为了弥补高压功放电路输出电压的衰减，可以通过参考激光干涉图单周期过零计数的方式检测最大光程差，基于最大光程差的变化对高压驱动电路输出电压进行调节，实现对干涉图最大光程差的稳定控制。

1. 弹光调制干涉图的最大光程差检测技术

为了实现弹光调制傅里叶变换光谱仪的稳定工作和准确的光谱重建，需要检测干涉图的最大光程差。由 2.4.1 节可知，已知弹光调制干涉信号为

$$I_{\text{out}}(t)=a\int_{0}^{\infty}I_{\text{in}}(\upsilon)\cos[2\pi X\upsilon\sin(\omega_{\text{r}}t)]\mathrm{d}\upsilon$$

式中，I_{in}、I_{out} 分别是入射光辐射强度和出射光辐射强度；a 是衰减因子；X 是弹光调制器的延迟因子；υ 是入射光的波数；ω_{r} 是晶体的谐振频率。

基于式(2.51)，可得弹光调制干涉仪产生的复色光干涉图和窄带激光干涉图，如图 3.22 所示。

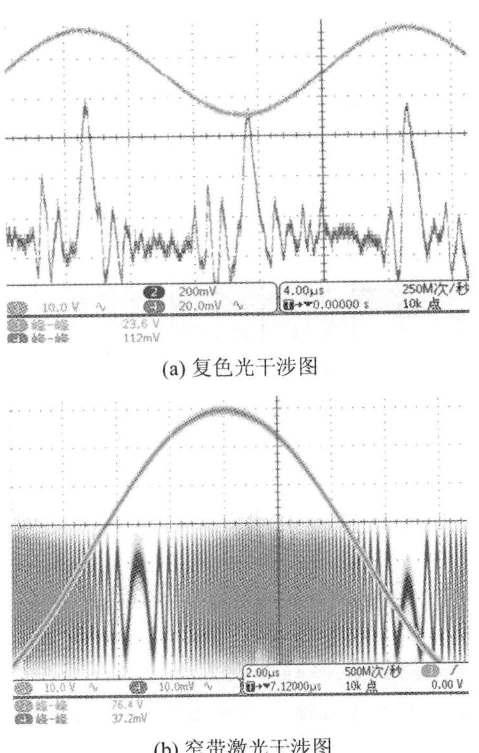

(a) 复色光干涉图

(b) 窄带激光干涉图

图 3.22　PEM 干涉图

从图 3.22 可知，一个驱动调制周期内产生两幅干涉图，且干涉图的零光程差点对于驱动信号有相位延迟，但是由图 3.22(a)不能确定复色光干涉图的

最大光程差。而图 3.22(b)是窄带激光干涉信号，其最大光程差可通过计算一幅干涉图内疏密变化的正弦波的振荡次数来获得，即干涉图最大光程差为

$$L=\lambda_{\text{ref}}\cdot m \tag{3.50}$$

式中，λ_{ref} 为参考激光的波长；m 为半个调制周期内激光干涉图的振荡次数。参考激光的波长越短，计算的最大光程差准确度越高。

在实际工程中，为了测量一幅干涉图内参考激光的周期数量，常采用过零计数的方式，即

$$L=0.5\lambda_{\text{ref}}\cdot n \tag{3.51}$$

式中，n 为半个调制周期内激光干涉图的过零次数。

在光谱探测中，被测信号通常为复色光，为了实现复色光干涉图的最大光程差检测，可基于弹光调制干涉仪、激光光源、高速探测器等搭建参考系统，使激光源与被测光源有相同的相位延迟，使得激光干涉图的最大光程差与被测信号干涉图的最大光程差相同，如图 3.23 所示。基于式(3.51)测量激光干涉图的最大光程差，以获取被测信号干涉图的最大光程差。

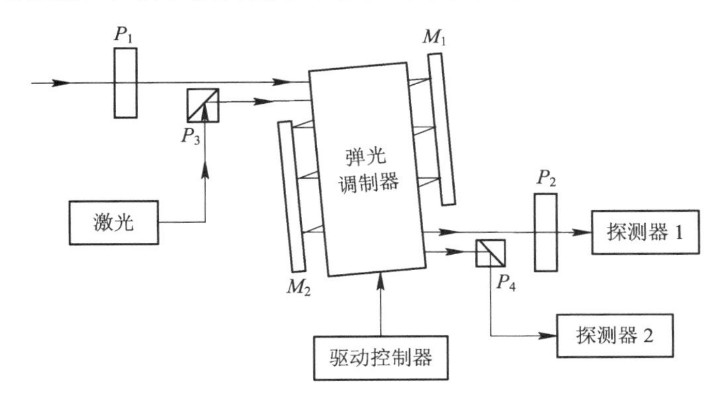

图 3.23　带有参考激光的弹光调制干涉系统

为了获取式(3.51)中一幅激光干涉图的过零次数 n，可借助弹光调制器的驱动信号确定过零计数的起始和终止时刻。因此，在系统设计中，采用双路高速比较器将激光干涉图和驱动信号转换为方波信号，基于控制器编程实现对半个调制周期内激光信号的过零次数计数，如图 3.24 所示。

为了提高干涉图最大光程差测量的准确性，可计数多个驱动周期内的激光干涉图的过零次数，通过求均值的方式计算单周期内的过零次数，从而测量干涉图的最大光程差参数。

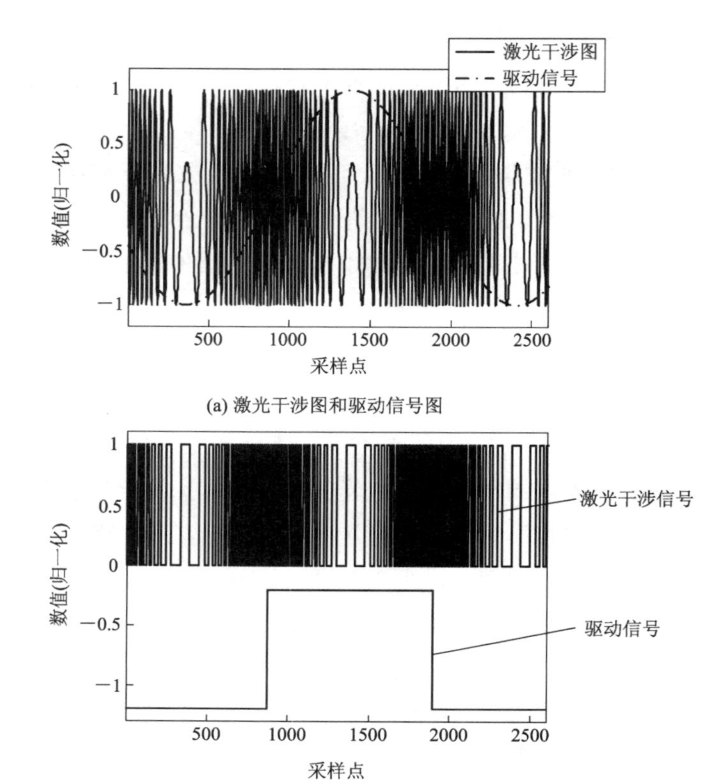

(b) 过零比较后的激光干涉图和驱动信号图

图 3.24　过零比较前后的激光干涉图和驱动信号图

图 3.25 所示为干涉图波峰计数原理图。其中，n 表示驱动信号的周期数，m 表示在 n 个驱动信号周期内被过零比较处理后的激光干涉信号的周期数。

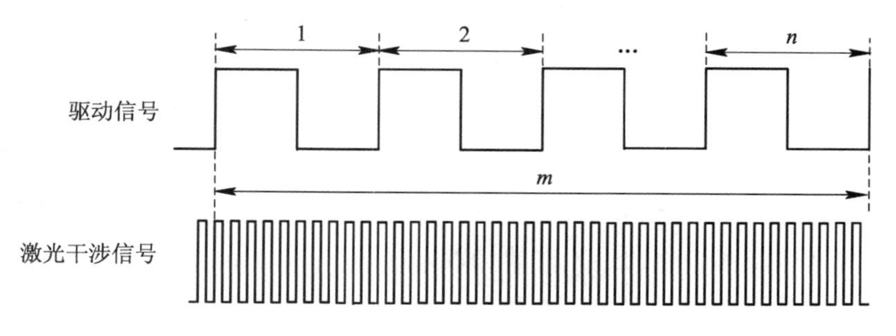

图 3.25　干涉图波峰计数原理图

根据图 3.25 可知一个驱动信号周期内激光干涉信号的波峰数。波峰计数设计思路框图如图 3.26 所示。

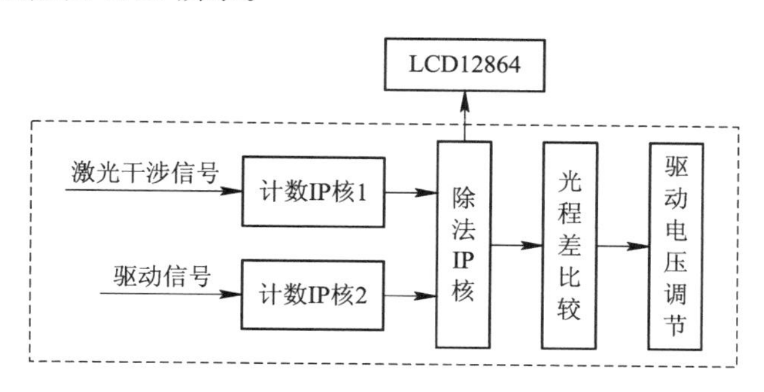

图 3.26　波峰计数设计思路框图

2. 驱动电压自动调节技术

通过激光干涉图过零计数的方式获得弹光调制干涉图的最大光程差后，为了维持最大光程差的稳定性，可将最大光程差的测量值与设定值进行比较，调节驱动信号的占空比，从而调节高压驱动信号的幅值。

在系统设计中，可以基于 DDS 编程产生占空比可调的脉冲信号，通过调节占空比的大小，调节高压驱动电路充放电时间，改变高压驱动电路输出电压的幅值，改变弹光调制器调制应力的大小，从而改变弹光调制干涉图的最大光程差。

为了实现驱动信号频率、幅值的双闭环调节，在程序设计时，可将驱动信号的频率自调节设置为内环，幅值调节设置为外环。即：首先调节弹光调制器的驱动频率，使得弹光调制器工作于最佳谐振状态；其次，通过调节驱动信号的幅值以维持干涉图最大光程差的稳定。驱动信号占空比自动调节流程图如图 3.27 所示。

当弹光调制傅里叶变换光谱仪工作在谐振状态下时，将占空比控制字减 1，判断光程差与预设值的差值，若此时光程差仍大于预设值，占空比控制字依次递减，直到光程差不大于预设值为止，此时将占空比控制字加 1，之后在此判断光程差是否小于预设值，若是，占空比控制字依次加 1，反之，输出满足光程差的 DDS 信号。最后，通过判断光程差是否等于预设值，来闭环调节 DDS 的占空比。由于高压驱动电路在 DDS 占空比为 50%时达到最大值，因此系统默认状态下将 DDS 占空比调节为 40%，给 DDS 调节留有裕量。当占空比达到 50%，即占空比已达到最大值时，若系统输出光程差仍未达到预设要求，则启动外部电压调节电路对光程差进行补偿，直到满足要求。

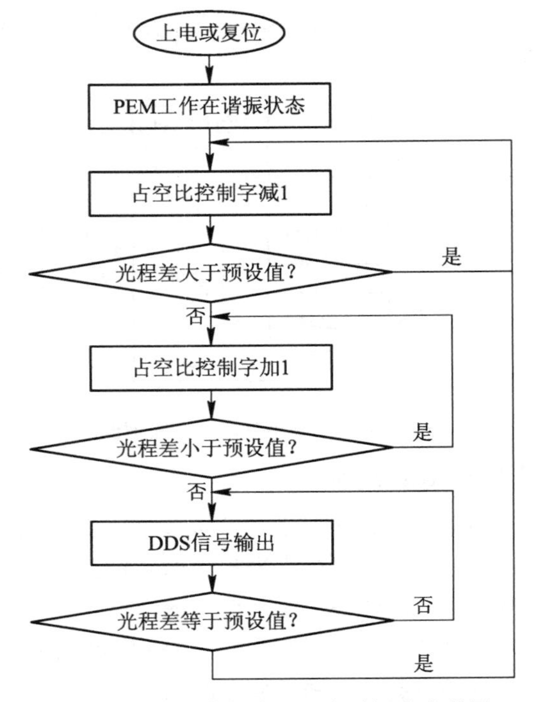

图 3.27　驱动信号占空比自动调节流程图

外部电压自动调节电路是电压闭环控制系统的另一个调节环节，当 DDS 占空比调节范围达到最大时，系统将判断此刻的调制光程差是否达到项目要求。若不满足要求，系统将会启动电压自动调节，对驱动电压进行补偿。驱动电压调节是基于数字电位器实现的。图 3.28 所示为驱动电压自动调节设计流程图。

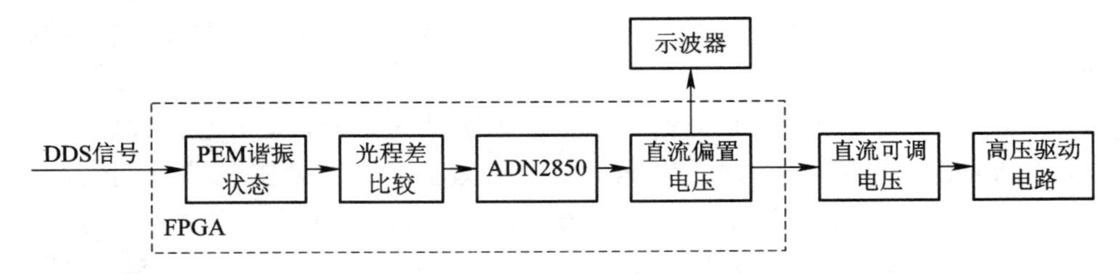

图 3.28　驱动电压自动调节设计流程图

在图 3.28 中，ADN2850 是一个可编程的数字电位器，作为外部补偿电压调节单元，其内部集成了总线通信协议，可以通过微控制器实现对数字电位器输出电阻的实时控制，实现输出电压的调节。

总之，为了实现弹光调制干涉仪的稳定控制，需要通过调节弹光调制驱动信号的频率、幅值以及偏置补偿电压等多种方式进行实现。弹光调制器稳定驱动控制系统的总体设计方案如图 3.29 所示。

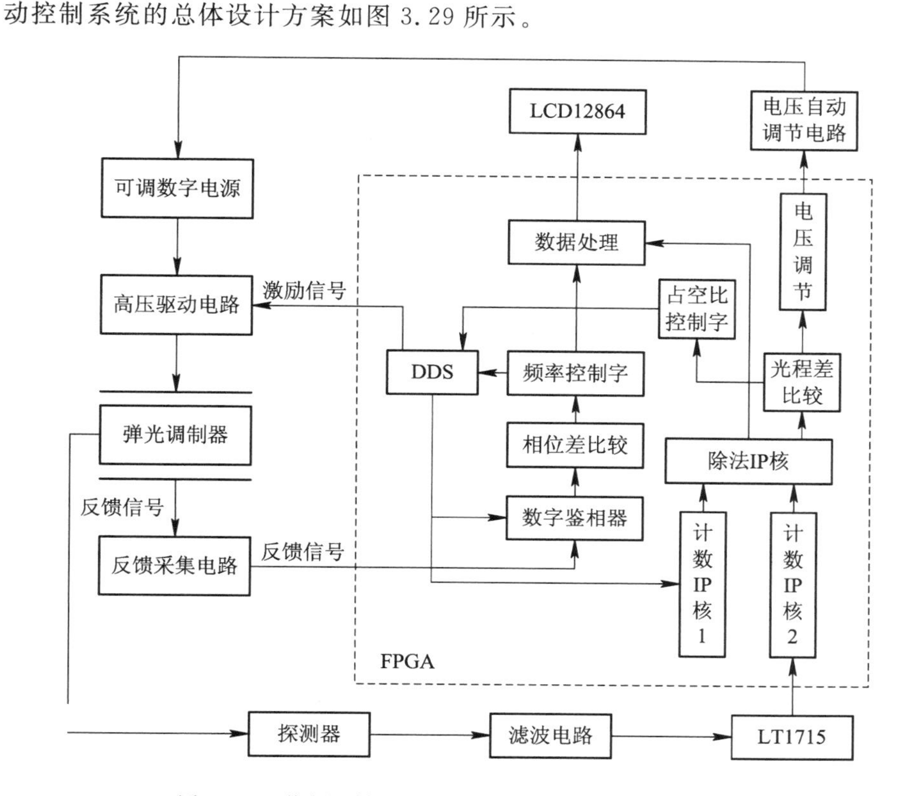

图 3.29　弹光调制器稳定驱动控制系统的总体设计方案

3.6　弹光调制器稳定驱动控制系统的驱动信号测试与分析

为了验证弹光调制干涉仪的频率温漂特性，以及弹光调制干涉仪的稳定驱动控制技术的有效性，基于第 2 章研制的弹光调制器，以及本章设计的弹光调制高压驱动电路和稳定驱动控制系统，搭建了如图 3.30 所示的测试平台。其中，弹光调制器采用镀金膜的多次反射式弹光调制器，其谐振频率为 49.15 kHz。入射光源采用 632.8 nm 的 He-Ne 激光器。

根据光学理论可知，干涉图最大光程差和光谱分辨率成倒数关系。若要求的光谱分辨率为 70 cm^{-1}，结合最大光程差与干涉信号峰峰值的公式，可计算出分辨率为 70 cm^{-1} 时对应的干涉信号峰峰数为 226 个，转换成光程差为 71 506.4 nm。本系统将初始直流偏置电压设置为 3.16 V，占空比调节为 30%，DDS 输出方波信号为 49.15 kHz。系统上电后，弹光调制干涉仪产生的激光干涉图的峰峰数为 226 个。

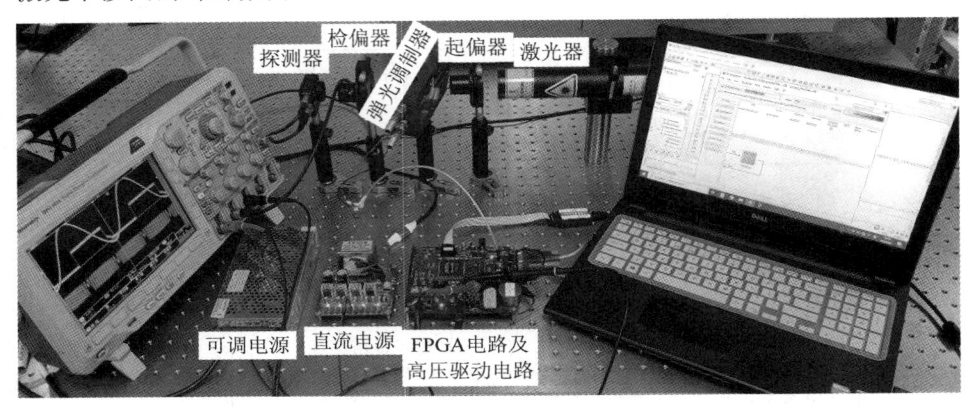

图 3.30 基于弹光调制的激光干涉实验平台

系统测试过程中，首先用信号发生器为 PEM 提供固定的初始谐振频率为 49.15 kHz，以 5 min 为单位记录了 50 min 内激光干涉的波峰数的变化；其次待上述测试结束，等待 1 h 后使弹光调制器完全冷却，在相同环境和直流偏置电压下，将频率闭环控制系统程序下载到系统中，并对数据进行记录；最后等待设备再次冷却，将 PEM 双闭环控制程序下载到系统中，再次记录干涉信号波峰数和直流偏置电压。结果如图 3.31 所示。

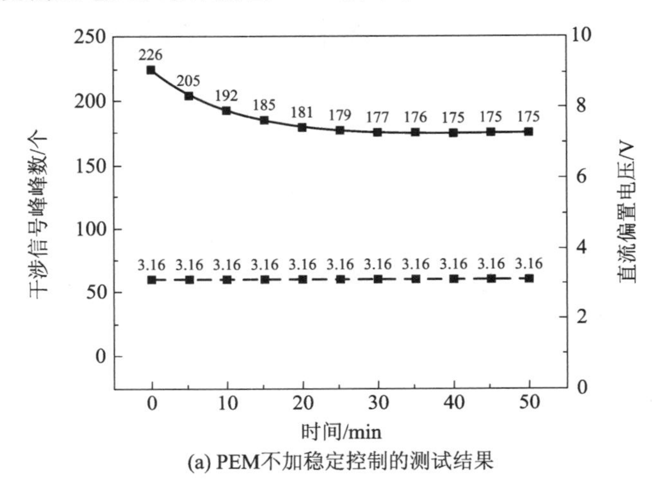

(a) PEM不加稳定控制的测试结果

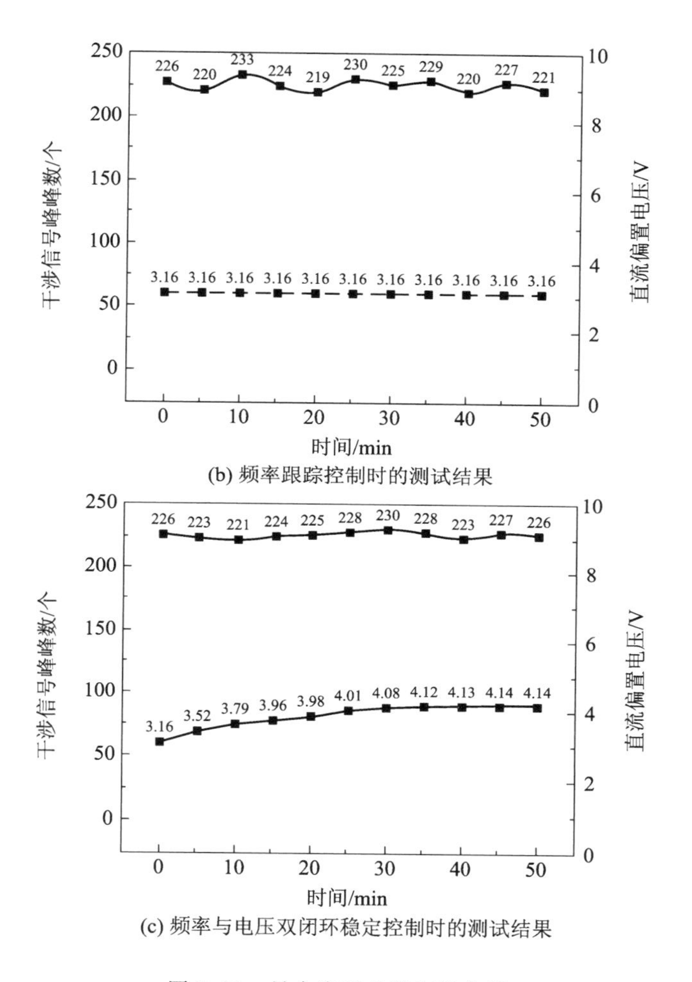

(b) 频率跟踪控制时的测试结果

(c) 频率与电压双闭环稳定控制时的测试结果

图 3.31 最大光程差稳定性分析

由图 3.31(a)的数据可知，当 PEM 不加稳定控制时，30 min 内干涉信号的峰峰数快速下降，调制光程差衰减严重，说明在稳定控制系统未作用的情况下，弹光调制器谐振频率发生严重漂移。35 min 后，弹光调制器处于热饱和状态，光程差衰减速度减缓。50 min 后，弹光调制器趋于稳定，但相比初始状态下的调制能力，其光程差衰减了 16 136.4 nm，其调制能力与最初相比下降了 22.6%。

由图 3.31(b)的数据可知，当采用单一频率跟踪调节时，DDS 的驱动频率实时跟随弹光调制器的漂移频率时，在 0～50 min 内，与初始状态相比，调制

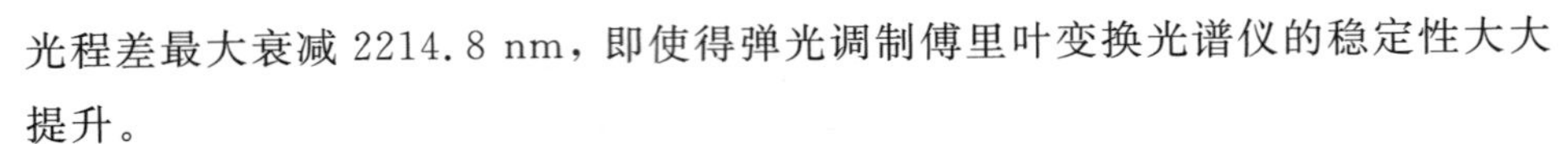

光程差最大衰减 2214.8 nm，即使得弹光调制傅里叶变换光谱仪的稳定性大大提升。

由图 3.31(c)的数据可知，当频率与电压双闭环稳定控制时，调制光程差始终维持在 69 924.4 nm 以上，相比频率单闭环控制稳定性进一步提升。此结果与设定光谱分辨率为 70 cm^{-1} 的最大误差仅为 2.21%，证明弹光调制傅里叶变换光谱仪在双闭环稳定控制系统下有效地稳定了弹光调制干涉仪，使最大光程差以较小的误差维持在系统设定的目标下。同时，在图 3.31(c)中可以看出，随着弹光调制器工作时间的延长，直流驱动电压单向增加，并趋于稳定值。

本章小结

本章首先在分析弹光调制器的振动模型和品质因数的基础上，针对弹光晶体、压电晶体谐振频率的温度漂移特性，分析了弹光调制器谐振频率的温度漂移模型；其次，针对弹光调制器的谐振特性，分析了石英晶体压电驱动器的谐振导纳和反谐振导纳，对反谐振匹配型弹光调制器的高压驱动电路进行设计和分析；再次，为了实现弹光调制干涉仪产生的干涉图稳定，基于 DDS 频率调节技术对弹光调制驱动信号的频率进行调节，实现驱动电路工作于最佳谐振状态，同时，基于激光干涉图的最大光程差检测方法，对驱动信号的占空比进行调节，以实现干涉图的最大光程差的稳定控制；最后，通过弹光调制器的驱动控制系统对干涉仪产生的干涉图的最大光程差进行测试。

对采用不同驱动控制方法的弹光调制干涉图的最大光程差进行测试，验证了频率与电压双闭环稳定控制方法和技术的有效性。

参考文献

[1] 耿济栋，姚国兴. 压电陶瓷阻尼振动的有限元模型分析[J]. 振动、测试与诊断，2006，26(3)：221－225.

[2] SENOUSY M S, RAJAPAKSE R, MUMFORD D, et al. Self-heat generation in piezoelectric stack actuators used in fuel injectors[J]. Smart Materials and Structures, 2009, 18(4): 45008.

[3] NAYLOR D A, TAHIC M K. Apodizing functions for fourier transform spectroscopy[J]. J. Opt. Soc. Am, 2007, 24(11): 3644-3648.

[4] ROUNDY S, WRIGHT P K. A piezoelectric vibration based generator for wireless electronics[J]. Smart Materials and structures, 2004, 13(5): 1131.

[5] 张维屏. 机械振动学[M]. 北京：冶金工业出版社，1983.

[6] 胡广书. 数字信号处理：理论、算法与实现[M]. 北京：清华大学出版社，2008.

[7] PENG Q, DONG Y, LI Y. ZnSe semiconductor hollow microspheres[J]. Angewandte Chemie International Edition, 2003, 42(26): 3027-3030.

[8] AGNES G S. Development of a modal model for simultaneous active and passive piezoelectric vibration suppression[J]. Journal of Intelligent Material Systems and Structures, 1995, 6(4): 482-487.

[9] BENJEDDOU A. Advances in piezoelectric finite element modeling of adaptive structural elements: a survey[J]. Computers & Structures, 2000, 76(1): 347-363.

[10] MERTZ L. Auxiliary computation for Fourier spectrometry[J]. Infrared physics, 1967, 7(1):17-23.

[11] DUTOIT N E, WARDLE B L. Experimental verification of models for microfabricated piezoelectric vibration energy harvesters[J]. AIAA journal, 2007, 45(5): 1126-1137.

[12] 陈大任，李国荣，殷庆瑞. 逆压电效应的压电常数和压电陶瓷微位移驱动器[J]. 无机材料学报，1997，12(6)：861-866.

[13] 张敏娟，王艳超. 反相串接式弹光调制干涉具驱动电路[P]. ZL201310211162.5，2016-1-20.

[14] 张敏娟，王志斌，李晓，等. 弹光调制干涉图最大光程差的稳定性及检测技术研究[J]. 光谱学与光谱分析，2015，35(5)：1436－1439.

[15] 张敏娟，刘文敬，王志斌，等. 弹光调制器的频率漂移特性及其傅里叶变换光谱的稳定性研究[J]. 红外与激光工程，2020，49(10)：219－226.

[16] 刘文敬，张敏娟，李晋华，等. 一种基于占空比自动调节的弹光调制器稳定控制方法[J]. 国外电子测量技术，2020，39(8)：17－21.

[17] 刘文敬. 大光程差 PEM-FTS 中双闭环控制技术研究[D]. 太原：中北大学，2021.

[18] 陈光威. 基于 FPGA 的弹光调制稳定与控制技术的研究[D]. 太原：中北大学，2016.

[19] 王艳超. 弹光调制傅里叶变换光谱仪稳定性研究[D]. 太原：中北大学，2014.

[20] 魏海潮. 弹光调制器及其高压驱动技术研究[D]. 太原：中北大学，2013.

[21] 罗欣玮. 基于相位闭环控制的弹光调制器稳定技术研究[D]. 太原：中北大学，2018.

第4章　弹光调制傅里叶变换光谱仪的数据处理技术

4.1　引　　言

外界环境干扰以及傅里叶变换光谱仪的结构特点，会使傅里叶变换光谱仪实际获取的干涉信号与理想干涉信号有差异，进而使得复原光谱与实际光谱存在误差。傅里叶变换光谱仪的误差主要表现有：环境噪声在干涉图上产生的毛刺造成光谱叠加纹波，探测器的非线性响应导致复原光谱幅度非线性，干涉图的截断造成光谱谱线间串扰，参考激光的慢漂移、离轴像元、有限视场角、激光的失准直等仪器因素造成复原光谱的波数偏移、调制度降低，采样干涉图非零光程差点对称产生的相位误差导致光谱幅度误差等。这些误差中有些是傅里叶变换光谱仪本身固有特性导致的，该误差仅随时间发生缓慢变化，利用仪器建模和对仪器函数的分析，可以在一定程度上进行修正、减小光谱误差，例如:探测器的非线性、仪器线性函数、干涉图截断等；同时，还有一些随机误差，根据其特点可以通过获得的实时干涉图信号来检测和校正，例如:毛刺、相位误差校正等。

一般时间调制型傅里叶变换光谱仪从获取的干涉图数据到修正的光谱数据主要有如图4.1所示的数据处理步骤。数据处理顺序根据数据处理算法的选择会有所差别。

弹光调制傅里叶变换光谱仪作为一种时间调制型傅里叶变换光谱仪，其数据处理过程与图4.1基本相同。下面将针对弹光调制干涉信号的特点，对弹光调制干涉信号的数据处理方法和光谱定标技术进行分析。

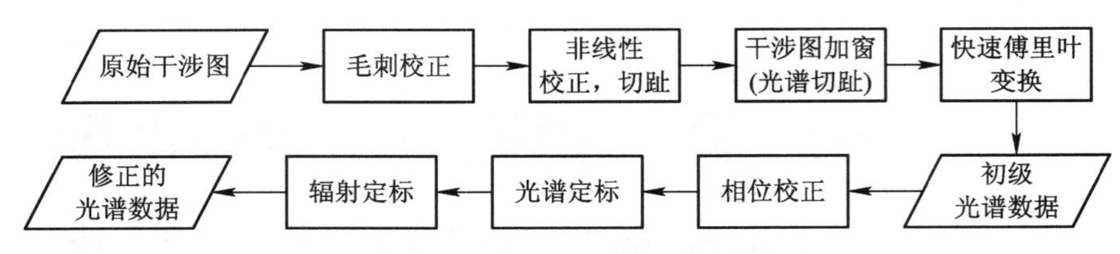

图 4.1 傅里叶变换光谱仪的数据处理流程

4.2 时间调制型傅里叶变换干涉信号数据处理技术

4.2.1 时间调制型傅里叶变换光谱仪的原理

傅里叶变换光谱仪是将一束光分解为相位差连续变化的双光束，并通过双光束干涉信号的傅里叶变换获得光的功率谱分布的干涉型仪器。其核心是产生双光束干涉的干涉仪和干涉信号的傅里叶变换处理模块。在时间调制型傅里叶变换干涉仪中常采用迈克尔逊干涉仪，其结构示意图如图 4.2 所示。

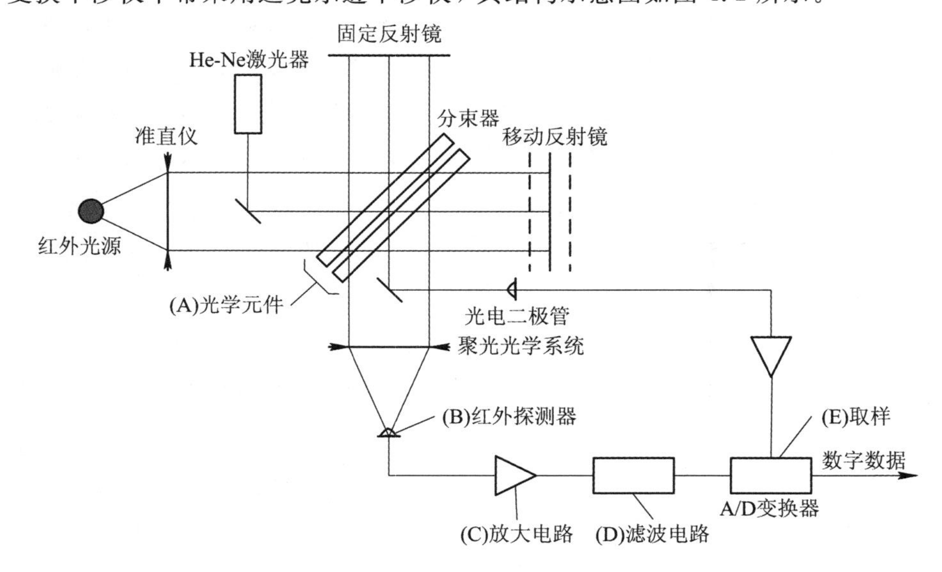

图 4.2 迈克尔逊干涉仪示意图

如图 4.2 所示，设有一束振幅为 A、波数为 υ（单位：cm^{-1}，即波长的倒数）的理想准直单色光束入射到理想分束器上，分束板振幅反射率为 r、透射率为 t，它使入射光束分为振幅为 rA 的反射光束和振幅为 tA 的透射光束。这两束光分别经固定镜和动镜反射到分束器，再各自形成两光束。其中一束光返回入射光源，另一束光沿与入射光束垂直方向辐射到探测器表面。假设 e_1 是由固定镜反射到探测器上的光束，e_2 是由动镜反射到探测器上的光束，此时探测器上的信号振幅可表示为

$$E = Art[1 + \exp(-\mathrm{i}\varphi)] \tag{4.1}$$

式中，φ 是两束相干光之间的相位差，且有

$$\varphi = 2\pi\upsilon x = \frac{2\pi x}{\lambda} \tag{4.2}$$

式中，x 为两束光的光程差（OPD）；λ 为入射光束的波长。

将式(4.2)代入式(4.1)，时间调制型干涉信号的振幅可表示为

$$E(x) = Art[1 + \exp(-\mathrm{i}2\pi\upsilon x)] \tag{4.3}$$

因振幅不能探测，探测器检测的干涉光强 I' 为

$$I'(x) = 2R^2t^2A^2[1 + \cos(2\pi\upsilon x)] \tag{4.4}$$

当光程差 $x = n\lambda$（n 为一个整数）时，干涉光的光强最强；而当光程差 $x = (n+0.5)\lambda$（n 为一个整数）时，干涉光的光强最弱。当光程差等于其他值时，探测器检测到的干涉光强如式(4.4)所示。

当入射光束由不同波长的光波组成时，干涉仪的输出光强为

$$\begin{aligned} I'(x) &= 2\int_0^{\infty} |rtA(\upsilon)|^2[1 + \cos(2\pi\upsilon x)]\mathrm{d}\upsilon \\ &= 2\int_0^{\infty} B(\upsilon)\mathrm{d}\upsilon + 2\int_0^{\infty} B(\upsilon)\cos(2\pi\upsilon x)\mathrm{d}\upsilon \end{aligned} \tag{4.5}$$

式中，$B(\upsilon) = |rtA(\upsilon)|^2$。

式(4.5)等号右侧第一项由入射光源的亮度决定，是直流信号；而第二项是交流分量，包含入射光信号的频谱特性。傅里叶变换光谱仪是通过将干涉图的交流分量进行傅里叶变换分析入射光信号的光谱特性。因此，在分析光谱时仅分析干涉图的交流分量，滤除直流分量，有

$$I(x) = 2\int_0^{\infty} B(\upsilon)\cos(2\pi\upsilon x)\mathrm{d}\upsilon \tag{4.6}$$

可知，当 $x=0$ 时，有

$$I(0)=2\int_{0}^{\infty}B(\upsilon)\mathrm{d}\upsilon \tag{4.7a}$$

当 $x\to\infty$时，由于不同频率的余弦信号的叠加特性，有

$$I(\infty)\to 0 \tag{4.7b}$$

因此，当入射光为复色光时，在零光程差处，干涉光强最强，而随着离零光程差点距离越远，其光强越弱。

光谱图为波长的偶函数，即

$$B(-\upsilon)=B(\upsilon)$$

则有

$$I(x)=\int_{-\infty}^{\infty}B(\upsilon)\cos(2\pi\upsilon x)\mathrm{d}\upsilon=\mathrm{IFFT}[B(\upsilon)] \tag{4.8}$$

式(4.8)实质上是将不同频率的简谐波进行叠加构成一个复杂函数，这是一个傅里叶逆变换过程。

在傅里叶变换干涉仪中，如果入射光源是单色光，由式(4.6)可知，干涉图是余弦变化的曲线，如图 4.3(a)所示。当光源包含多个离散谱线或者是连续光谱时，则干涉图是不同波长光强的叠加，其在零光程差时光强最强，而随着距离零光程差点距离越远，其光强越弱，如图 4.3(b)所示。

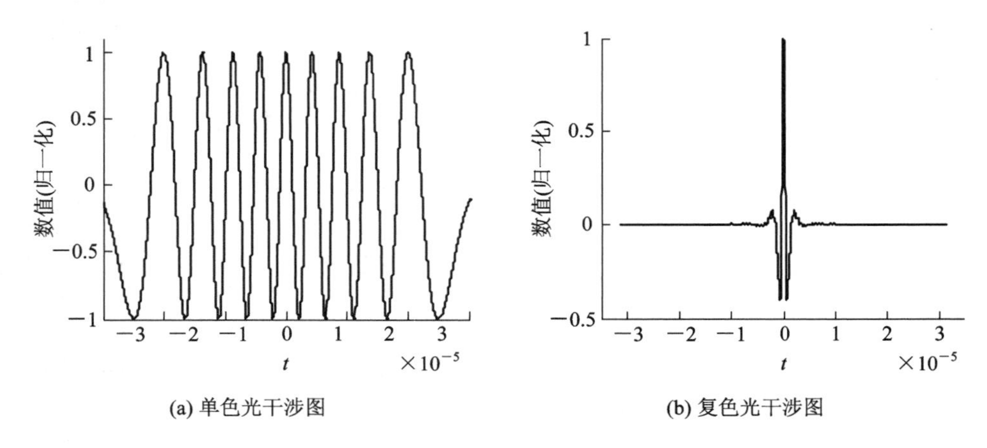

(a) 单色光干涉图　　(b) 复色光干涉图

图 4.3　干涉图

由傅里叶变换性质可知，将一个符合一定数学条件的复杂函数进行傅里叶变换的实质，是把复杂函数还原为构成该函数的各个基本频率成分的简谐波，

并得到这些频率的成分和强度关系。因此，可以利用信号干涉图与其光谱图之间的傅里叶变换关系，还原出入射光信号的频谱信息。

因此，在傅里叶变换光谱仪中，对干涉信号 $I(x)$ 的交流分量进行傅里叶变换，可以复原入射光束的功率谱分布为

$$B(\upsilon)=\int_{-\infty}^{\infty} I(x)\cos(2\pi\upsilon x)\mathrm{d}x \tag{4.9}$$

理想情况下，干涉图是对称的，因此有

$$B(\upsilon)=2\int_{0}^{\infty} I(x)\cos(2\pi\upsilon x)\mathrm{d}x \tag{4.10}$$

由式(4.10)可知，理想情况下，采集单边干涉图即能复原入射信号的光谱，同时可减小一半的数据量。但是由式(4.4)可知，干涉图不仅与入射光的光强有关，而且还与分束器、探测器的光谱响应范围、干涉信号的采样等因素有关。因此，采集的干涉数据并非是理想对称干涉数据。要利用式(4.10)实现光谱复原，需要对采集的单边干涉图进行相位校正。

式(4.8)和式(4.9)构成了余弦傅里叶变换对，是傅里叶光谱学的基本公式。它表示对任一给定波数 υ 的光源，若已知其干涉图，对干涉图进行余弦傅里叶变换可获得波数 υ 处的光谱强度 $B(\upsilon)$。

4.2.2　傅里叶变换光谱仪的光谱分辨率

光谱分辨率是傅里叶变换光谱议的重要指标之一。在干涉型傅里叶变换光谱仪中，光谱分辨率由两束光的最大光程差决定。在时间调制型傅里叶变换光谱仪中，其最大光程差由动镜移动的最大距离决定。而动镜仅能在有限距离内移动，且探测器的光谱范围是有限的、干涉图是以有限时间间隔进行采样的。因此，傅里叶变换光谱仪只能获得一定波数范围内具有一定光谱分辨率的频谱图。

在时间调制型傅里叶变换光谱仪中，光谱分辨率是动镜移动的最大有效距离 2 倍的倒数，即最大光程差的倒数：

$$\delta\upsilon=\frac{1}{2L} \tag{4.11}$$

式中，L 为动镜移动的最大有效距离，$\delta\upsilon$ 为光谱分辨率。

在系统设计时，干涉仪确定后，仪器的光谱分辨率就已经确定。因此，在

数据处理系统中，通过对数据补零、提高采样率等都不能提高仪器的光谱分辨率。

在采样干涉图时，只能以有限时间间隔对其采样，获得离散的干涉数据。为了使复原光谱不产生光谱混叠，采样间隔必须满足 Nquist 采样定理，即采样频率应大于 2 倍的信号最高频率，因此，对应的采样间隔 Δx 必须满足

$$\Delta x = \frac{1}{2\upsilon_{\max}} \tag{4.12}$$

式中，$\upsilon_{\max}$ 为研究或测量光谱范围的最大波数，Δx 单位为厘米。

由仪器分辨率定义及采样理论，可知理想情况下一幅干涉图的采样数量与分辨率的关系：

$$N = \frac{2L}{\Delta x} \tag{4.13}$$

因此，光谱分辨率越高，采样数据量越大，且最小采样率仅取决于测量辐射源的最大波数。

4.2.3　时间调制型干涉信号的采样技术

在时间调制型傅里叶变换光谱仪中，探测器检测的干涉图是连续变化的，要实现式(4.10)描述的傅里叶变换，需对干涉图进行采样。时间调制型傅里叶变换干涉仪的动镜从负的最大光程差点移动到正的最大光程差点的过程中，以等光程差间隔对干涉图进行采样，由采集的这些数据可组成一幅完整的干涉图。对整幅干涉图进行傅里叶变换，可得到一定频谱范围内的光谱图。

1. 采样技术

迈克尔逊干涉仪作为传统的时间调制型干涉仪是通过动镜移动，产生连续变化的相位差，以产生入射光的干涉图。其动镜移动速度一般较慢，通常采用等相位采样。等相位采样即以短波长的激光(如 He-Ne 激光器)作为参考光源产生参考干涉图，对参考干涉图进行过零检测产生触发脉冲信号，并经过锁相技术(PLL)产生时钟信号以触发 A/D 转换器，实现干涉图的等相位采样。等相位采样方式克服了动镜移动不平稳引起的误差，有较高的采样精度。典型时间调制型干涉图的等相位采样原理图如图 4.2 所示，采用 He-Ne 激光器作为参考光源，其干涉信号经光电二极管转换为电信号，在过零时触发 A/D 转换器实现干涉信号等相位采样。

等时间采样是按照等时间间隔对干涉信号进行采样。当干涉仪动镜以匀速方式运动，且干涉信号相位是均匀变化时，等时间采样与等相位采样结果相同。

2. 参考激光选择

在干涉图等相位采样过程中，要实现干涉图的等相位采样，即以相等的光程差间隔采集干涉数据，而不是按照等时间间隔采集干涉数据。这是因为动镜移动速度的微小变化都会改变数据采集点的位置，影响重建光谱的准确度。

在现有的傅里叶变换光谱仪中，一般采用短波长的窄带激光器作为采样和定标的参考光源，如 632.8 nm 的 He-Ne 激光器。He-Ne 激光器是窄带光谱，自相关性好，在动镜移动过程中，激光干涉信号是一个延伸的余弦波。若以激光干涉信号过零点为采样点，则采样间隔为 $\Delta x=0.3164\ \mu\text{m}$，即动镜每移动 $0.1582\ \mu\text{m}$ 采集一个数据点。

若以 3～12 μm（833～3333 cm^{-1}）的大气窗口为探测对象，则在每个周期内至少采样 18 个数据点，满足 Nyquist 采样定理。

在图 4.2 中，对参考干涉图进行过零检测产生触发脉冲信号，并经过锁相技术(PLL)产生时钟信号以触发 A/D 转换器，实现干涉图的等相位采样。等相位采样方式克服了动镜移动不平稳引入的误差，有较高的采样精度。

3. 干涉数据的采集方式

在傅里叶变换光谱仪中，干涉数据的采集方式可以分为两大类：单向数据采集方式和双向数据采集方式。单向数据采集是动镜按设定的速度向前移动采集数据，动镜返回时不采集数据，这样可以节省时间；双向数据采集是动镜向前移动和返回时都采集数据，即动镜前进和返回过程花费的时间是相同的，这种方式一般应用于快速扫描模式中。

单向数据采集方式又分为双边采集数据和单边采集数据。双边采集数据是整幅干涉图都被采集，且两侧采集的数据点数是相同的。因此，采集一幅干涉图的时间比较长，数据量比较大。双边采样的干涉数据经傅里叶变换后，通过绝对值的数据处理方式可得到低信噪比光谱。

单边采集数据是指仅采集干涉图零光程差点一侧的数据，而不采集对称的另一侧数据。在理想情况下，干涉图是关于零光程差点对称的，采集零光程差点以及单边干涉数据可复原入射信号光谱。然而对于实际仪器和系统，干涉图不完全对称。通过对单边数据的傅里叶变换不能准确地复原入射信号光谱。因

此，当复原光谱准确度要求比较高时，一般采用单边过零采样干涉图。单边过零采样干涉图不仅采集零光程差点一侧的干涉信号，而且还采集另一侧靠近零光程差点的部分干涉信号。双边采样的对称干涉图和单边过零采样的干涉图如图 4.4 所示。

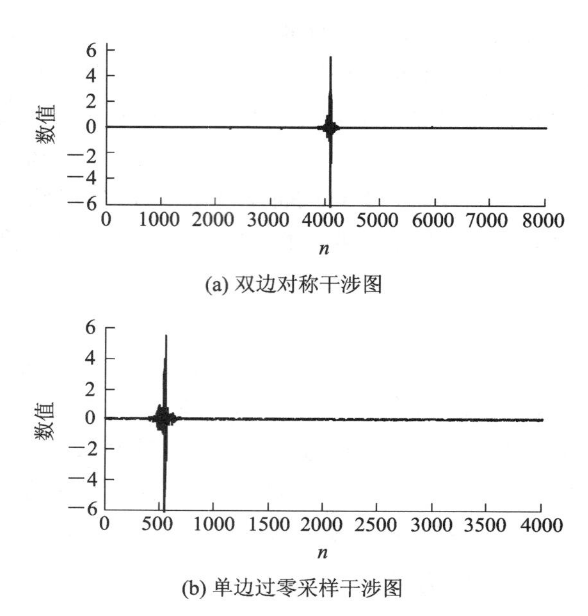

图 4.4 双边对称和单边过零采样干涉图

单边过零采样与双边采样相比较，单边过零采样优点是采样数据点少，减小了采样时间和存储空间，且在动镜移动距离相同的情况下，单边采样时动镜移动的有效距离比较长，光谱分辨率高；缺点是当相位误差比较大时，需采用相位校正技术对干涉图进行校正，才能高精度地复原入射信号光谱。

4.2.4 时间调制型干涉信号的预处理技术

傅里叶变换光谱仪的误差主要有环境噪声在干涉图上产生的毛刺造成光谱叠加纹波，探测器的非线性响应导致复原光谱幅度非线性，干涉图的截断造成光谱谱线间串扰，参考激光的慢漂移、离轴像元、有限视场角、激光的失准直等仪器函数造成复原光谱的波数偏移、调制度降低，采样干涉图非零光程差点对称产生的相位误差导致光谱幅度误差等。这些误差有些是傅里叶变换光谱仪的仪器本身固有特性，该误差仅随时间发生缓慢变化，利用仪器建模和对仪器函数的分析，可以在一定程度上修正、减小光谱误差。

采集的干涉信号不仅包含所需的交流分量，也包含直流分量和噪声。为了实现入射信号光谱的准确复原，傅里叶变换光谱仪数据处理系统在进行傅里叶变换以及光谱标定前，需要进行干涉信号的滤直流、切数据、切趾、相位校正等数据预处理。

1. 干涉信号的滤直流分量

由式(4.5)可知，探测器获取的电信号是由入射光源的总辐射通量决定的，包含直流成分和交流成分，而光谱信息蕴含于交流成分中，因此要滤除直流成分。同时在交流成分中也包含随机噪声，滤除噪声以提高复原光谱的准确度。

对于等间隔离散干涉数据可采用均值法，计算干涉信号的直流成分，即

$$\bar{I}=\frac{1}{N}\sum_{i=0}^{n}I(\Delta x\cdot i) \tag{4.14}$$

式中，N 为采样数据量；Δx 为采样的间隔。

各采样点的数据减去直流成分，可获得相对于横坐标轴变化的干涉图。

$$I_0(\Delta x\cdot i)=I(\Delta x\cdot i)-I \tag{4.15}$$

通常情况下，快速傅里叶变换算法要求的运算数据量为 2^n 个，而采集获得的干涉图数据往往不能够满足这一条件，可以对干涉图进行截取或数据添零至 2^n 个。数据添零相当于给干涉图添加零背景，不会影响光谱测量的精度。

2. 数据切趾

在光谱仪器中所记录的光谱线强度和波长的关系、光谱线的形状和宽度以及它们的光谱特性，都不同于入射光源的实际光谱特性。这是光谱仪的仪器函数引入的误差。光谱仪的仪器函数定义为它对单色谱线 $\delta(\upsilon-\upsilon')$ (Dirac 函数)的响应 $a(\upsilon-\upsilon')$。

基于傅里叶变换光谱学的基本方程，干涉仪的动镜需扫描无限长的距离，且以无限小的间隔采集数据，才能得到分辨率高、光谱范围无限宽的光谱图。但是由于受到仪器函数，即受到光源、光学元器件、探测器的光谱响应范围、放大器的带宽以及 A/D 转换器的采样频率等限制，获取的干涉图是被矩形函数截断的干涉图。因此，复原光谱为

$$B_{\mathrm{m}}(\upsilon)=\int_{-\infty}^{\infty} D(x)I(x)\cos(2\pi\upsilon x)\mathrm{d}x \tag{4.16}$$

式中，$D(x)$为仪器函数。

在数学上，函数 $I(x)$和仪器函数 $D(x)$乘积的傅里叶变换等于这两个函数分别进行傅里叶变换的卷积。因此，无限长光程差测量的干涉图 $I(x)$的傅里叶变换是理想的光谱，以 $B(\upsilon)$表示，设仪器函数的傅里叶变换为 $a(\upsilon)$，则有

$$B_{\mathrm{m}}(\upsilon)=B(\upsilon)*a(\upsilon) \tag{4.17}$$

当频谱为 $B(\upsilon)$的辐射源入射到光谱仪时，光谱仪检测的光谱能量分布为 $B_{\mathrm{m}}(\upsilon)$。

在傅里叶变换光谱仪中，因干涉图采样是有限截断采样，仪器函数是一个矩形函数，即

$$D(x)=\mathrm{rect}\left(\frac{x}{L}\right) \tag{4.18}$$

矩形函数的傅里叶变换是一个 sinc 函数，当理想光谱 $B(\upsilon)$与 sinc 函数卷积时，使谱带变宽、主瓣两侧出现旁瓣振荡。

当入射光源为窄带光时，经傅里叶变换干涉仪产生的干涉图是连续变化的余弦波，如图 4.5(a)所示。将其进行傅里叶变换复原出一个窄带谱线，如图 4.5(b)所示。图 4.5(c)和图 4.5(d)是一定宽度的矩形窗函数的时域图和频谱图。

采用矩形函数对连续干涉信号进行截断，截断干涉图和复原光谱图如图 4.5(e)和 4.5(f)所示。从图中可以看出，截断干涉图经傅里叶变换后，其谱线变宽、谱线两侧存在旁瓣振荡。干涉图被矩形函数截断后，主瓣变宽降低了光谱分辨率、旁瓣可能会淹没主瓣两侧能量比较弱的光谱成分。因此，有必要采取措施抑制旁瓣。

抑制旁瓣的措施是在数据处理中增加“切趾”函数。切趾就是在数据处理中采用渐变的权重函数缓和最大光程差附近干涉图的突然截断，减小干涉图的不连续性，从而抑制旁瓣效应。

为了分析切趾函数对复原光谱的影响，以三角形切趾函数为例，对截断干涉信号进行切趾处理，分析复原后的光谱特性。三角形切趾函数及其频谱特性如图 4.6 所示。

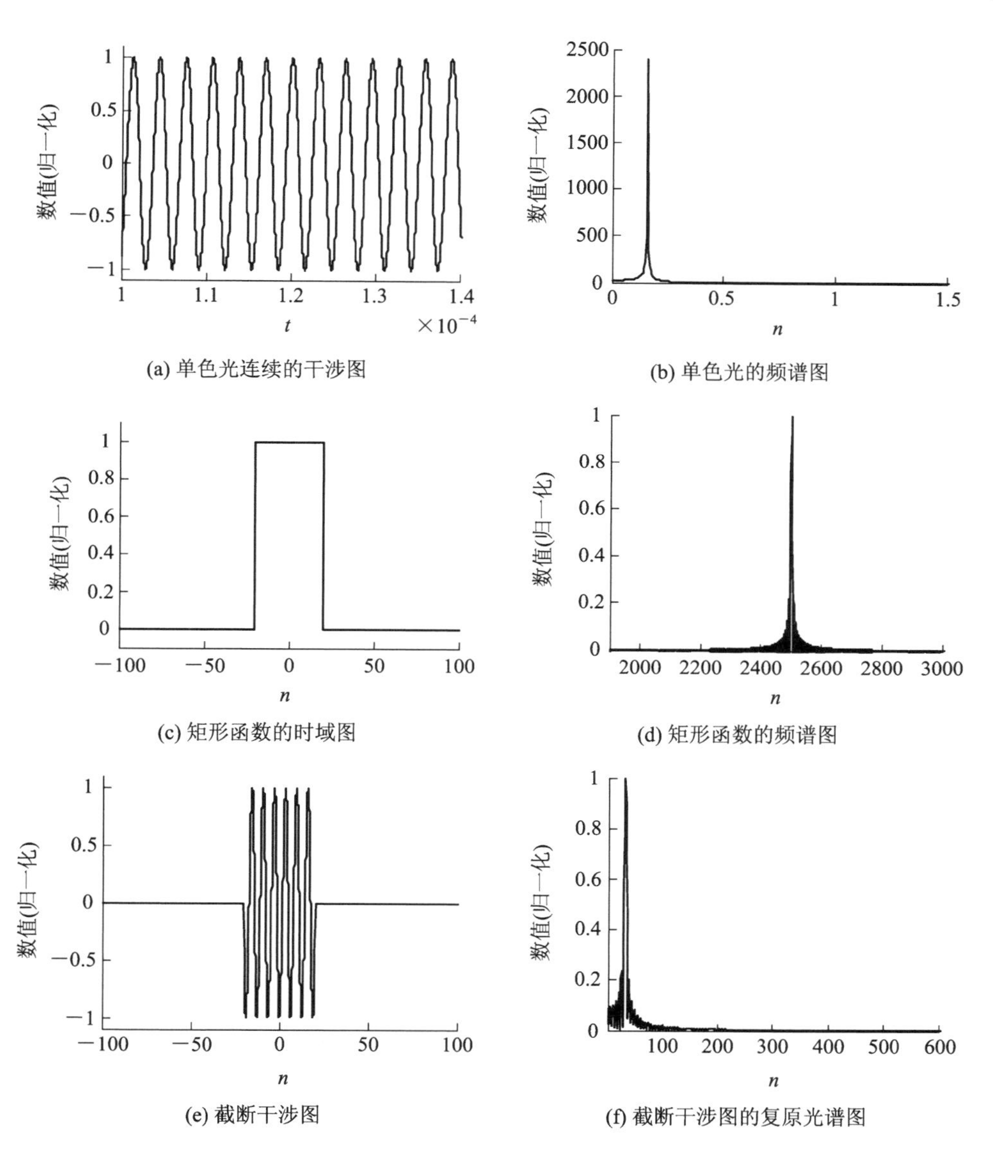

图 4.5　时域波形与复原频谱图

将图 4.5 与图 4.6 比较可以看出，矩形函数截断干涉图傅里叶变换光谱的主瓣宽度窄，但旁瓣峰值比较大，最大旁瓣峰值强度达到了 22%；三角形切趾函数截断干涉图傅里叶变换光谱主瓣宽度比较宽，旁瓣峰值小，最大旁瓣峰值强度为 4.7%。

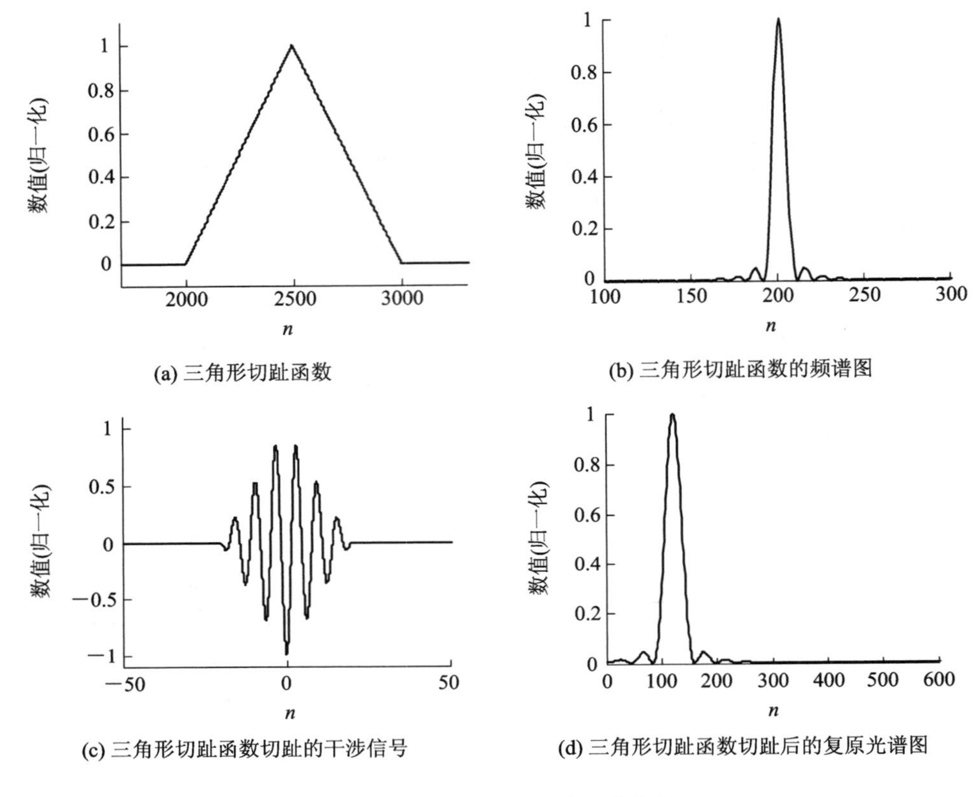

图 4.6 三角形切趾及其频谱分析

在光谱复原过程中，切趾函数需要满足的条件是：在零光程差处为最大值，随着光程差的增大，函数值减小，直到在最大光程差 L 处减小为零。切趾函数种类比较多，如矩形窗函数、三角窗函数、汉宁窗函数、汉明窗函数和布莱克曼窗函数等，这几种切趾函数的频谱特性如表 4.1 所示。

表 4.1 几种切趾函数的频率特性

切趾函数	主瓣宽度	最大旁瓣电平/dB	最大阻带起伏/dB
矩形窗函数	4π/N	−13	21
三角窗函数	8π/N	−27	25
汉宁窗函数	8π/N	−31	44
汉明窗函数	8π/N	−41	53
布莱克曼窗函数	12π/N	−57	74

4.2.5　相位校正技术

1. 相位校正的理论分析

由傅里叶变换光谱学的基本方程可知，干涉图关于零光程差点完全对称时，采集单边干涉数据则可以准确地复原入射信号光谱，然而对于实际仪器，由于光学元件的偏差(分束镜、透镜、平面镜等与波长相关的折射、光学厚度不均匀等)、电子元件(放大器、滤波器)与频率有关的延时、采样不均匀及采样位置误差(如没有采到零光程差点)等因素使干涉图不对称，在单边采样时不能准确复原被测目标的辐射光谱。

为了实现对干涉图相位校正，有必要对相位误差引入的途径进行分析。

1) 相位误差引入分析

(1) 干涉图数据采样偏移引入的相位误差。理想情况下干涉图是关于零光程差点对称的，在高光谱测量中，一般采用单边采样干涉图，即有

$$B(\upsilon)=2\int_0^L I(x)\cos(2\pi\upsilon x)\mathrm{d}x \tag{4.19}$$

式中，$B(\upsilon)$为理想情况下的光谱，L 为动镜移动的最大距离。

在利用式(4.19)进行余弦傅里叶变换时，要求从零光程差点开始积分，需要准确地找到零光程差点，采集该点数据。但是干涉图的采样是在满足采样定理的基础上，采用等间距的方式实现干涉图的采样。在实际工程应用中，很难正好采集到光程差 $x_0=0$ 这个位置，往往是在距离零光程差 ε 距离处采集到第一个数据。此点被误认为是干涉图的零光程差点 x_0'。因此，采集的干涉图相对于真实干涉图产生了整体偏移 ε 的光程差，即

$$x' \rightarrow x+\varepsilon \tag{4.20}$$

因此，傅里叶变换光谱学的基本方程变为

$$I(x)=\int_{-\infty}^{\infty} B(\upsilon)\cos[2\pi\upsilon(x+\varepsilon)]\mathrm{d}\upsilon \tag{4.21}$$

由上可知，由干涉数据采样引起的相位误差是线性误差。

在傅里叶变换光谱仪中，采用 He-Ne 激光器作为参考采样光源时，干涉图采样引入的误差 $\varepsilon<0.1582\ \mu\mathrm{m}$。

(2) 干涉图余弦分量相位滞后引入的相位误差。在傅里叶变换光谱仪中，

由于光学元件对不同波长的光有不同的反射率和折射率，以及放大和滤波器件的相位滞后特性，使得采集的干涉图存在相位滞后，而且滞后的相位角与波数 υ 有关，即有

$$x \rightarrow x - \theta(\upsilon) \tag{4.22}$$

式中，$\theta(\upsilon)$是滞后的相位角，且是波数 υ 的函数。因此有

$$I(x) = \int_{-\infty}^{\infty} B(\upsilon)\cos\{2\pi\upsilon[x - \theta(\upsilon)]\}\mathrm{d}\upsilon \tag{4.23}$$

由三角函数相关定理可知，干涉图中不仅包含余弦分量，而且也包含正弦分量，使干涉图不再关于零光程差点对称，如图 4.7 所示。可以看出，此干涉图并没有采集到零光程差点。

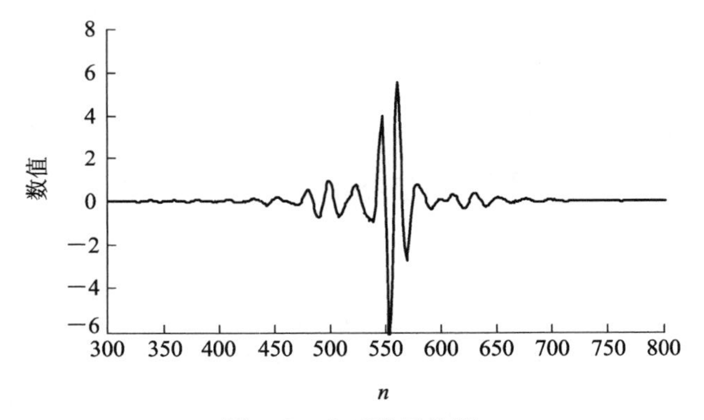

图 4.7　非对称干涉图

由于相位误差使干涉图不对称，不对称的干涉图必须采用复数傅里叶变换复原光谱，即有

$$B(\upsilon) = \mathrm{Re}(\upsilon)\cos[\theta(\upsilon)] + \mathrm{Im}(\upsilon)\sin[\theta(\upsilon)] \tag{4.24}$$

式中，$\mathrm{Re}(\upsilon)$为未校正光谱的实部，$\mathrm{Im}(\upsilon)$为未校正光谱的虚部，$\theta(\upsilon)$为相移频谱，且有

$$\mathrm{Re}(\upsilon) = 2\int_{0}^{\infty} I(x)\cos(2\pi\upsilon x)\mathrm{d}x \tag{4.25a}$$

$$\mathrm{Im}(\upsilon) = 2\int_{0}^{\infty} I(x)\sin(2\pi\upsilon x)\mathrm{d}x \tag{4.25b}$$

$$\theta(\upsilon) = \arctan\frac{\mathrm{Im}(\upsilon)}{\mathrm{Re}(\upsilon)} \tag{4.25c}$$

2）相位校正原理

非对称干涉图表达式可由式(4.21)改写为

$$I_{\mathrm{d}}(x)=\int_{-\infty}^{\infty} B(\upsilon)\mathrm{e}^{-\mathrm{i}\theta(\upsilon)}\cdot\mathrm{e}^{\mathrm{i}2\pi\upsilon x}\mathrm{d}\upsilon \tag{4.26}$$

由式(4.26)可知，非对称干涉图$I_{\mathrm{d}}(x)$是$B(\upsilon)\mathrm{e}^{-\mathrm{i}\theta(\upsilon)}$的傅里叶逆变换，则非对称干涉图复原光谱为

$$B(\upsilon)\mathrm{e}^{-\mathrm{i}\theta(\upsilon)}=\int_{-\infty}^{\infty} I_{\mathrm{d}}(x)\mathrm{e}^{-\mathrm{i}2\pi\upsilon x}\mathrm{d}x \tag{4.27}$$

由式(4.27)可知，干涉图相位误差的引入仅使相移频谱产生了$-\theta(\upsilon)$的变化，不改变幅度谱。因此，只要计算出相位误差函数$\theta(\upsilon)$，可正确复原入射信号光谱。

相位误差函数$\theta(\upsilon)$一般是随波数υ渐变的函数，为了计算相位误差，在相位校正技术中一般采用单边过零采样方式采集干涉图，利用低分辨率的小双边干涉数据计算相位误差函数。

为了准确地复原入射信号光谱，Connes 提出对干涉图双边采样，通过求模方法复原入射信号光谱。此方法通过求模克服了干涉图的相位误差，但存在两个不足之处：一是需要采集双边干涉图，数据量比较大，若要达到与单边采样相同的分辨率，数据量几乎增加一倍，且使动镜移动的范围增加一倍；二是求模运算是非线性运算，使随机噪声求模叠加，信噪比降低，尤其是在干涉信号微弱时表现更为明显，以至于目前动态傅里叶变换光谱仪普遍不采用干涉图双边采样方式。

干涉图单边采样数据量小、分辨率高，但单边采样需要采用相位校正技术对干涉图进行校正。目前相位校正方法主要有 Mertz 法、Forman 法以及在此基础上的改进算法。Mertz 法是在频域实现频谱的相位校正，算法简单，但是相位校正误差比较大，不能克服非线性相位误差；Forman 法是在时域内对干涉图进行相位校正，对线性和非线性相位误差都有比较好的校正效果，且可以方便引入数字滤波器以抑制噪声。干涉图边采样数据的缺点是需要一次或多次卷积运算，计算量大、硬件实现难。因此有必要对单边干涉信号的相位校正技术进行深入研究。

2. Mertz 法相位校正技术

1) Mertz 法相位校正原理

Mertz 法是一种比较简单的相位校正方法，它是利用小双边干涉数据计算低分辨率的相移频谱、通过单边过零干涉数据计算高分辨率的光谱，并基于式(4.24)对高分辨率光谱进行相位校正。算法的主要流程如下：

(1) 相移频谱的计算。以干涉图的零光程差点为中心截取小双边干涉数据，切趾、零填充、傅里叶变换，获取定义在四个象限的低分辨率相移频谱 $\theta(\upsilon)$。

(2) 高分辨率的光谱计算。对$(N+n)$点的过零干涉图进行非对称切趾(如非对称三角形、梯形切趾函数)，零填充，再进行 $2N$ 点傅里叶变换，获取高分辨率的复原光谱，得到 $\mathrm{Re}(\upsilon)$、$\mathrm{Im}(\upsilon)$。

(3) 功率谱的相位校正。基于式(4.24)对高分辨率的功率谱进行相位校正，得到校正后的光谱 $B(\upsilon)$。

2) Mertz 法相位校正技术的特点

Mertz 法相位校正技术有如下特点。

(1) Mertz 法相位校正算法复杂度低。

(2) 采用非对称的三角切趾函数或非对称的梯形函数对单边过零干涉数据进行切趾，使得相位估计不准确，复原光谱精度偏低。

(3) Mertz 法相位校正对切趾函数比较敏感，选择不同的切趾函数，对复原光谱的精度影响比较大。

(4) Mertz 法在频域对功率谱进行校正，复原光谱精度偏低。

因 Mertz 法算法复杂度比较低，在对系统准确度要求不是很高的情况下，傅里叶变换光谱仪普遍采用 Mertz 法对干涉信号进行相位校正。

3. Forman 法相位校正技术

1) Forman 法相位校正原理

在相位校正过程中，为了计算相位误差 $\theta(\upsilon)$，Forman 法是通过对干涉图零光程差点附近的小双边干涉数据进行傅里叶变换，得到定义在$(-\pi, \pi)$范围内的相移频谱 $\mathrm{e}^{-\mathrm{i}\theta(\upsilon)}$，并在频域乘以数字滤波器实现对被测信号的滤波。再通过对带有滤波功能的相移频谱进行傅里叶逆变换得到相位误差函数，即对称化函数 $f(x)$。基于傅里叶变换的性质，原干涉图与对称化函数卷积可得关于零光程差点对称的干涉图。从零光程差点开始选择正光程差数据进行傅里叶余弦变换可准确复原光谱。其算法流程如图 4.8 所示。

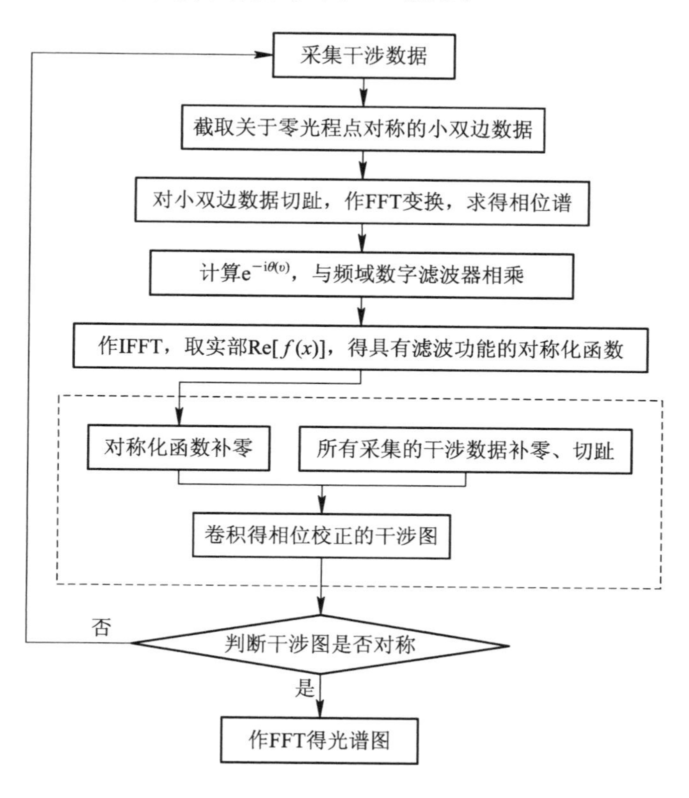

图 4.8　Forman 法流程图

2）Forman 法相位校正算法分析

由 Forman 相位校正原理可知，Forman 法有如下几个特点。

(1) 干涉图零光程点信号强度最大，利用这个特性可确定零光程差点。在干涉图不对称的情况下通常选择绝对最大值作为零光程差，截取小双边数据计算相移频谱。如果干涉图对称性比较差，光程差的零点将分布在一个小范围内，将多次采集的干涉信号取平均滤除噪声，确定零光程差点。

(2) 多次卷积进行相位校正。相位校正过程仅改变相移频谱，不改变幅度谱。因此，当相位误差严重时，可进行两次或多次相位校正以满足指标要求。但是，每次相位校正初期都必须以零光程差点为中心选取小双边干涉数据，求

相位误差函数 $f(x)$，算法比较复杂。

(3) 计算量大。相位校正过程可能包含一次或多次卷积运算，运算量大，且硬件实现难，这就需要考虑简化卷积运算、提高硬件实现的可行性。

(4) 为了减小数据截断引起的旁瓣效应，需对干涉图进行切趾，但切趾函数的引入会降低光谱分辨率，需考虑切趾函数与相位校正函数之间的匹配关系。

(5) 在实际工程应用中，一般是测量某一范围(υ_1, υ_2)内的光谱，但是干涉图包含的噪声频率是从 0 到 υ_m($\upsilon_2<\upsilon_m$)，υ_m 是仪器采样的最大波数(最高频率)。滤除光谱范围(υ_1, υ_2)外的所有频率成分可以提高系统的信噪比。根据傅里叶变换性质，频率内滤波即是矩形函数和频谱的乘积，时域滤波即是干涉图和矩形函数傅里叶逆变换的卷积。因此，滤波过程可在干涉图对称化过程中实现。将矩形函数和相移频谱函数在频域相乘后，再进行傅里叶逆变换，可得到带有数学滤波功能的对称化函数。这也是采用 Forman 法相位校正的优点。

3) 利用三个 FFT 实现卷积算法

卷积运算包含大量乘法和加法运算，一定程度地限制了数据处理的实时性，不能满足时效性强的工程应用。通过对傅里叶变换性质的分析，可以利用三个快速傅里叶变换(FFT)来快速计算卷积过程，以提高计算效率。卷积运算实现的原理如下：

已知 M 点序列 $x(n)$ 和 L 点序列 $h(n)$，则它们的线性卷积 $y(n)=x(n)*h(n)$ 是 $M+L-1$ 点的序列；对于两个均为 N 点的序列，它们的圆周卷积 $y(n)=x(n)\otimes h(n)$ 仍是一个 N 点的序列。根据圆周卷积定理有

$$Y(k)=\mathrm{FFT}[y(n)]=\mathrm{FFT}[x(n)]\cdot\mathrm{FFT}[h(n)]X(k)\cdot H(k) \tag{4.28a}$$

$$y(n)=x(n)\otimes h(n)=\mathrm{IFFT}[X(k)\cdot Y(k)] \tag{4.28b}$$

如果在线性卷积过程中，将两序列分别补零，使之具有列长为 N 点的序列，且满足 $N\geqslant M+L-1$ 时，则可以利用圆周卷积定理实现线性卷积过程，从而可以用两个快速傅里叶变换和一个傅里叶逆变换来计算两序列的线性卷积。

采用 FFT 实现序列卷积的过程：首先选取一个满足 $N\geqslant M+L-1$ 且 $N=2^m$ 的最小整数，对两序列分别补零使之具有列长为 N 点的序列；对补零后长度相等的两序列分别作傅里叶变换；其次，将两序列傅里叶变换结果相乘

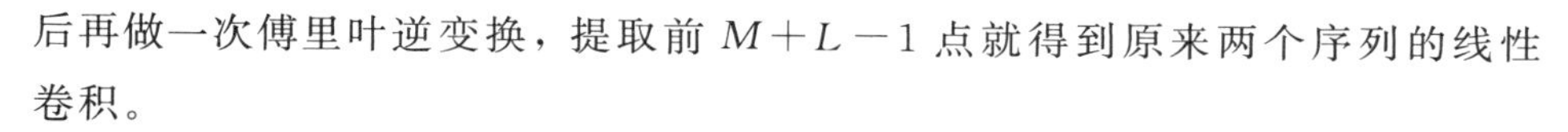

后再做一次傅里叶逆变换，提取前 $M+L-1$ 点就得到原来两个序列的线性卷积。

采用 FFT 计算线性卷积，需要对序列补零，这会使运算量增加，但由于 FFT 运算速度快，所耗费时间仍会比直接计算卷积少，且容易硬件实现。

在两序列长度相当时，短序列补零不多，计算量不大，但是如果一个序列较短，另一个序列很长，那么在进行圆周卷积时，短序列需补零甚多，于是圆周卷积的运算量可能减少的不多，甚至增加。为了克服这一困难，可采用分段卷积的方法。即将较长序列分为多个小段，每一段长度都与短序列接近，将每小段进行圆周卷积运算(即利用傅里叶变换实现卷积)最后求和。这也能发挥圆周卷积的优点。

在 Forman 相位校正过程中，卷积运算中的相移频谱数据点是 $2n$ 点，且 $2n \ll N$。因此，有必要采用分段卷积的方式实现干涉图的校正。

基于本节的研究，有如下结论：Forman 法是在时域对干涉图进行相位校正，有比较高的复原光谱准确度，但算法的复杂度比较高。即使采用分段卷积方式实现卷积运算计算量也比较大；Mertz 法是通过小双边干涉图计算低分辨率的相移频谱，在频域进行相位校正，计算量小、易实现，但复原光谱的准确度比较低。为了快速实现复原光谱的相位校正，有必要研究快速、准确度高的相位校正方法。基于现有的相位校正技术，本节提出了对称化相位校正方法。

4. 对称化相位校正方法

快速傅里叶变换算法是将干涉信号进行周期延拓后进行傅里叶变换，暗含有周期性。而傅里叶变换光谱仪中采集的干涉信号是单边、不完整的，是在 $(-x_{\min}, x_{\max})$ 区间内采集的干涉信号，如图 4.9 所示。如果对采集的干涉信号直接进行傅里叶变换将丢失部分光谱信息，且采用非对称窗函数切趾效果不理想。为了解决这两个问题，采用式(4.29)将单边过零干涉图变换为双边干涉图。此双边干涉图在 $-x_{\min}$ 点引入了断点，但可通过切趾函数的平滑作用减小断点影响。

$$I_{\mathrm{d}}(x)=\begin{cases} I(x), & -x_{\min} \leqslant x \leqslant x_{\max} \\ I(-x), & -x_{\max} < x < -x_{\min} \end{cases} \tag{4.29}$$

式中，$I_{\mathrm{d}}(x)$为构造的双边干涉图。

双边干涉图 $I_{\mathrm{d}}(x)$可采用对称窗函数切趾，克服了非对称窗函数旁瓣抑制

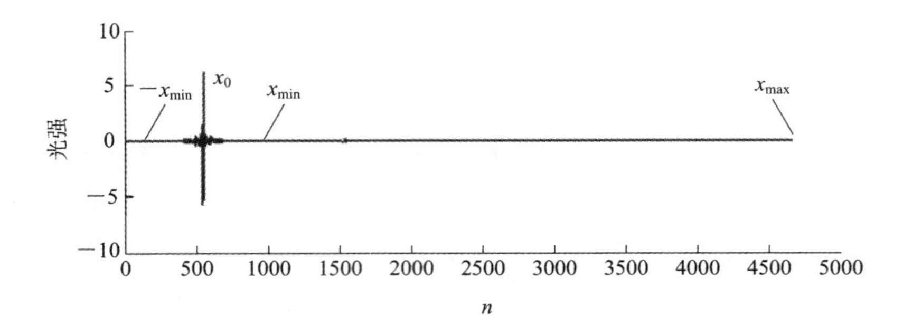

图 4.9 单边过零干涉图

效果差的缺陷。同时，在 Forman 法和 Mertz 法中都采用绝对最大值作为零光程差点 x'_0 的估计值，选择小双边数据，补零计算低分辨率的相移频谱。虽相移频谱随着波数变化缓慢，但不能准确确定零光程差点的位置，这使计算相位含有误差。为了减小相位误差，通过双边干涉图 $I_d(x)$ 计算相移频谱。因此，在相移频谱和功率谱计算过程中包含有两个相同点数的傅里叶变换。

对称化相位校正方法的实现步骤如下：

(1) 构造双边干涉图。为了克服 Mertz 法采用"斜边"权重函数，解决零光程差附近的小双边数据使用两次和非对称窗函数切趾效果差的缺点，采用式(4.29)构造双边干涉图，并采用对称窗函数切趾和平滑处理。

(2) 相移频谱和功率谱的计算。对以零光程差点为中心的双边对称干涉图进行切趾、傅里叶变换，计算功率谱和相移频谱。也可根据实序列傅里叶变换性质，通过一次复数傅里叶变换同时计算相移频谱和功率谱。减小了算法的复杂度。

(3) 功率谱的校正。利用式(4.24)计算校正的功率谱。

校正后功率谱的虚部可由式(4.30)计算，但其值一般很小，可忽略不计，因此，$\mathrm{Re}[B(\upsilon)]$ 可认为是入射信号的功率谱 $B(\upsilon)$。

$$\mathrm{Im}[B(\upsilon)] = -\mathrm{Re}[B'(\upsilon)]\sin[\theta(\upsilon)] + \mathrm{Im}[B'(\upsilon)]\cos[\theta(\upsilon)] \quad (4.30)$$

对称化相位校正方法的特性：

(1) 采用干涉图对称化处理方法获取双边干涉图，利用高分辨率的干涉图计算相移频谱。

(2) 对称化相位校正方法是在时域完成功率谱的相位校正。

(3) 采用对称化切趾函数对干涉图进行切趾，减小了旁瓣振荡和主瓣

宽度。

（4）计算量小。相移频谱和功率谱可通过一次复数傅里叶变换算法实现，减小了运算时间。

时间调制型傅里叶变换光谱仪具有光谱范围宽、分辨率高等优点，本节主要对傅里叶变换光谱仪的工作原理、分辨率、数据采集方式等进行了研究，分析了傅里叶变换光谱数据处理系统中的预处理、切趾、相位校正等技术，针对现有相位校正方法的特点，提出了对称化相位校正技术。该技术通过对单边过零干涉图进行对称化处理，采用高分辨率干涉图计算相位图，使相位校正光谱复原准确度得到提高。同时，该方法减小了算法复杂度，克服了非对称切趾函数主瓣比较宽、旁瓣幅值比较大的缺陷。

4.3　弹光调制干涉信号的预处理技术

4.3.1　弹光调制干涉信号的采样方法

弹光调制干涉信号的采样方法主要有两种:等相位采样和等时间采样。

1. 等相位采样

由第 1 章已知，弹光调制傅里叶变换干涉图的相位差呈正弦变化，当单色光为辐射源时，产生的干涉图是疏密变化的余弦波。因此，为了实现复色光为辐射源时，弹光调制傅里叶变换干涉图的等相位采样，可以以短波长的激光为参考光源，在激光干涉信号过零时产生触发脉冲信号，作为 A/D 转换器的时钟，实现对复色光干涉信号的等相位采样。

当系统光谱分辨率为 $\delta\upsilon$ 时，弹光调制器产生的最大光程差为

$$L=\frac{1}{\delta\upsilon} \tag{4.31}$$

若以波长为 λ_{ref} 的激光作为参考光源（通常是波长为 632.8 nm 的激光），实现对干涉信号过零采样，则一幅干涉图内的采样点数为

$$N=\frac{L}{2\cdot\lambda_{\mathrm{ref}}} \tag{4.32}$$

例如：当系统要求光谱分辨率为 20 cm^{-1}、弹光调制干涉仪的最大光程差为 0.5 mm 时，一个周期内干涉信号的采样点数为 $N=1580$ 个。

假设弹光调制器的谐振频率为 ω_r，且在一个调制周期内产生两幅连续的干涉图，如图 4.10 所示，则干涉图的调制频率为 $2\omega_r$。

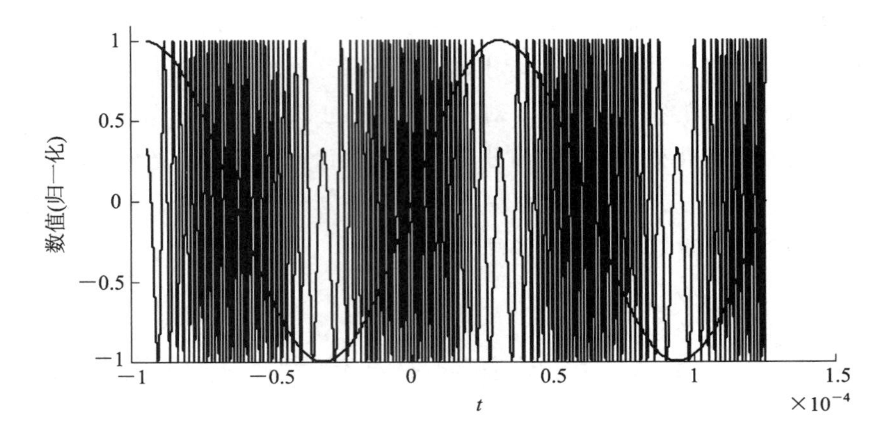

图 4.10　参考激光干涉图及非线性相位

在满足 Nyquist 采样定理的前提下，实现干涉信号等相位采样，则要求 A/D 转换器的采样频率为

$$f_s \geqslant 2\omega_r \cdot \frac{\pi}{2} \cdot N \tag{4.33}$$

若弹光调制器的谐振频率ω_r 为 50 kHz，以波长为 632.8 nm 的激光为参考光源，则采样频率应大于 248 MHz。

在等相位采样中，参考激光干涉信号需经光电探测器转换为电信号，经锁相技术转换为脉冲信号，作为 A/D 转换器的采样时钟。这要求参考时钟电路有很快的响应速度。其电路延时要远远小于 4 ns。因此，对器件的选择、电路设计提出了很高的要求。当光谱分辨率要求更高时，电路延时要求更小，很难通过参考光源实现等相位采样。因此，在以弹光调制干涉仪为核心设计高光谱分辨率的傅里叶变换光谱仪时，一般采用等时间方式对干涉图进行采样。当光谱分辨率比较低时，可采用等相位采样方式。

2. 等时间采样

等时间采样方式是由时钟振荡器或者专用高速时钟芯片产生时钟信号，作为 A/D 转换器的采样时钟，实现对弹光调制干涉信号的等时间采样。此种方式可忽略时钟电路的延时。

若输入光信号的波长范围为(λ_{min}，λ_{max})，则输入信号的最高频率为

$$f_{sigmax}=2\omega_r\cdot\frac{\pi}{2}\cdot\frac{L}{3000} \tag{4.34}$$

例如：在要求光谱分辨率为 20 cm^{-1}、输入信号波长范围为 3～12 μm 时，信号的最高频率为 26.2 MHz。在满足采样定理的前提下，系统的采样频率应大于 52.4 MHz。为了更好重现原始信号，应选择采样频率在 100 MHz 以上的 A/D 转换器。

在弹光调制型傅里叶变换光谱仪中，弹光调制器的调制频率高(根据晶体材料和尺寸的不同，具有不同的调制频率，最大调制频率可达几兆赫兹)，每秒钟能产生上万张，甚至几十万张干涉图。例如：Buican. T. N 设计的 PEM-FTS 每秒可获取 6 万～14 万张干涉图，并可以采用以上两种方式对弹光调制干涉信号进行采样。在研制的弹光调制超光谱成像显微镜 FT-1000 中采用等相位采样技术，其光谱分辨率为 1000 cm^{-1}；而在研究的第二代 PEM-FTS 中，当光谱分辨率提高为 2.5 cm^{-1}、最大采样频率为 188 MHz、每幅干涉图采样点数约为 800 点时，采用等时间采样技术。

如图 4.11 所示，(a)为采用等相位采样获取的线性相位窄带激光干涉图；(b)为采用等时间采样方式获取的正弦相位窄带激光干涉图。

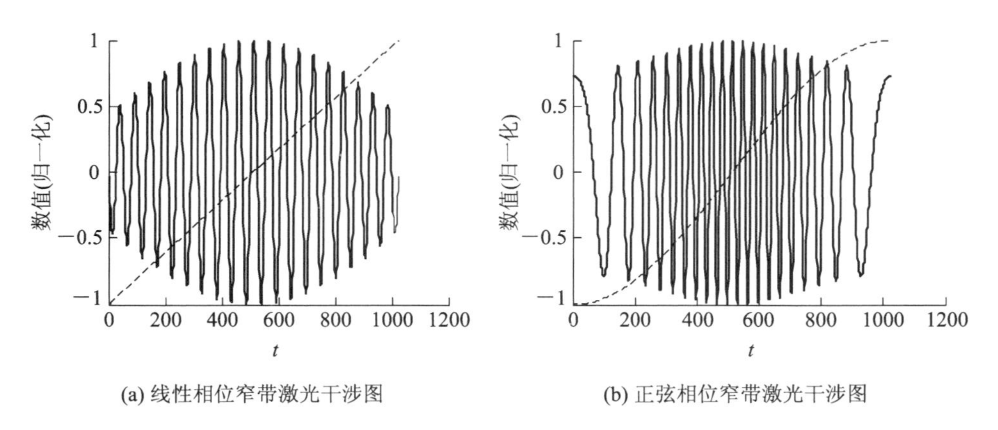

图 4.11　窄带信号在相位线性和正弦变化时的干涉图

弹光调制干涉信号经等时间方式采样后，采集的干涉数据不满足笛卡尔条

件。采用非均匀离散傅里叶变换算法对光谱进行复原，计算量大、不满足实时性要求。为了实现干涉信号的快速处理，满足高速、瞬态光谱的探测，需要对采集的干涉图进行数据处理后，才能利用快速傅里叶变换算法实现入射光信号的光谱重建。

4.3.2　单周期弹光调制干涉信号的提取技术

由弹光调制干涉仪的构成可知，弹光调制干涉信号是由点光电探测器获取、随时间连续变化的一维信号。为了利用傅里叶变换算法实现光谱复原，要求从连续采集的干涉数据中提取一个或几个整周期的干涉数据进行傅里叶变换，以及进行相关数据处理。

当入射光信号是复色光时，经弹光调制干涉仪产生的干涉光信号，在零光程差点位置产生的干涉光强最大(或绝对值最大)，随着距离零光程差点位置越远，干涉信号幅值衰减、趋向于零。其干涉图如图 4.12 所示。如图中点 x_0、x_1 分别为一幅干涉图的零光程差点。利用此零光程差点位置的特性，可截取一个周期的干涉数据，进行后续傅里叶变换等数据处理。

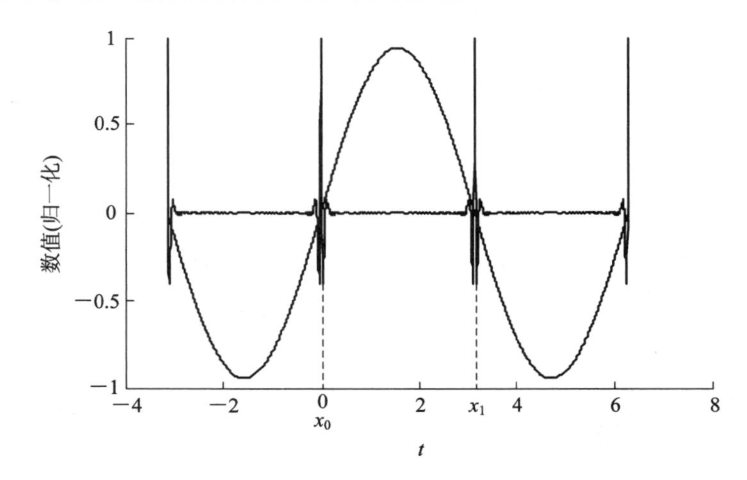

图 4.12　复色光干涉图及正弦变化相位

设两幅干涉图最大值之间的采样点数为 N，设第 m 幅干涉图的最大值点 x_0，以此点为中心截取 $\left(x_0-\frac{N}{2}, x_0+\frac{N}{2}\right)$ 范围内的数据点，构成一幅干涉图。

由第 3 章已知，弹光调制器是一个热一机一电耦合器件。由于驱动电压和温度的变化，会引起弹光调制器谐振频率的漂移和光程差的变化，导致一个周期内采集的干涉数据量是一个变化值。因此，一个周期内采样点数 N 是变化值。

当辐射源为窄带激光时，产生的干涉图如图 4.11(b)所示。激光干涉图是疏密变化的曲线，不能利用复色光干涉图最大值特性提取一个周期内的干涉数据。激光干涉图在零光程差点处变化最紧密，即相位变化最大。而在最大光程差处，干涉数据最稀疏、相位变化最小。因此，基于此特性将干涉信号转换为脉冲信号，通过 F-V 转换器确定最大值，即干涉图的零光程差点。同样以该点为中心选择双边数据可实现对单周期干涉数据的提取。

根据干涉图零光程差点光强最大或者相位变化最大特性，可实现从连续的干涉信号中提取一个周期的干涉数据，以完成干涉数据的傅里叶变换等处理。

4.3.3　弹光调制干涉仪的瞬态最大光程差的计算

在时间调制型傅里叶变换光谱仪中，当动镜移动最大距离 L 确定后，其最大光程差是恒定值。而由弹光调制干涉仪的动态模型和谐振频率的温度漂移特性可知，弹光调制干涉仪的最大光程差随着驱动电压和温度的变化有比较大的变化。因此，其瞬态最大光程差是一个变化量。

由 4.3.2 节的单周期干涉数据提取技术可获得一个整周期干涉数据，利用傅里叶变换算法可实现光谱复原。但要完成复原光谱的分析，需对复原光谱进行波长标定。波长标定时需使用到一幅干涉图对应的瞬态最大光程差。因此，需要由采集的干涉数据计算干涉图的瞬态最大光程差。

瞬态最大光程差可通过参考激光干涉图确定，采集的入射信号干涉图和参考激光干涉图对应关系如图 4.13 所示。由参考激光干涉图确定瞬态最大光程差可通过两种方法实现。

(1) 等速率采样参考干涉图和辐射源干涉图。

在弹光调制傅里叶变换干涉仪中，参考激光束和入射光束经过同一个光路系统，产生各自的干涉信号。以相同的采样速率对参考干涉信号和入射光干涉信号进行等时间采样。若第 x_1 点对应于入射光干涉信号的最大值，则此点是零光程差点。同样，参考干涉数据的第 x_1 点也是零光程差点。由 x_1 点与 x_2 点之间的数据量可确定一幅干涉图的数据量 N。因此，由零光程差点和数据量

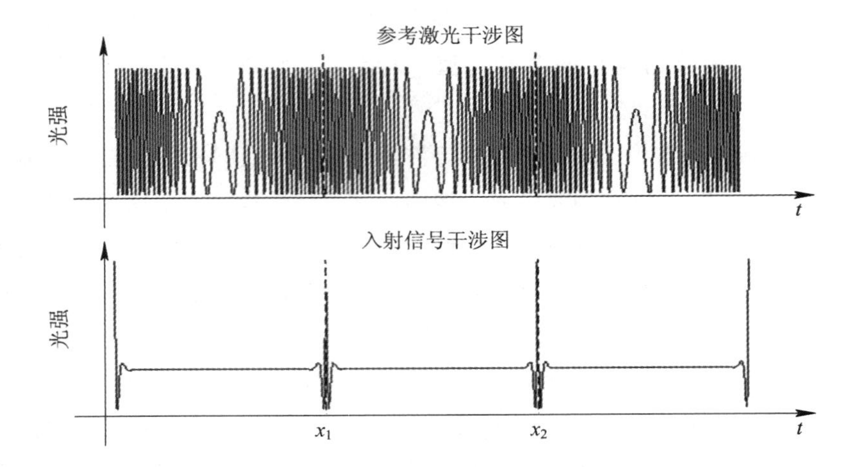

图 4.13 入射信号干涉图和参考激光干涉图对应关系

N 可提取一个周期内参考激光干涉数据和入射光干涉数据，并分别进行傅里叶变换，复原激光功率谱分布和入射光信号功率谱分布。

参考激光的波长为已知量，利用其功率谱分布，可确定瞬态最大光程差，实现对入射信号功率谱分布的波长标定。

利用此方法对复原光谱进行波长标定，存在两个问题：一是要求 A/D 转换器有比较高的采样速率，且随着光谱分辨率提高，采样速率要求更高。二是激光干涉信号与入射光干涉信号是由同一个光学系统产生的，有相同的光谱分辨率，以激光光谱标定入射信号的光谱误差比较大。

(2) 参考激光干涉图过零计数法。

参考激光干涉图过零技术法是通过对参考激光干涉信号过零计数的方法确定瞬态最大光程差。

由图 4.13 可知，参考激光干涉图是一个频率疏密变化的余弦波，且余弦波的两个相邻过零点之间的距离为半个波长。若对一个周期内激光干涉信号过零比较计数，则可确定弹光调制干涉仪的瞬态最大光程差。其最大光程差可表示为

$$L = 0.5\lambda_{\text{ref}} \cdot n \tag{4.35}$$

式中，λ_{ref} 为参考激光的波长；n 为一个干涉周期内，参考激光的过零点次数。

在此方法中，一幅干涉图的调制周期，可由弹光调制器的调制频率确定。且在调制频率未知时，可通过一幅入射光干涉图的采样数据量确定。

在光谱分辨率比较高时，激光干涉信号的过零比较计数需采用超高速比较器。如：超高速比较器 IT1715，其响应时间达到了 4 ns，有比较快的响应速度。同时，为了降低计数器的速率，可采用波长比较长的近红外激光器作为参考光源。如：波长为 1550 nm 的窄带激光器。

3.6　弹光调制干涉信号的快速傅里叶变换技术

弹光调制干涉信号的调制频率比较高，在高光谱分辨率时，数据采集速率达到 100 MHz 以上。采用激光作为参考光源很难实现等相位采样。而等时间采样干涉数据相位呈非线性，不满足笛卡尔网格条件，不能直接利用快速傅里叶变换算法复原光谱。为了实现瞬态、高光谱探测，提高复原光谱速度，本节将在对非均匀离散傅里叶变换算法分析的基础上，对基于相位补偿的弹光调制干涉信号离散傅里叶变换算法、基于插值算法的非均匀快速傅里叶变换算法进行分析；并对非均匀快速傅里叶变换算法的理论依据、D-R 算法和基于规则傅里叶变换矩阵的非均匀快速傅里叶变换算法进行分析，采用加速的非均匀快速傅里叶变换算法对弹光调制干涉信号进行光谱复原，在保持比较高的光谱准确度时，提高光谱复原速度。

4.4.1　非均匀快速傅里叶变换技术发展现状

1965 年，Cooley 和 Tukey 提出了快速傅里叶变换算法(FFT)，将 N 点数据的离散傅里叶变换算法的计算量由 $O(n^2)$ 减小到 $O(N\log N)$，使得快速计算成为可能，但是 FFT 算法要求数据严格分布在标准网格上。在实际工程应用中，如雷达信号处理、X 射线断层成像、超声成像、地震波、弹光调制干涉信号等数据并非均匀分布在标准网格上，不能直接利用 FFT 算法。近几十年来，为了克服 FFT 算法的局限性，非均匀信号的快速傅里叶变换算法得到了广泛的研究和应用。

1975 年 Brouw. W. N 提出了 gridding 法，该方法主要用于解决频域采样为非均匀直角坐标网格，如 CT 中的极坐标网格采样、MRI 中的螺旋采样等。gridding 法是一种改进的网格化方法，此算法与非均匀快速傅里叶变换算法(NUFFT)有紧密的联系。在 gridding 法之后，Jackson. J. I 等对 gridding 网格法中的卷积核函数的特性进行了分析，并将 gridding 法应用到图像重建中。

在 gridding 法之后，1993 年，Dutt. A 证明了如下定理：

$$\left|\exp(icx)-\exp\left[b\left(\frac{2\pi x}{\mu N}\right)^2\right]\sum_{k=\left[\frac{cd\mu}{\pi}\right]-\frac{q}{2}}^{k=\left[\frac{cdu}{\pi}\right]+\frac{q}{2}}\rho_k\exp\left(\frac{i2\pi kx}{\mu N}\right)\right|<\exp\left(\frac{-b\pi^2}{1-\frac{1}{\mu^2}}\right)(4b+9) \tag{4.36}$$

其中，$b>\frac{1}{2}$，$\mu\geqslant 2$，$c>0$，$d>0$，$x\in[-d, d]$，c 为非均匀点位置，k 为均匀点的位置，ρ_k 为未知的傅里叶系数。

基于该定理，Dutt. A 将 NUFFT 算法分为五类问题进行分析，并给出了非均匀信号傅里叶变换的快速算法和误差特性，这可认为是 NUFFT 算法的首次出现，此算法也称为 D -R 算法。

1998 年，Ware 基于三次样条插值、局部 Chebyshev 近似、欧拉和加速方法、拉格朗日多项式插值法、局部泰勒级数多项式以及 D -R 算法等，对标准网格上的值进行近似估计和算法特性分析。

在 D-R 算法基础上，NUFFT 算法得到了广泛关注，新的研究成果不断涌现。Liu. Q. H 和 Nguyen. N 提出了规则傅里叶变换矩阵的概念，并将 NUFFT 数据的计算转换为最小二乘问题，给出了最小二乘意义上最优解的算法，改善了其误差特性。此算法的复杂度与 D-R 算法的复杂度相似，但准确度比 D -R 算法准确度要高。

2003 年，Fourmont 等在 D -R 算法和 Beylkin. G 算法的基础上，以准确的傅里叶级数形式实现非均匀快速傅里叶变换算法，使算法得到简化，并将算法应用于计算机断层分析。

同年，Fessler. J. A 等采用 Min-Max 插值方法，即在最坏情况下，使估计误差达到最小来设计插值算子的思路对 NUFFT 算法进行实现，此算法有比较高的准确度，且计算量比较大，不适合高速数据处理场合。

2004 年，Greengard. L 等在标准插值算法和 gridding 算法的基础上，针对高斯函数的特性，采用分类方法避免了重复计算，大大减小了传统 NUFFT 算

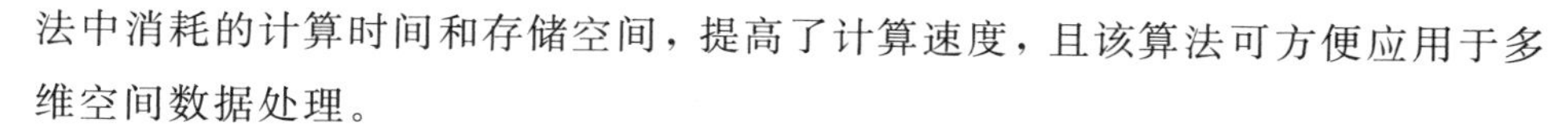

法中消耗的计算时间和存储空间，提高了计算速度，且该算法可方便应用于多维空间数据处理。

在国内，上海大学的刘红霞、吕东辉对窗函数进行研究和误差分析，将磨光窗应用到 NUFFT 算法中，并实现了衍射超声 CT 成像；安徽大学的方杰等提出了一种高精度的核卷积插值算法，并应用于衍射超声层析成像，并与双线性插值法相比提高了运算精度，与高斯核函数相比提高了运算速度；中国地质大学的孟小红等将基于最小二乘的 NUFFT 算法应用于反演地震数据重建；电子科技大学的甘露博士将快速傅里叶变换算法与复指数勒让德多项式展开相结合来计算 NUFFT，该方法具有速度快、不依赖数据的特点，并对非均匀的复正弦信号和白噪声信号进行分析，但其研究文献中没有提到此方法的计算误差和在实际工程中的应用；清华大学的薛会、张丽等对非标准快速傅里叶变换算法进行了综述，并将算法应用到 CT 图像重建等。

随着 NUFFT 算法的发展和完善，其被广泛地应用在雷达信号处理、计算机断层成像、磁共振成像、超声成像、地震波探测等领域。针对弹光调制干涉信号相位非线性特性以及高调制频率，在采用等时间采样干涉信号时，采样数据不满足笛卡尔条件，而非均匀离散傅里叶变换算法(NDFT)计算量比较大，不满足高速、瞬态光谱探测的需求。因此，有必要研究适合弹光调制非均匀干涉信号的高速数据处理算法。

4.4.2　非均匀离散傅里叶变换算法

FFT 算法对时域和频域数据采样有严格的要求，其数据分布局限于均匀分布的标准网格上。而等时间采样的弹光调制干涉信号是非均匀分布的，不满足 FFT 变换的条件。因此，有必要对非均匀分布数据的快速傅里叶变换算法进行研究。

1. NDFT 问题

NDFT 问题主要分为五大类：

第一类：由非等间隔分布的频域采样值估算均匀网格分布的空间域值；

第二类：由等间隔分布的频率值估算非等间隔指定点的空间域值；

第三类：由非等间隔分布的空间域值估算均匀网格分布的频域值；

第四类：由均匀分布的空间域值估算指定频率点的频域值；

第五类：由非均匀分布的空间域值估算非均匀分布的频域值。

弹光调制干涉信号的相位是非均匀分布的，要实现傅里叶变换，即要处理NDFT的第三类问题。因此，本节将以第三类NDFT问题进行分析。

设有连续的周期信号 $x(t)$，其傅里叶变换 $X(f)$ 为

$$X(f)=\int_0^T x(t)\exp(-\mathrm{i}2\pi ft)\,\mathrm{d}t \tag{4.37a}$$

式中，T 为信号的周期。将 $x(t)$ 等相位采样，则有数据 $\{x_n\}$，$n=0, 1, 2, \cdots, N-1$，其傅里叶变换为 $X_n(f)$。

均匀采样信号的离散傅里叶变换，则是将上式积分转换为求和相加的形式。

$$X_n(f)=\sum_{n=0}^{N} x(n)\exp(-\mathrm{i}2\pi f\cdot n)\cdot T_\mathrm{s} \tag{4.37b}$$

式中，T_s 为采样间隔，均匀采样时为常数。在计算频谱时是否引入采样间隔常数 T_s，都不影响频谱的检测。因此，均匀信号离散傅里叶变换表达式简化为

$$X_n(f)=\sum_{n=0}^{N-1} x(n)\exp(-\mathrm{i}2\pi f\cdot n) \tag{4.37c}$$

同样，对于连续周期信号 $x(t)$ 进行非等相位采样，其离散傅里叶变换表达式为

$$X_{n\mathrm{d}}(f)=\sum_{n=1}^{N-1} x_{n\mathrm{d}}(n)\exp(-\mathrm{i}2\pi f\cdot x_n)\cdot(x_n-x_{n-1}) \tag{4.38}$$

在NDFT中，每个采样段积分区间的宽度 x_n-x_{n-1} 不相等。而采样信号各个频谱的大小和采样间隔成比例关系。所以，在非均匀采样信号的傅里叶变换式中，需引入积分区间宽度 x_n-x_{n-1}。

将频域 $X(\omega)$ 离散化为均匀分布的 N 个点，则有

$$\omega_j=\frac{2\pi j}{N},\quad j=0, i, 1, 2, \cdots, N-1 \tag{4.39}$$

均匀数据的离散化傅里叶变换为

$$X_\mathrm{d}(\omega_j)=\sum_{n=0}^{N} x(n)\exp\left(\frac{-\mathrm{i}2\pi j\cdot n}{N}\right) \tag{4.40a}$$

非均匀数据的离散化傅里叶变换为

$$X_{nd}(\omega_j)=\sum_{n=0}^{N}x_{nd}(n)\exp\left(\frac{-\mathrm{i}2\pi j\cdot x_n}{N}\right)\cdot(x_n-x_{n-1})\tag{4.40b}$$

对于式(4.40a)描述的均匀数据离散傅里叶变换，可利用快速傅里叶变换算法实现，提高算法的执行速度。而式(4.40b)所描述的非均匀数据的离散傅里叶变换算法很难直接实现。

2. 弹光调制干涉信号的 NDFT 算法实现

在弹光调制傅里叶变换光谱仪中，等时间采样干涉信号将造成干涉图的相位歪曲，且这种相位变化是按正弦规律变化的，有

$$\Delta\varphi(\upsilon)=2\pi X\upsilon\sin(\omega_0 t)\tag{4.41}$$

对式(4.41)求导，则相位变化率 $\Delta\varphi'(\upsilon)$为

$$\Delta\varphi'(\upsilon)=2\pi X\upsilon\omega_0\cos(\omega_0 t)\tag{4.42}$$

因此，这种正弦相位歪曲可通过傅里叶变换时，余弦核函数的相位歪曲进行补偿。即在傅里叶变换过程中附加一个余弦权重函数补偿不均匀的相位增量，完成干涉图的离散傅里叶变换，有

$$B_s'(\upsilon)=\beta\int_0^{\frac{T_0}{4}}I(t)\cos[2\pi X\upsilon\sin(\omega_0 t)]\,|\cos(\omega_0 t)|\,\mathrm{d}t\tag{4.43}$$

式中，T_0 为一个调制周期；在一个调制周期内有两幅干涉图，且干涉图是偶函数对称，因此，可利用$\left[0,\ \frac{T_0}{4}\right]$内的干涉数据进行光谱复原；$B_s'(\upsilon)$是复原波数为 υ 的光谱信息。

式(4.43)是单波长辐射光源的光谱复原，辐射源为复色光时，可利用下式计算复原光谱：

$$B'(\upsilon)=\beta\int_{\upsilon_1}^{\upsilon_2}\int_0^{\frac{T_0}{4}}I(t)\cos[2\pi X\upsilon\sin(\omega_0 t)]\,|\cos(\omega_0 t)|\,\mathrm{d}t\,\mathrm{d}\upsilon\tag{4.44}$$

式中，υ_1，υ_2 分别为重建光谱范围的下限和上限值；$B'(\upsilon)$是重建光谱。

式(4.44)描述的算法称为带有相位补偿的非均匀离散傅里叶变换(NDFT)算法，在 N 点非均匀干涉数据进行离散傅里叶变换时，其算法复杂度为 $O(2n^2)$，在数据量比较大时，难以实现数据处理的实时性。因此，有必要对 NDFT 的快速计算方法进行研究。

4.4.3 基于插值的非线性信号快速傅里叶变换算法

基于采样定理，在干涉图非线性系统中，对干涉图采用足够高的采样频率进行采样，利用采样点的光程差和干涉强度可以恢复得到完整的干涉图，对完整的干涉图按照时间不均匀、光程差均匀进行二次采样，则可以得到相位均匀的干涉图。即利用非均匀采样点拟合整个干涉曲线，再对干涉曲线进行均匀采样，经快速傅里叶变换重建光谱。

在干涉图二次采样中，常用的插值算法有:拉格朗日多项式插值、三次样条插值、B样条插值、最小二乘插值、欧拉和加速算法等。本节主要介绍拉格朗日多项式插值算法、三次样条插值算法。

1. 拉格朗日多项式插值算法

已知有 $n+1$ 个数据点，满足

$$f(x_j)=y_j,\quad j=0,1,\cdots,n \tag{4.45}$$

由这些数据点构造 n 次多项式函数，需满足条件：

$$l_j(x_k)=\begin{cases}1, & k=j\\ 0, & k\neq j\end{cases},\quad k,j=0,1,\cdots,n \tag{4.46}$$

则有

$$l_k(x)=\frac{(x-x_0)(x-x_1)\cdots(x-x_{k-1})(x-x_{k+1})\cdots(x-x_n)}{(x_k-x_0)(x_k-x_1)\cdots(x_k-x_{k-1})(x_k-x_{k+1})\cdots(x_k-x_n)}$$
$$k=0,1,\cdots,n \tag{4.47}$$

$l_k(x)$称为 n 次插值的基函数。

于是，满足式(4.47)的插值多项式 $L_n(x)$ 可表示为

$$L_n(x)=\sum_{k=0}^{n}y_kl_k(x) \tag{4.48}$$

由 $l_k(x)$ 的定义可知，$L_n(x_j)=\sum_{k=0}^{n}y_kl_k(x_j)=y_j$，$j=0,1,\cdots,n$ 。

式(4.48)描述的插值多项式 $L_n(x)$，称为拉格朗日(Lagrange)插值多项式。

拉格朗日插值多项式结构简单，容易进行理论分析。然而在计算中，当插值点发生变化时基函数则需要重新计算，计算烦琐。这时可以用重心拉格朗日

插值法或牛顿插值法来代替。在插值点比较多的时候，拉格朗日插值多项式的差值次数将比较高，引起龙格现象，龙格现象就是在插值次数越高时，插值的结果误差可能越大，越偏离原函数。

解决龙格现象的方法主要有：改进数值方法、增加计算精度、使用较小的步长、分段低阶差值等。在弹光调制干涉信号处理中，插值的点数比较多，所以采用的是三次或四次分段插值多项式。

重心拉格朗日插值法是拉格朗日插值法的一种改进。设

$$l(x)=(x-x_0)(x-x_1)\cdots(x-x_n)$$

可以将式(4.48)改写为

$$l_j(x)=\frac{l(x)}{x-x_j}\frac{1}{\prod\limits_{i=0,\ i\neq j}^{n}(x_j-x_i)} \tag{4.49}$$

定义重心权：

$$w_j=\frac{1}{\prod\limits_{i=0,\ i\neq j}^{n}(x_j-x_i)}$$

式(4.49)可简化为

$$l_j(x)=\frac{l(x)}{x-x_j}w_j \tag{4.50}$$

式(4.48)可改写为

$$L(x)=l(x)\sum_{j=0}^{n}\frac{w_j}{x-x_j}y_j,\quad j=0,1,\cdots,n \tag{4.51}$$

式(4.51)描述了重心拉格朗日插值多项式。

重心拉格朗日插值多项式的优点是当插值点数量增加一个时，将每个 w_j 都除以 x_j-x_{n+1}，就可以得到新的重心权 w_{n+1}，计算复杂度为 $O(n)$，比式(4.48)描述的拉格朗日插值多项式基函数的复杂度 $O(n^2)$ 降低了很多。

分段低次插值算法一般都有比较好的收敛性，但是端点的光滑性比较差。

2. 三次样条插值算法

三次样条插值(Cubic Spline Interpolation)简称 Spline 插值，是通过一系列形值点的一条光滑曲线，数学上通过求解三弯矩方程组得出曲线函数组的过程。

已知有 n 个节点$(x_i, y_i)(i=0, 1, 2, \cdots, n)$，且有 $x_0<x_1<x_2<\cdots<x_n$。若存在函数 $S(x)$满足以下三个条件：

(1) $S(x_i)=y_i(i=0, 1, 2, \cdots, n)$；

(2) $S(x)$在每个小区间$[x_i, x_{i+1}]$上是三次多项式；

(3) $S(x)$在每个小区间$[x_i, x_{i+1}]$上有连续的一阶和二阶导数；

则称 $S(x)$为三次样条插值函数。

实际计算时还需要引入边界条件。边界通常有自然边界(边界点的二阶导数为0)、夹持边界(边界点导数给定)、非扭结边界(使两端点的三阶导数与这两端点的邻近点的三阶导数相等)。计算方法书上一般都没有说明非扭结边界的定义，但数值计算软件如 MATLAB 把非扭结边界条件作为默认的边界条件。

由于 $S(x)$在每个区间都是三次样条插值函数，共有 n 个区间，因此应确定 $4n$ 个参数。

根据三次样条插值函数 $S(x)$的连续性，以及它的一阶、二阶导数的连续性，节点函数值可确定 $4n^2$ 个条件，因此还需确定两个条件。这两个条件一般选择为区间的边界条件。边界条件一般有三种：

(1) 已知函数在两端点的导数值，$S'(x_0)=f_0'$，$S'(x_n)=f_n'$；

(2) 已知函数在两端点的二阶导数值，$S''(x_0)=f_0''$，$S''(x_n)=f_n''$，在特殊情况下，$S''(x_0)=S''(x_n)=0$；

(3) 当函数 $S(x)$为周期函数时，有

$$S(x_0)=S(x_n),\ S'(x_0)=S'(x_n),\ S''(x_0)=S''(x_n)$$

三次样条插值算法的基本思想是在三次样条中，寻找三次多项式用来逼近每对数据点间的曲线。逼近两点间曲线的三次多项式可以有多条，为使得到的三次多项式唯一，对三次多项式做了条件限定。

三次样条插值算法具有良好的收敛性、稳定性，以及二阶光滑性。因此在项目研究中，采用此方法对等时间采样干涉数据进行了插值处理。

通过对采集的弹光干涉数据进行插值得到相位均匀的干涉数据，再利用快速傅里叶变换算法准确地复原光谱。但是此类插值算法在数据量比较大时，计算量大，实时性差，不适合应用于高速目标快速探测系统中。

4.4.4 NUFFT 算法

1. NUFFT 算法的近似估计理论

对于任意给定的实数 c，$b>0.5$，对于函数 $\varphi(x)$，有

$$\varphi(x)=\mathrm{e}^{-bx^2}\cdot\mathrm{e}^{\mathrm{i}cx} \tag{4.52}$$

对于任意 $x\in(-\pi,\pi)$，用 k 阶的 σ_k 傅里叶级数表示 $\varphi(x)$，则有

$$\varphi(x)=\sum_{k=-\infty}^{\infty}\sigma_k\mathrm{e}^{\mathrm{i}kx} \tag{4.53}$$

对式(4.53)进行傅里叶逆变换，则有

$$\sigma_k=\frac{1}{2\pi}\int_{-\pi}^{\pi}\varphi(x)\mathrm{e}^{-\mathrm{i}kx}\mathrm{d}x \tag{4.54}$$

将式(4.52)代入式(4.54)，有

$$\begin{aligned}\sigma_k&=\frac{1}{2\pi}\left(\int_{-\infty}^{\infty}\mathrm{e}^{-bx^2}\mathrm{e}^{\mathrm{i}cx}\mathrm{e}^{-\mathrm{i}kx}\mathrm{d}x-\int_{-\infty}^{-\pi}\mathrm{e}^{-bx^2}\mathrm{e}^{\mathrm{i}cx}\mathrm{e}^{-\mathrm{i}kx}\mathrm{d}x-\int_{\pi}^{\infty}\mathrm{e}^{-bx^2}\mathrm{e}^{\mathrm{i}cx}\mathrm{e}^{-\mathrm{i}kx}\mathrm{d}x\right)\\&=\frac{1}{2\pi}\left(\sqrt{\frac{\pi}{b}}\cdot\mathrm{e}^{\frac{-(c-k)^2}{4b}}+\int_{-\infty}^{\pi}\mathrm{e}^{-bx^2-\mathrm{i}cx+\mathrm{i}kx}\mathrm{d}x-\int_{\pi}^{\infty}\mathrm{e}^{-bx^2+\mathrm{i}cx-\mathrm{i}kx}\mathrm{d}x\right)\end{aligned} \tag{4.55}$$

设

$$\rho_k=\frac{1}{2\sqrt{b\pi}}\mathrm{e}^{\frac{-(c-k)^2}{4b}} \tag{4.56}$$

则

$$\sigma_k=\rho_k-\frac{1}{\pi}\int_{\pi}^{\infty}\mathrm{e}^{-bx^2}\cos[(c-k)x]\mathrm{d}x \tag{4.57}$$

因此，有

$$\left|\varphi(x)-\sum_{k=-\infty}^{\infty}\rho_k\mathrm{e}^{\mathrm{i}kx}-\mathrm{e}^{-b\pi^2}\cdot\mathrm{e}^{\mathrm{i}cx}\right|<\mathrm{e}^{-b\pi^2}\cdot\left(4b+\frac{60}{9}\right) \tag{4.58}$$

利用三角不等式，则有

$$\begin{aligned}\left|\varphi(x)-\sum_{k=-\infty}^{\infty}\rho_k\mathrm{e}^{\mathrm{i}kx}\right|&<\left|\varphi(x)-\sum_{k=-\infty}^{\infty}\rho_k\mathrm{e}^{\mathrm{i}kx}-\mathrm{e}^{-b\pi^2}\cdot\mathrm{e}^{\mathrm{i}cx}\right|+\left|\mathrm{e}^{-b\pi^2}\cdot\mathrm{e}^{\mathrm{i}cx}\right|\\&<\mathrm{e}^{-b\pi^2}\cdot\left(4b+\frac{70}{9}\right)\end{aligned} \tag{4.59}$$

由式(4.59)可知，形如 $e^{-bx^2}e^{icx}$ 的函数可以用一个傅里叶级数近似表示，且傅里叶系数 ρ_k 是已知的。其近似估计误差是随着参数 b 的增加而减小。

由式(4.59)可知，傅里叶系数是一个指数衰减函数，在 k 最接近参数 c 时，傅里叶系数 ρ_k 有最大值，当 $k\to\pm\infty$时，ρ_k 指数衰减。一般用 $q+1$ 阶傅里叶级数来近似估计函数 $\varphi(x)$。

为了满足条件：$e^{-\left(\frac{q}{2}\right)\cdot\frac{2}{4b}}\leqslant e^{-b\pi^2}$，$q\geqslant 4b\pi$，一般选择 $q\geqslant 6$，且为偶数。

因此，由 $q+1$ 阶傅里叶级数近似估计函数 $\varphi(x)$有

$$\varphi(x)=\sum_{k=[c]-\frac{q}{2}}^{[c]+\frac{q}{2}}\rho_k e^{ikx} \tag{4.60}$$

式中，$[c]$表示最接近实数 c 的整数，且有估计误差 $\varepsilon<e^{-b\pi^2}(4b+9)$。

将式(4.52)代入式(4.60)，有

$$e^{-bx^2}\cdot e^{icx}=\sum_{k=[c]-\frac{q}{2}}^{[c]+\frac{q}{2}}\rho_k e^{ikx} \tag{4.61}$$

上式两边同乘以 e^{bx^2}，有

$$e^{icx}=e^{bx^2}\sum_{k=[c]-\frac{q}{2}}^{[c]+\frac{q}{2}}\rho_k e^{ikx} \tag{4.62}$$

因此，当 $x\in(-\pi,\pi)$时，有

$$\left|e^{icx}-e^{bx^2}\sum_{k=[c]-\frac{q}{2}}^{[c]+\frac{q}{2}}\rho_k e^{ikx}\right|<e^{bx^2}\cdot e^{-b\pi^2}\cdot(4b+9) \tag{4.63}$$

基于线性尺度变换，可得 $x\in(-d,d)$时，e^{icx} 的近似表示为

$$\left|e^{icx}-e^{b(x\pi/md)^2}\sum_{k=\left[\frac{cmd}{\pi}\right]-\frac{q}{2}}^{\left[\frac{cmd}{\pi}\right]+\frac{q}{2}}\rho_k e^{\frac{ikx\pi}{md}}\right|<e^{-b\pi^2\left(1-\frac{1}{m^2}\right)}\cdot(4b+9) \tag{4.64}$$

式中，$m\geqslant 2$，$d>0$。

当 $m\geqslant 2$，$b>0$，$q\geqslant 4b\pi$ 时，式(4.64)的误差为

$$\varepsilon<e^{-b\pi^2\left(1-\frac{1}{m^2}\right)}\cdot(4b+9) \tag{4.65}$$

式(4.64)表明，对于任何形如 e^{icx} 的函数都可以在实轴上任意区间内以形如 $e^{-bx^2}e^{ikx}$ 的有限项近似表示，且项数与参数 c 无关，根据此思想提出了非均匀数据的快速傅里叶变换算法。

2. D-R 算法

19 世纪 90 年代，Dutt 和 Rokhlin 基于式(4.64)，对 NDFT 算法的五类问题的快速算法进行研究，提出了 D -R 算法。根据弹光调制干涉信号的特点，可知弹光调制干涉信号的数据处理属于第三类 NDFT 问题，因此，本节将对 D-R 算法的第三类问题进行分析。

解决第三类问题的 D -R 算法思路为：

设一实数序列 $\{x_j\}$，$j=0, 1, \cdots, N$，η_j 是最接近于 $\dfrac{x_j N}{2\pi}$ 的整数，则有

$$R_{jk}=\frac{1}{2\sqrt{b\pi}}\cdot e^{-\frac{\left[\frac{x_j N}{2\pi}-(\eta_j+k)\right]^2}{4b}} \tag{4.66}$$

式中，$k=-\dfrac{q}{2}, \cdots, \dfrac{q}{2}$。

设 $d=\dfrac{N}{2}$，有

$$\left|e^{\frac{ikx_j}{m}}-e^{b(2\pi k/mN)^2}\sum_{l=-\frac{q}{2}}^{\frac{q}{2}}R_{jl}e^{\frac{i(\eta_j+l)2\pi k}{mN}}\right|<\varepsilon \tag{4.67}$$

式中，$j=0, 1, \cdots, N$；$k=\dfrac{-N}{2},\cdots, \dfrac{N}{2}$。

给定复数序列 $\{\gamma_k\}$，用 $\{\tau_j\}$ 表示傅里叶系数有

$$\sum_{k=0}^{n}\gamma_k\sum_{l=-\frac{q}{2}}^{\frac{q}{2}}R_{jk}e^{\frac{i(\eta_j+l)x}{m}}=\sum_{j=-\frac{mN}{2}}^{\frac{mN}{2}-1}\tau_j e^{\frac{ijx}{m}} \tag{4.68}$$

式中 $j=0, 1, \cdots N$；$K=-\dfrac{q}{2}, \cdots\dfrac{q}{2}$。当 $\eta_k+j=l$ 时，有

$$\tau_l=\sum_{K=-\frac{q}{2}}^{\frac{q}{2}}\gamma_k\cdot R_{jk} \tag{4.69}$$

设

$$T_j=\sum_{k=-\frac{mN}{2}}^{\frac{mN}{2}}\tau_k\cdot \mathrm{e}^{\frac{2\pi ikj}{mN}},\quad j=-\frac{mN}{2},\cdots,\frac{mN}{2} \tag{4.70}$$

$$\tilde{f}_j=\mathrm{e}^{b\left(\frac{2\pi k}{mN}\right)^2}\cdot T_j \tag{4.71}$$

式中，$\tilde{f}_j$ 是经插值、傅里叶变换后的数据。

D-R 算法有如下特性：

(1) 执行 D-R 算法，需完成两个重要子程序。第一个子程序是初始化子程序，在这部分完成矩阵的计算和存储，在参数确定后，只需要计算一次。第二个子程序是近似估计，完成数据的插值和线性傅里叶变换。

(2) 在 D-R 算法中，FFT 的尺寸参数为 N，在变换数据长度不是 $2^{[\log_2 N]}$ 时，可通过零填充实现。

(3) 在单精度运行中，算法中的参数一般选择 $m=2$，$b=0.5993$，$q\geqslant 8$。

3. 基于规则傅里叶变换矩阵的 NUFFT

在实际应用中，由式(4.52)定义的函数 $\varphi(x)$ 仅对在 $x\in[-\pi, \pi]$ 范围内的有限序列有效。因此，将函数的作用范围扩展到 $x\in[-d, d]$ 任意范围，由式(4.64)陈述的对 e^{icx} 的估计变得更重要。因此，用下式代替式(4.52)，即

$$F(j)=s_j\cdot \mathrm{e}^{\frac{\mathrm{i}2\pi cj}{N}},\quad j=-\frac{N}{2},\cdots,\frac{N}{2}-1 \tag{4.72}$$

式中，$s_j>0$，称为尺度因子，是用来最小化算法估计误差。

在规则的傅里叶变换矩阵中，定义 $\omega=\mathrm{e}^{\frac{\mathrm{i}2\pi}{mN}}$，$q$ 为正偶数，$s_j\left(j=-\frac{N}{2},\cdots,\frac{N}{2}-1\right)$ 是正数，c 为实数，$c=N\upsilon$，υ 为非均匀采样点。现在目的是寻求 $x_{[mc]-\frac{q}{2}}(c)$，…，$x_{[mc]+\frac{q}{2}}(c)$ 满足下面条件

$$s_j\omega^{jmc}=\sum_{k=[mc]-\frac{q}{2}}^{[mc]+\frac{q}{2}}x_k(c)\omega^{jk} \tag{4.73}$$

$$\exp\left[-b\left(\frac{\pi x}{md}\right)^2\right]\exp(\mathrm{i}cx)\approx\sum_{k=\left[\frac{cdm}{\pi}\right]-\frac{q}{2}}^{\left[\frac{cdm}{\pi}\right]+\frac{q}{2}}\rho_k\exp\left(\frac{\mathrm{i}\pi kx}{md}\right)$$

其中，$[mc]$表示最接近 mc 的整数。定义矩阵 $\boldsymbol{A}$ 和矢量 $\boldsymbol{x}(c)$、$\boldsymbol{u}(c)$、$\boldsymbol{\upsilon}(c)$

如下：

$$\boldsymbol{A}=\begin{pmatrix} \omega^{-\frac{N}{2}\left(\lceil mc\rceil-\frac{q}{2}\right)} & \omega^{-\frac{N}{2}\left(\lceil mc\rceil-\frac{q}{2}+1\right)} & \cdots & \omega^{-\frac{N}{2}\left(\lceil mc\rceil+\frac{q}{2}\right)} \\ \omega^{\left(-\frac{N}{2}+1\right)\left(\lceil mc\rceil-\frac{q}{2}\right)} & \omega^{\left(-\frac{N}{2}+1\right)\left(\lceil mc\rceil-\frac{q}{2}+1\right)} & \cdots & \omega^{\left(-\frac{N}{2}+1\right)\left(\lceil mc\rceil+\frac{q}{2}\right)} \\ \omega^{\left(-\frac{N}{2}+2\right)\left(\lceil mc\rceil-\frac{q}{2}\right)} & \omega^{\left(-\frac{N}{2}+2\right)\left(\lceil mc\rceil-\frac{q}{2}+1\right)} & \cdots & \omega^{\left(-\frac{N}{2}+2\right)\left(\lceil mc\rceil+\frac{q}{2}\right)} \\ \vdots & \vdots & & \vdots \\ 1 & 1 & \cdots & 1 \\ \vdots & \vdots & & \vdots \\ \omega^{\left(\frac{N}{2}-1\right)\left(\lceil mc\rceil-\frac{q}{2}\right)} & \omega^{\left(\frac{N}{2}-1\right)\left(\lceil mc\rceil-\frac{q}{2}+1\right)} & \cdots & \omega^{\left(\frac{N}{2}-1\right)\left(\lceil mc\rceil+\frac{q}{2}\right)} \end{pmatrix} \tag{4.74}$$

$$\boldsymbol{x}(c)=\begin{pmatrix} x_{\lceil mc\rceil-\frac{q}{2}}(c) \\ x_{\lceil mc\rceil-\frac{q}{2}+1}(c) \\ \vdots \\ x_0(c) \\ \vdots \\ x_{\lceil mc\rceil+\frac{q}{2}}(c) \end{pmatrix} \tag{4.75}$$

$$\boldsymbol{u}(c)=\begin{pmatrix} \omega^{-\frac{N}{2}mc} \\ \omega^{\left(-\frac{N}{2}+1\right)mc} \\ \omega^{\left(-\frac{N}{2}+2\right)mc} \\ \vdots \\ 1 \\ \vdots \\ \omega^{\left(\frac{N}{2}-1\right)mc} \end{pmatrix} \tag{4.76}$$

$$\boldsymbol{v}(c)=\begin{pmatrix} s_{-\frac{N}{2}}\omega^{-\frac{N}{2}mc} \\ s_{-\frac{N}{2}+1}\omega^{\left(-\frac{N}{2}+1\right)mc} \\ s_{-\frac{N}{2}+2}\omega^{\left(-\frac{N}{2}+2\right)mc} \\ \vdots \\ s_0 \\ \vdots \\ s_{\frac{N}{2}-1}\omega^{\left(\frac{N}{2}-1\right)mc} \end{pmatrix} \tag{4.77}$$

于是得到方程

$$\boldsymbol{A}\boldsymbol{x}(c)=\boldsymbol{v}(c) \tag{4.78}$$

由式(4.78)所组成的是一个含有 N 个线性方程、$(q+1)$个未知量的方程组，在实际应用中，$N\gg q$，因此不能得到 $\boldsymbol{x}(c)$的精确解。但是可以通过最小二乘法(最小平方根法)，求得$\|\boldsymbol{A}\boldsymbol{x}(c)-\boldsymbol{v}(c)\|$最小时的 $\boldsymbol{x}(c)$值。

设 $\boldsymbol{x}(c)$是方程(4.78)的最小二乘解，则有

$$\overline{\boldsymbol{A}}^{\mathrm{T}}[\boldsymbol{A}\boldsymbol{x}(c)-\boldsymbol{v}(c)]=0 \tag{4.79}$$

或者

$$\overline{\boldsymbol{A}}^{\mathrm{T}}\boldsymbol{A}\boldsymbol{x}(c)=\overline{\boldsymbol{A}}^{\mathrm{T}}\boldsymbol{v}(c) \tag{4.80}$$

$\overline{\boldsymbol{A}}^{\mathrm{T}}$ 是矩阵 $\boldsymbol{A}$ 转置移项矩阵，即

$$\overline{\boldsymbol{A}}^{\mathrm{T}}=\begin{pmatrix} \omega^{\frac{N}{2}\left([mc]-\frac{q}{2}\right)} & \omega^{\left(\frac{N}{2}-1\right)\left([mc]-\frac{q}{2}\right)} & \cdots & \omega^{\left(-\frac{N}{2}+1\right)\left([mc]-\frac{q}{2}\right)} \\ \omega^{\frac{N}{2}\left([mc]-\frac{q}{2}+1\right)} & \omega^{\left(\frac{N}{2}-1\right)\left([mc]-\frac{q}{2}+1\right)} & \cdots & \omega^{\left(-\frac{N}{2}+1\right)\left([mc]-\frac{q}{2}+1\right)} \\ \omega^{\frac{N}{2}\left([mc]-\frac{q}{2}+2\right)} & \omega^{\left(\frac{N}{2}-1\right)\left([mc]-\frac{q}{2}+2\right)} & \cdots & \omega^{\left(-\frac{N}{2}+1\right)\left([mc]-\frac{q}{2}+2\right)} \\ \vdots & \vdots & & \vdots \\ 1 & 1 & \cdots & 1 \\ \vdots & \vdots & & \vdots \\ \omega^{\frac{N}{2}\left([mc]+\frac{q}{2}\right)} & \omega^{\left(\frac{N}{2}-1\right)\left([mc]+\frac{q}{2}\right)} & \cdots & \omega^{\left(-\frac{N}{2}+1\right)\left([mc]+\frac{q}{2}\right)} \end{pmatrix} \tag{4.81}$$

且有

$$\overline{\boldsymbol{A}}^{\mathrm{T}}\boldsymbol{A}=\begin{pmatrix} N & \omega^{-\frac{N}{2}}+\cdots+\omega^{\frac{N}{2}-1} & \cdots \\ \omega^{-\frac{N}{2}}+\cdots+\omega^{\frac{N}{2}-1} & N & \cdots \\ \vdots & \vdots & \\ \omega^{\frac{N}{2}q}+\cdots+\omega^{\left(-\frac{N}{2}-1\right)q} & \omega^{\frac{N}{2}(q-1)}+\cdots+\omega^{\left(-\frac{N}{2}-1\right)(q-1)} & \cdots \end{pmatrix} \tag{4.82}$$

由于

$$\omega^{-\frac{N}{2}k}+\omega^{\left(-\frac{N}{2}+1\right)k}+\cdots+\omega^{\left(\frac{N}{2}-1\right)k}=\frac{\omega^{-\frac{N}{2}k}-\omega^{\frac{N}{2}k}}{1-\omega^{k}}$$

对于 $k=-\dfrac{q}{2}, \cdots, \dfrac{q}{2}-1$，可得

$$\overline{\boldsymbol{A}}^{\mathrm{T}}\boldsymbol{A}=\begin{pmatrix} N & \dfrac{\omega^{-\frac{N}{2}}-\omega^{\frac{N}{2}}}{1-\omega} & \cdots & \dfrac{\omega^{-\frac{qN}{2}}-\omega^{\frac{qN}{2}}}{1-\omega^{q}} \\ \dfrac{\omega^{\frac{N}{2}}-\omega^{-\frac{N}{2}}}{1-\omega^{-1}} & N & \cdots & \dfrac{\omega^{-\frac{(q-1)N}{2}}-\omega^{\frac{(q-1)N}{2}}}{1-\omega^{q-1}} \\ \vdots & \vdots & & \vdots \\ \dfrac{\omega^{\frac{qN}{2}}-\omega^{-\frac{qN}{2}}}{1-\omega^{q}} & \dfrac{\omega^{\frac{(q-1)N}{2}}-\omega^{-\frac{(q-1)N}{2}}}{1-\omega^{-(q-1)}} & \cdots & N \end{pmatrix} \tag{4.83}$$

由式(4.83)可知，$\overline{\boldsymbol{A}}^{\mathrm{T}}\boldsymbol{A}$ 仅与 N，q 两个参数有关系，与 c 无关。矩阵 $\boldsymbol{A}$ 的这个特性将极大地减少算法的复杂度，这也是 NUFFT 算法的关键问题。

因此，定义规则的傅里叶矩阵为

$$\boldsymbol{F}(N, q)=\overline{\boldsymbol{A}}^{\mathrm{T}}\boldsymbol{A} \tag{4.84}$$

且 $\boldsymbol{F}(N, q)$是一个$(q+1)\times(q+1)$的厄米尔矩阵，即

$$\overline{\boldsymbol{F}(N, q)^{\mathrm{T}}}=\boldsymbol{F}(N, q)$$

则式(4.80)的解为

$$\boldsymbol{x}(c)=(\overline{\boldsymbol{A}}^{\mathrm{T}}\boldsymbol{A})^{-1}\overline{\boldsymbol{A}}^{\mathrm{T}}\boldsymbol{v}(c) \tag{4.85}$$

误差为

$$\boldsymbol{\varepsilon}(c)=\left\|\boldsymbol{s}^{-1}\boldsymbol{A}(\overline{\boldsymbol{A}}^{\mathrm{T}}\boldsymbol{A})^{-1}\overline{\boldsymbol{A}}^{\mathrm{T}}\boldsymbol{v}(c)-\boldsymbol{u}(c)\right\| \tag{4.86}$$

式中，$\boldsymbol{s}^{-1}=(s_{-\frac{N}{2}}^{-1}, \cdots, s_{\frac{N}{2}-1}^{-1})^{\mathrm{T}}$。

则由式(4.77)式和式(4.81)知

$$\overline{\boldsymbol{A}}^{\mathrm{T}}\boldsymbol{v}(c)=\overline{\boldsymbol{A}}^{\mathrm{T}}\boldsymbol{s}\boldsymbol{u}(c)=\begin{pmatrix}\omega^{-\frac{N}{2}\left(\{mc\}+\frac{q}{2}\right)}s_{-\frac{N}{2}}+\cdots+\omega^{\left(\frac{N}{2}-1\right)\left(\{mc\}+\frac{q}{2}\right)}s_{\frac{N}{2}-1}\\ \omega^{-\frac{N}{2}\left(\{mc\}+\frac{q}{2}-1\right)}s_{-\frac{N}{2}}+\cdots+\omega^{\left(\frac{N}{2}-1\right)\left(\{mc\}+\frac{q}{2}-1\right)}s_{\frac{N}{2}-1}\\ \omega^{-\frac{N}{2}\left(\{mc\}-\frac{q}{2}\right)}s_{-\frac{N}{2}}+\cdots+\omega^{\left(\frac{N}{2}-1\right)\left(\{mc\}-\frac{q}{2}\right)}s_{\frac{N}{2}-1}\end{pmatrix} \tag{4.87}$$

式中，元素 $a_k(c)$ 可以表述为

$$a_k(c)=\sum_{j=-\frac{N}{2}}^{\frac{N}{2}}s_j\mathrm{e}^{\mathrm{i}\frac{2\pi}{mN}\left(\{mc\}+\frac{q}{2}-k\right)j} \tag{4.88}$$

其中，$\{mc\}=mc-[mc]$，$k=0$，…，q。

设 $\boldsymbol{a}(c)=(a_0(c),\ a_1(c),\ \cdots,\ a_q(c))$，则 $\overline{\boldsymbol{A}}^{\mathrm{T}}\boldsymbol{v}(c)=\boldsymbol{a}^{\mathrm{T}}(c)$。

因此，式(4.86)误差公式可改写为

$$\boldsymbol{\varepsilon}(c)=\|\boldsymbol{s}^{-1}\boldsymbol{A}(\overline{\boldsymbol{A}}^{\mathrm{T}}\boldsymbol{A})^{-1}\boldsymbol{a}^{\mathrm{T}}(c)-\boldsymbol{u}(c)\| \tag{4.89}$$

由式(4.89)可知，选择合适的尺度因子 s_j，可减小算法误差。

在非均匀快速傅里叶变换算法研究中，经常使用的尺度因子有

余弦函数：

$$s_j=\cos\frac{\pi j}{mN},\quad j=-\frac{N}{2},\ \cdots,\ \frac{N}{2} \tag{4.90}$$

高斯函数：

$$s_j=\mathrm{e}^{-b\left(\frac{2\pi j}{mN}\right)^2},\quad j=-\frac{N}{2},\ \cdots,\ \frac{N}{2} \tag{4.91}$$

基于规则傅里叶变换矩阵的快速非均匀傅里叶变换算法流程为：

(1) 预先选定尺度因子 s_j，$j=\frac{-N}{2}$，…，$\frac{-N}{2}$。此步骤的复杂度为 $O(n)$。

(2) 预先计算尺寸为 $(q+1)\times(q+1)$ 的矩阵 $(\overline{\boldsymbol{A}}^{\mathrm{T}}\boldsymbol{A})^{-1}$。此步骤的复杂度为 $O(Nq^2)$。

(3) 基于式(4.87)计算 $a_j(x_k)$，$j=0$，…，q；$k=0$，…，$N-1$。此步骤的算法复杂度为 $O(Nq)$。

(4) 计算 P_{jk}。此步骤的复杂度为 $O(Nq^2)$。

$$P_{jk} = \sum_{l=0}^{q} [(\overline{\mathbf{A}}^{-\mathrm{T}}\mathbf{A})^{-1}]_{jl} a_l(x_k) \tag{4.92}$$

(5) 计算傅里叶系数 τ_l。此步骤的复杂度为 $O(Nq)$。

$$\tau_l = \sum_{j,\,k,\,[m\omega_k]+j=l} a_k \cdot P_{jk} \tag{4.93}$$

(6) 计算 FFT。此步骤复杂度为 $O(mN\log N)$。

$$T_j = \sum_{k=\frac{-mN}{2}}^{\frac{mN}{2}-1} \tau_k \cdot \mathrm{e}^{\frac{2\pi ikj}{mN}} \tag{4.94}$$

(7) 退卷积运算，消除卷积函数对估计值的影响，得到非均匀傅里叶变换的结果。此步骤的复杂度为 $O(n)$。

$$\tilde{f}_j = T_j \cdot s_j^{-1} \tag{4.95}$$

因此，整个算法的复杂度大约为 $O(Nq^2 + mN\log N)$。

基于规则傅里叶变换矩阵的非均匀 FFT 算法是通过对尺度因子 s_j 的选择和参数修改，以改善式(4.64)中的傅里叶系数，来减小系统的估计误差。

基于规则傅里叶变换矩阵的 NUFFT 算法与 D-R 算法相比较，有以下几个优点：

(1) 在运算复杂度相同的情况下，此算法的准确度比 D-R 算法的准确度高。

(2) 将最小化算法误差问题转换为寻找合适的尺度因子问题。如果能找到最优的尺度因子，可以使误差更小。

(3) 规则傅里叶变换矩阵是由 m，N，q 这三个正整数决定。

4.4.5　加速 NUFFT 算法

无论是 D-R 算法还是规则傅里叶变换矩阵的 NUFFT 算法，都能准确地对非均匀数据进行快速傅里叶变换或逆变换，但是算法复杂度比较高，不适合快速实时数据处理。因此，有必要对 NUFFT 的加速算法进行研究，以提高弹光调制干涉数据复原光谱的速度，满足实时高速光谱探测的需要。

为了加速弹光调制干涉信号的快速光谱复原，可以考虑利用高斯核函数的指数衰减特性对傅里叶变换系数进行估计，实现相位均匀点的快速估计，提高

NUFFT 算法的速度。

1. 加速 NUFFT 算法实现机理

NUFFT 算法本质上是将各种插值算法和标准的 FFT 算法相结合的非均匀快速傅里叶变换算法。对 NUFFT 算法的研究主要是对插值或估计算法的研究。

以对时域非均匀采样数据、傅里叶变换获得频域分布均匀的第三类 NDFT 问题的快速算法进行分析，有

$$F(k)=\sum_{j=0}^{N-1}f(x_j)\,\mathrm{e}^{-\mathrm{i}kx_j},\quad k=\frac{-M_r}{2},\cdots,\frac{M_r}{2}-1 \tag{4.96}$$

傅里叶变换后，均匀分布的频域点数为M_r 点。

在式(4.96)中，不均匀的 N 个采样数据点可以用以下函数表示：

$$f(x)=\sum_{j=0}^{N-1}f_j\delta(x-x_j) \tag{4.97}$$

式中，$\delta(x)$是狄拉克 δ 函数。$f(x)$是不均匀采样的离散化函数，不能直接利用 FFT。

设 $g_\tau(x)$是一个高斯函数，有

$$g_\tau(x)=\mathrm{e}^{-\frac{x^2}{4\tau}} \tag{4.98}$$

其傅里叶变换为一个周期为 2π 的指数衰减函数，有

$$G_\tau(k)=2\sqrt{\pi\tau}\cdot\mathrm{e}^{-k^2\tau} \tag{4.99}$$

将 $f(x)$与高斯函数 $g_\tau(x)$卷积，进行平滑处理，即

$$f_\tau(x)=f(x)*g_\tau(x)=\int_0^\infty f(y)g_\tau(x-y)\,\mathrm{d}y \tag{4.100}$$

$f_\tau(x)$的傅里叶变换为

$$F_\tau(\omega)=\int_0^\infty f_\tau(x)\mathrm{e}^{-\mathrm{i}\omega x}\,\mathrm{d}x \tag{4.101}$$

由于 $f_\tau(x)$是一个平滑的、无限积分函数，可定义 x 轴上的离散等间隔采样函数：

$$f_\tau(m\Delta x)=\sum_{j=0}^{N-1}f_j\cdot g_\tau(m\Delta x-x_j) \tag{4.102}$$

式中，Δx 为过采样时的采样间隔；m 为第 m 个过采样点；x_j 为第 j 个非等间隔的采样点。由式(4.102)可估计出每个过采样点的值，如图 4.14 所示。

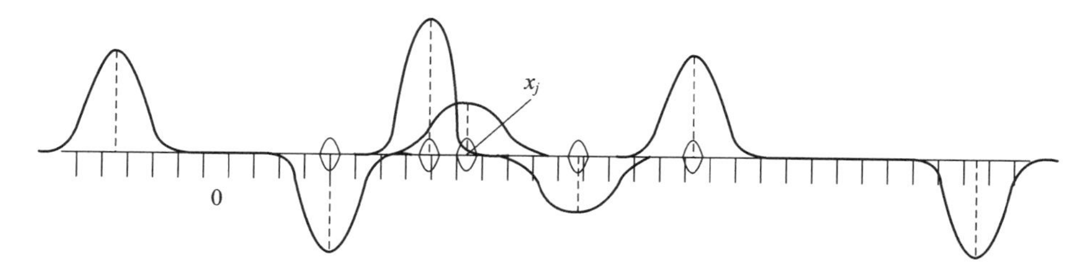

图 4.14　加速的 NUFFT 算法的插值原理

对 $f_\tau(m\Delta x)$进行快速傅里叶变换，则有

$$F_\tau(k) \approx \sum_{m=0}^{M_r-1} f_\tau(m\Delta x) e^{-\frac{i2\pi km}{M_r}} \tag{4.103}$$

在时域将均匀数据与高斯函数卷积，并进行傅里叶变换获得非均匀数据的频谱估计。为了减小高斯函数的平滑效应，在频域要进行退卷积处理。

对式(4.103)进行退卷积，得到非均匀信号 $f(x)$的傅里叶变换为

$$F(k) = \frac{1}{2\sqrt{\tau\pi}} e^{k^2\tau} F_\tau(k) \tag{4.104}$$

2. 加速 NUFFT 算法特性研究

从加速 NUFFT 算法实现机理可知，其核心是利用高斯函数的指数衰减特性，对非等间隔点数据进行平滑处理，通过卷积运算，估计均匀分布点的值；并利用 FFT 算法和退卷积处理，估计非均匀信号的频谱特性。此算法的流程图如图 4.15 所示。

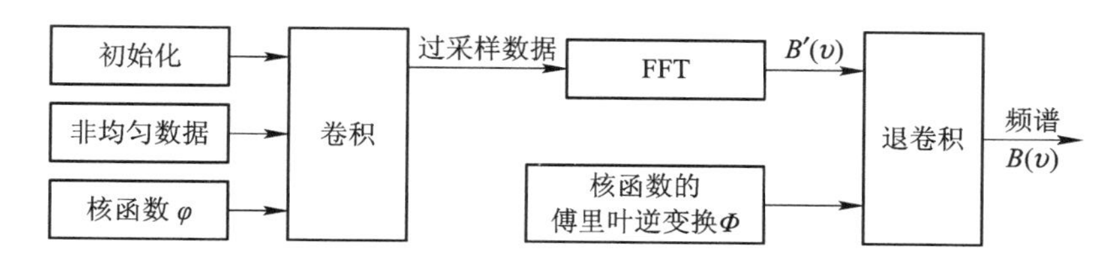

图 4.15　加速的 NUFFT 算法流程图

在图 4.15 中，初始化阶段主要是根据算法误差要求，设定过采样率参数 $R=\frac{M_r}{N}$，点源延伸影响因子 q，高斯核函数的参数 τ；卷积运算即插值过程，通过寻找最接近的网格点 ξ，将每个非均匀点与高斯核函数进行卷积，估计过采样点的数值。退卷积过程则是消除核函数对频谱的影响。此算法的计算量为 O

$(\mu N\log\mu N+Nq)$。

在加速 NUFFT 算法实现过程中，其主要是由式(4.103)描述的插值算法实现。对其插值算法进行分析，有如下特性：

利于高斯函数衰减特性，可减小插值运算的复杂度。高斯函数是指数衰减的，其幅值衰减速度比较快。当均匀分布点 $m\Delta_x$ 与非均匀分布点 x_j 距离比较远时，可忽略高斯函数对该点的影响，因此，可减小计算复杂度。

在插值算法中，定义参数 q，q 为一个非均匀点源高斯指数衰减时，延伸影响的等间隔数据点数。

设 $\xi=m_j\Delta_x$ 是过采样的均匀分布点，且是距离 x_j 最近的均匀点，有

$$f_\tau[(m+m')\Delta_x]=\sum_{j=0}^{N-1}f_j\cdot g_\tau[(m_j+m'_j)\Delta_x-x_j],\ -\frac{q}{2}\leqslant m'\leqslant\frac{q}{2} \tag{4.105}$$

加速 NUFFT 算法的准确度与核函数选择有关。在插值运算过程中，可选择不同函数作为算法的核函数。基于高斯函数在时域和频域都是指数衰减，在分析加速 NUFFT 算法时，采用高斯函数作为核函数，且高斯函数的参数 τ 对算法的准确度有一定的影响。

NUFFT 算法的速度与插值倍数 u、点源延伸影响的等间隔点数量 q 等因素有关。

在二维或多维 NUFFT 数据处理中，加速 NUFFT 算法的复杂度是随着维数的增加成倍数增加，而不是指数增加。

3. 加速 NUFFT 算法误差分析

在加速 NUFFT 算法中，主要有三个主要因素影响光谱复原的精度和速度，即：核函数以及相应的参数、插值的倍数 u、点源延伸影响的等间隔点数量 q。

为了分析加速 NUFFT 算法中参数对算法的运行速度和准确度的影响，在 MATLAB 中编程产生弹光调制非线性干涉信号，且设计干涉仪的最大光程差为 2.5 mm，调制频率为 50 kHz，以短波长的激光(如 632.8 nm 的 He-Ne 激光器)为辐射光源，在满足采样定理的前提下，以单周期采样点数为 $N=4096$ 的速率对干涉信号进行采样。在不同参数 τ、点源延伸影响因子 q、插值倍数 μ 的情况下，对加速 NUFFT 算法的复杂度、准确度进行分析。在算法分析中采

用的误差公式为

$$E_2 = \sqrt{\frac{\sum_{j=0}^{N} |\widetilde{f}_j - f_j|^2}{\sum_{j=0}^{N} |f_j|^2}} \tag{4.106}$$

式中，$\widetilde{f}_j$ 为复原光谱估计的峰值波长；f_j 为实测峰值波长。

1）卷积核函数对算法的影响

在 NUFFT 算法中，比较常用的卷积函数有凯瑟（Kaiser）窗、高斯（Gaussian）窗、辛格（Sinc）窗以及余弦（Cosin）窗等。图 4.16 和图 4.17 分别是这四种切趾函数的时域波形及对数幅频特性。从图 4.16 中可以看出，高斯窗函数能量比较集中，且在时域和频域都具有指数衰减特性，方便于退卷积运算。因此在加速 NUFFT 算法研究中常选择高斯函数作为核函数。

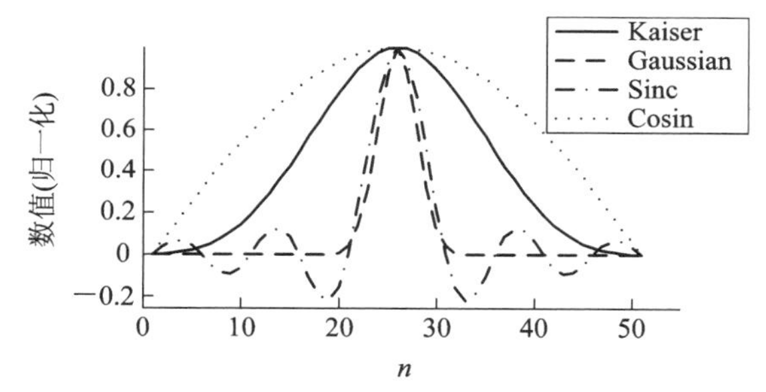

图 4.16　四种窗函数的时域波形

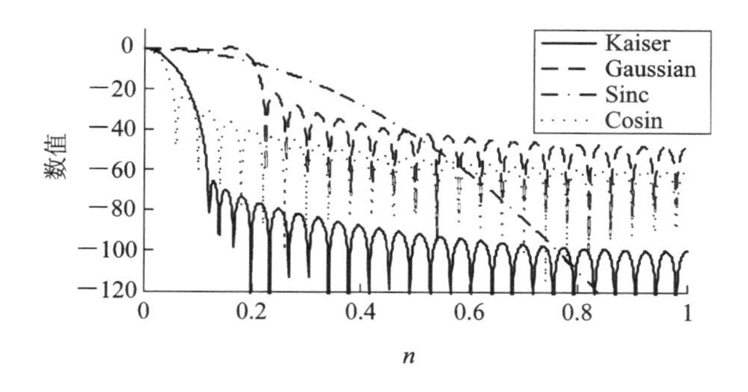

图 4.17　四种窗函数的对数幅频特性

注：在 Kaiser 窗中，参数 $\alpha=6$；Sinc 窗中，参数 a 选择[−5，5]范围。

由式(4.98)和式(4.99)可知，高斯函数的参数 τ 是可调的。通过改变参数

τ，可改变函数的衰减速度，以至于影响非均匀点两侧等间隔点的大小和傅里叶变换系数。因此，参数 τ 的选择对算法的准确度有一定的影响。

高斯函数的参数 τ 有如下的经验公式，并可通过实验进行修正。

$$\tau \approx \frac{\Delta_x}{2\pi} \frac{q}{\sqrt{2}(\sqrt{2}-1)} \tag{4.107}$$

式中，Δ_x 为均匀分布点之间的间隔。

为了验证 τ 对重建光谱的影响，下面在 τ 分别为 1e－16、1e－14、1e－5、1e＋10，且 $N=4096$，$\mu=2$，$q=8$ 时，对采集的 632.8 nm 的窄带激光干涉信号进行光谱复原实验，得到如图 4.18 所示的结果。

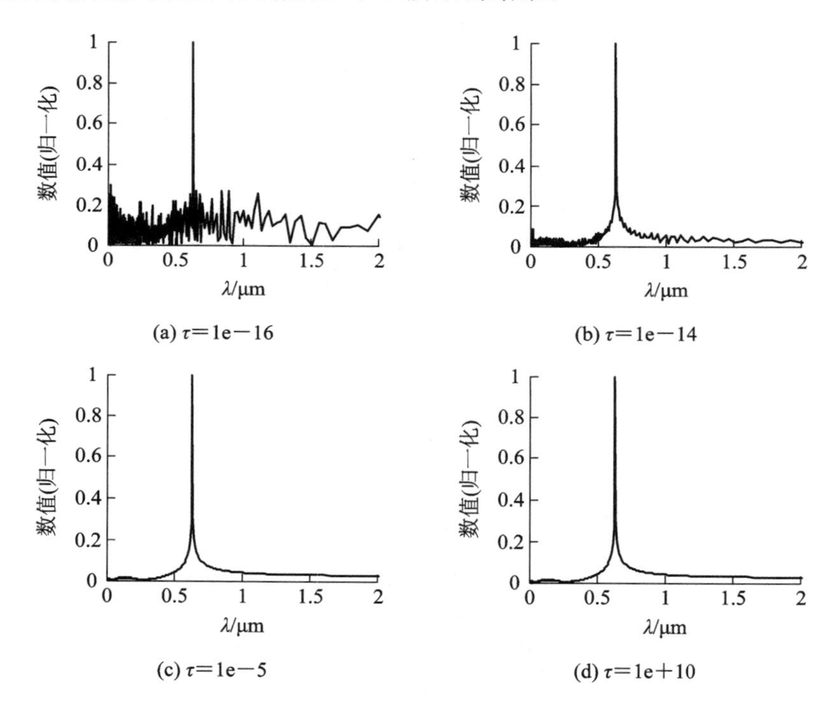

(a) τ=1e－16　(b) τ=1e－14　(c) τ=1e－5　(d) τ=1e＋10

图 4.18　τ 不同时复原光谱

由图 4.18 可以看出，当高斯函数作为核函数、$q=8$、$\tau>$1e－14 时，复原光谱准确度比较高、频谱泄露小。并经多次重复性试验验证，当 $q=8$、$\tau=$1e－5 时复原激光光谱的谱线宽度为 0.0112 μm，频谱泄露最大为 0.028 43，有比较高的准确度。因此，在利用加速 NUFFT 算法对弹光调制干涉数据进行处理时，

应合理地选择参数 τ。

2）傅里叶系数 q 对算法的影响

高斯函数具有指数衰减特性，当 $n\Delta_x$ 与原点距离比较远时，可忽略高斯函数的影响。一味地增加 q，不仅使计算量增加，而且不能明显提高算法的精度。下面在 q 分别为 4、8、16、32，且 $N=4096$，$\tau=1\text{e}-5$ 时，对采集的窄带 632.8 nm 的窄带激光干涉信号进行光谱复原实验，得到如图 4.19 所示的结果，并给出如表 4.2 所示的分析。

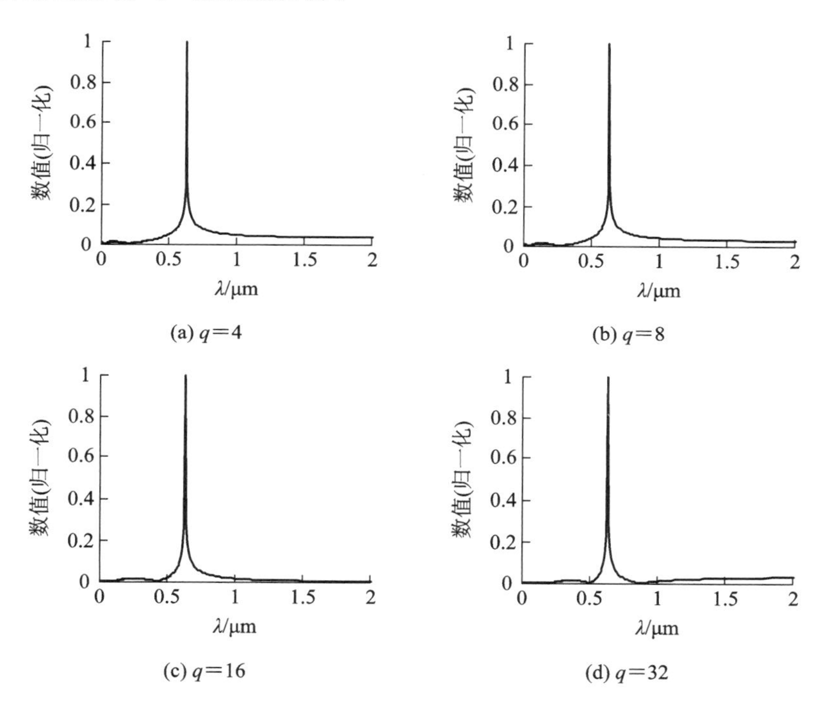

图 4.19 q 不同时复原的光谱与原始光谱

表 4.2 q 不同时的准确度和复杂度分析

q 值	$q=4$	$q=8$	$q=16$	$q=32$
E 值	$1.759e-3$	$9.043e-4$	$8.573e-4$	$9.145e-4$
初始化时间/μs	$6.483e-1$	$6.487e-1$	$6.453e-1$	$6.525e-1$
卷积时间/μs	$2.56e-2$	$2.67e-2$	$2.75e-2$	$2.8e-2$
$FFT/\mu s$	$1.34e-4$	$1.26e-4$	$1.37e-4$	$1.28e-4$

由图 4.19 和表 4.2 可以看出，在采样点数 N、τ 不变的情况下，在满足 $q \geqslant 4b\pi$ 的条件下，选择不同的 q 值都可以准确地复原原始光谱，且随着 q 的增加，并没有使系统误差减小，但导致初始化和卷积运算复杂度增加，降低了算法的实时性。因此，在加速 NUFFT 算法中，点源延伸影响的等间隔点数量一般选择 $q=8$，10。

3）插值倍数 μ 对算法的影响

加速 NUFFT 运算复杂度为 $O(\mu N \log \mu N + Nq)$，增加插值倍数，会使算法的计算量成倍增加，且随着插值倍数的增加，在 q 不改变的情况下，会使傅里叶系数的误差增加，产生更多的谐波，造成严重的频谱泄露。下面在 μ 分别为 2、4、8、16，且 $q=8$，$\tau=1\text{e}-5$ 时，对采集的 632.8 nm 的窄带激光干涉从号进行光谱复原实验，得到如图 4.20 所示的结果，并给出如表 4.3 所示的分析。

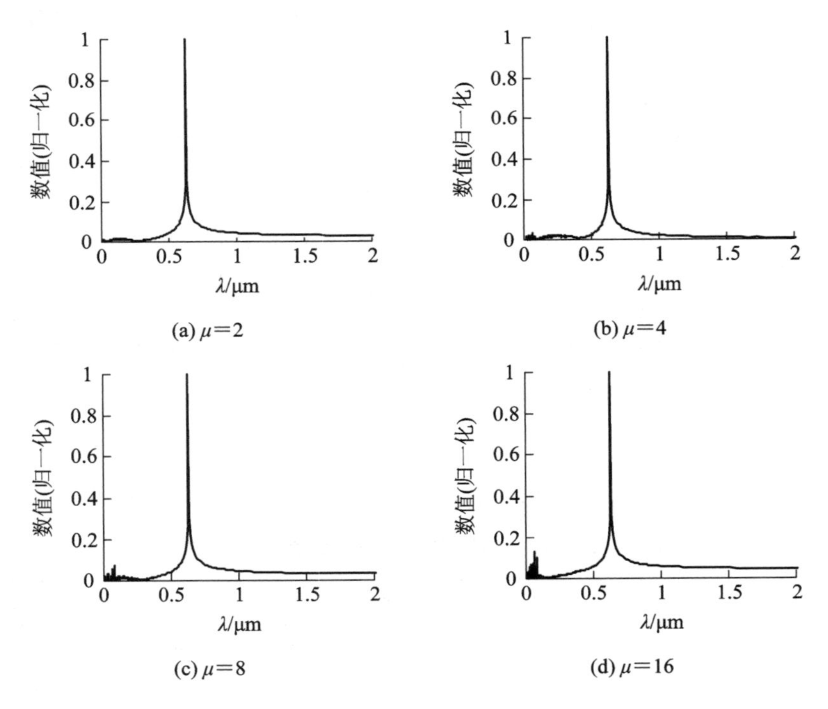

图 4.20 插值倍数 μ 不同时复原光谱

表 4.3　μ 不同时的准确度和复杂度分析

μ 值	μ=2	μ=4	μ=8	μ=16
E 值	9.759e−4	9.892e−4	9.543e−4	8.926e−4
初始化时间/μs	6.487e−1	1.286	2.6180	5.0737
卷积时间 /μs	2.67e−2	2.582e−2	2.73e−2	2.687e−2
FFT/μs	1.26e−4	2.614e−4	5.625e−4	1.229e−3

由图 4.20 和表 4.3 可以看出，在插值倍数不同时，都能比较准确地复原激光光谱，随着插值倍数的增加、误差减小不明显，但使初始化时间成倍增加，降低了算法的实时性，而且产生了频谱泄露。因此，在加速 NUFFT 算法中，一般选择 2 倍的插值倍数。在弹光调制干涉仪中，由于弹光调制器最大光程差的温度漂移，一个调制周期内采集数据量是在一个小范围内漂移。为了保证插值后数据量为 2^N 个，因此，选择大约 2 倍的插值倍数。

4.4.6　非均匀傅里叶变换算法的比较分析

为了进一步对非均匀信号的傅里叶变换算法进行分析，本节将以 300K 的红外黑体的辐射源为信号源，在 MATLAB 中编程产生非线性弹光调制干涉信号，调制频率为 50 kHz，如图 4.21 所示。分别采用带有相位补偿的离散傅里叶变换、三次样条插值快速傅里叶变换以及加速 NUFFT 算法对弹光干涉信号进行光谱复原，并对三种算法的运算速度进行比较，如表 4.4 所示。

表 4.4　光谱复原算法的速度比较

N 值	N=1024	N=2048	N=8192	N=16 384
FFT 值	2.12e−4	2.6e−4	3.5e−3	4.2e−3
相位补偿的 NDFT/s	2.19e−1	4.24e−1	3.87e−1	4.77e−1
三次样条插值/s	2e−3	3.3e−3	6.2e−2	9.88e−2
加速 NUFFT/s	2.6e−3	4.4e−3	2.16e−2	4.1e−2

表 4.4 的补充说明：在加速 NUFFT 算法中，需要计算非均匀点与均匀点之间的距离，此计算过程花费时间比较长，卷积运算的时间相对较短，且在算法中，前者只需计算一次，可将结果进行存储调用。因此，主要耗时的是卷积运算。

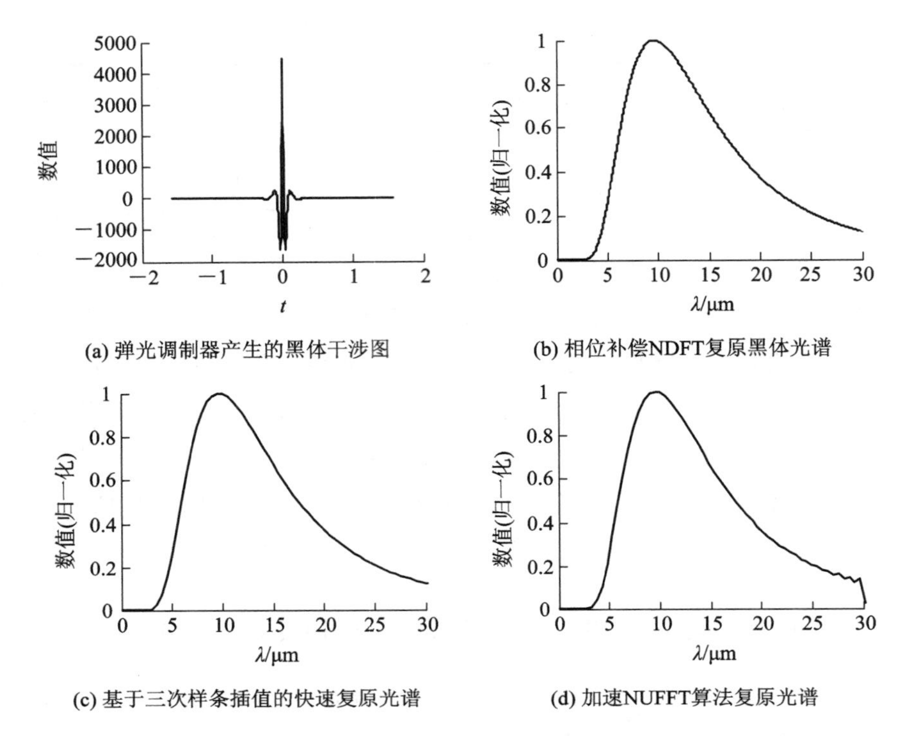

图 4.21 300K 红外黑体的弹光调制干涉图及复原光谱

基于标准偏差公式，计算得：$E_{\mathrm{NDFT}}=0.000\ 049$，$E_{\mathrm{Spline}}=0.000\ 62$，$E_{\mathrm{NUFFT}}=0.000\ 54$。

由此可知，采用三种算法都有比较小的偏差，而 NUFFT 算法精度低于带有相位补偿的离散傅里叶变换算法的精度，与三次样条插值算法的精度基本相当。

通过对三种非线性傅里叶变换算法的复杂度和运行时间比较可知，相位补偿傅里叶变换算法是一种离散傅里叶变换算法，在采样点数比较多时，计算量很大，它的运算耗时比加速 NUFFT 算法和插值后傅里叶变换算法高一个数量级以上；同时，加速 NUFFT 算法的速度较三次样条插值算法的速度高两倍以上。因此，在实时性要求比较高的应用场合，应选择加速 NUFFT 算法实现光谱的快速复原。

4.5　干涉型傅里叶变换光谱仪的定标

4.5.1　定标概述

定标实质是精确地确定仪器的观察值、测量值与所测量的特定物理量之间的定量关系。根据定标内容不同，定标可划分为辐射源的光谱定标(Spectral Calibration)(也称为波长定标)和辐射定标(Radiometric Calibration)。

辐射定标是在不同光谱谱段上建立目标源的光谱辐射度量与仪器输出量之间的函数关系。根据用户对辐射定标的目的不同，辐射定标分为相对辐射定标(Relative Radiometric Calibration)和绝对辐射定标(Abslute Radiometric Calibration)。相对辐射定标是确定场景中各像元之间、各探测器之间、各波谱之间以及不同时间测得的辐射量的相对值。绝对辐射定标是通过各种标准辐射源，在不同波谱段建立光谱仪入瞳处的光谱辐射亮度值与光谱仪输出的数字量化值之间的定量关系。定标分类如图 4.22 所示。

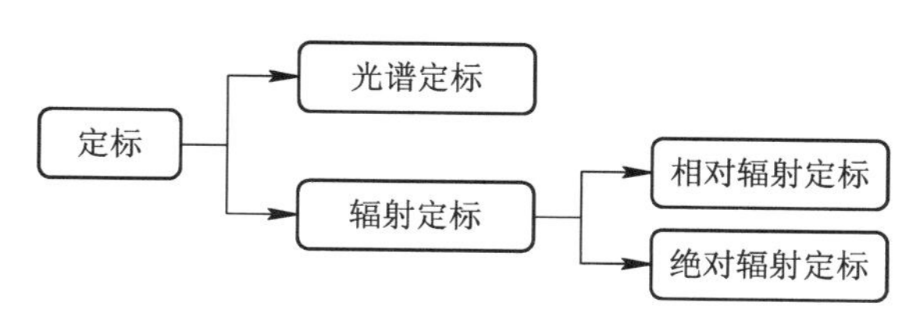

图 4.22　定标分类

在傅里叶变换光谱仪中，也需要进行辐射源的光谱定标和辐射定标。

定标也可根据场所、时间不同，分为实验室定标和机上或星载定标。实验室定标是在实验室对其进行波长位置、辐射精度、空间定位等定标，将仪器的输出值转换为辐射值。有的仪器内有内定标系统，但是在仪器运行之后，还需要定期定标，以监测仪器性能的变化，相应调整定标参数。机上定标是用来检查飞行过程中光谱仪的使用情况，一般采用内定标的方法，即辐射定标源、定标光学系统都在飞行器上。在大气层外，太阳的辐照度可以认为是一个常数，因此也可以选择太阳作为基准光源，通过太阳定标系统对星载光谱仪进行绝对

定标。

4.5.2 光谱定标技术

傅里叶变换光谱仪探测器像元的有限视场、离轴角会使复原的光谱谱线展宽并向低波数偏移，参考激光的缓慢漂移也会使得复原的光谱波数偏离理论位置，因此由仪器获得的干涉图直接变换的光谱是实际光谱的近似结果，需要光谱定标来矫正复原的光谱波数刻度。而由于仪器有限光程差的存在，导致光谱间相互干扰，使得仪器获得的光谱吸收峰的位置与理论谱线位置存在较大的误差。同时，快速傅里叶变换得到的光谱的分辨率太低，应用于光谱定标会导致光谱波数校正误差较大。因此，在光谱仪投入实际使用之前，首先需要进行光谱定标，即对谱线位置与波长的关系进行定标。

光谱定标的目的则是标定出复原光谱的谱线所对应波数的绝对坐标值。影响复原光谱波长坐标的因素可以归纳为三类:参考激光器的波数、傅里叶变换光谱仪噪声以及仪器线性函数。

传统的光谱定标过程为:首先采集单色光通过干涉光谱仪的干涉条纹图，再提取其中一行构成干涉信号，对该信号进行傅里叶变换，提取频谱中峰值所在位置的横坐标，即为波数位置坐标。之后采用不同波长的单色光对干涉光谱仪进行照明，重复以上操作。最后对不同波长和谱线位置坐标的关系进行拟合，得到谱线位置定标曲线，完成光谱定标。传统的光谱定标方法受常规傅里叶变换的限制，只能获得整数坐标下的频域波数坐标，定标精度低，对后续的辐射定标过程也有影响。

4.5.3 传统傅里叶变换光谱仪的高精度定标技术

1. 引起复原光谱波数偏移的因素

在4.1节，已经对以迈克尔逊干涉仪为核心的传统时间调制型傅里叶变换光谱仪的组成、工作原理以及光谱获取方法进行了阐述。本部分对影响复原光谱波数精度的因素进行分析。

根据迈克尔逊干涉仪的分光原理，目标辐射的光谱是经过分束器后的两束光的光程差的函数。为了得到等光程差采样的干涉图，通常光路中插入稳定的参考激光器，以激光器的干涉条纹产生等光程差采样触发信号，获得等光程差间隔采集目标辐射的干涉图。

假设参考激光频率(波数)为 υ_{laser}，根据式(4.4)，激光探测器上会获得连续的激光干涉信号：

$$I'_{\text{laser}}(x)=2I_{\text{laser}}[1+\cos(2\pi\upsilon_{\text{laser}}x)] \tag{4.108}$$

式中，$I'_{\text{laser}}(x)$ 是激光干涉信号，根据参考激光的干涉图周期，对目标辐射干涉图进行采样，可以获得等相位(即等光程差间隔)采样的目标辐射干涉信号，且光程差的间隔为参考激光波长 λ_{laser} 或者半波长 $0.5\lambda_{\text{laser}}$，即

$$x_{\min}=\frac{2}{\upsilon_{\text{laser}}}=0.5\lambda_{\text{laser}}$$

以此为间隔对目标辐射干涉图进行采样，则式(4.9)可改写为

$$B(\upsilon)=\sum_{-\infty}^{\infty}I(nx_{\min})\cos(2\pi\upsilon nx_{\min}) \tag{4.109}$$

由式(4.109)可以得出，对于确定的 $x_{\min}$，可以精确地计算出具体波数的光谱值(光谱最大波数满足奈奎斯特采样定律)。

由于参考激光波长漂移、像元离轴以及有限像元等因素会导致探测器实际采样间隔发生变化，进而影响到复原光谱的波数刻度，使得光谱发生偏移，为了得到光谱定标方法，需要对引起光谱偏移的因素进行原理分析。

1) 参考激光波长漂移对复原光谱的影响

傅里叶变换光谱仪在运行过程中，参考激光的波长有可能随着时间的推移发生缓慢的漂移，从而导致干涉图采样光程差发生变化，即

$$\begin{aligned}\lambda'_{\text{laser}}&=P_{\text{drift}}\cdot\lambda_{\text{laser}}\\x'_{\min}&=P_{\text{drift}}\cdot x_{\min}\end{aligned} \tag{4.110}$$

式中，λ'_{laser} 为漂移后的激光波长，$x'_{\min}$ 为漂移后的采样间隔，P_{drift} 为激光波长漂移系数。根据傅里叶变换的尺度变换性质，有

$$I(x)\leftrightarrow B(\upsilon)$$

$$I(P_{\text{drift}}x_{\min})\leftrightarrow\frac{1}{|P_{\text{drift}}|}B\left(\frac{\upsilon}{P_{\text{drift}}}\right) \tag{4.111}$$

参考激光的波长变为原来的 P_{drift} 倍后，目标辐射干涉图变换的光谱波数变为原来的 $\dfrac{1}{P_{\text{drift}}}$，且辐射光谱强度也衰减了 $\dfrac{1}{|P_{\text{drift}}|}$。

2）光线离轴对光谱波数的影响

参考激光与目标辐射共光路时，对目标辐射的采样间隔与参考激光的波长一致，由于面阵探测器每个像元与干涉仪光轴有不同的夹角，且参考激光的光路与光轴也有可能存在夹角，会使实际对目标辐射的采样光谱波数间隔与参考激光波长有偏差，进而造成复原波数的偏差。假如某像元与参考激光光路的夹角为 θ，如图 4.23 所示，则其接收目标辐射干涉光的光程差实际为

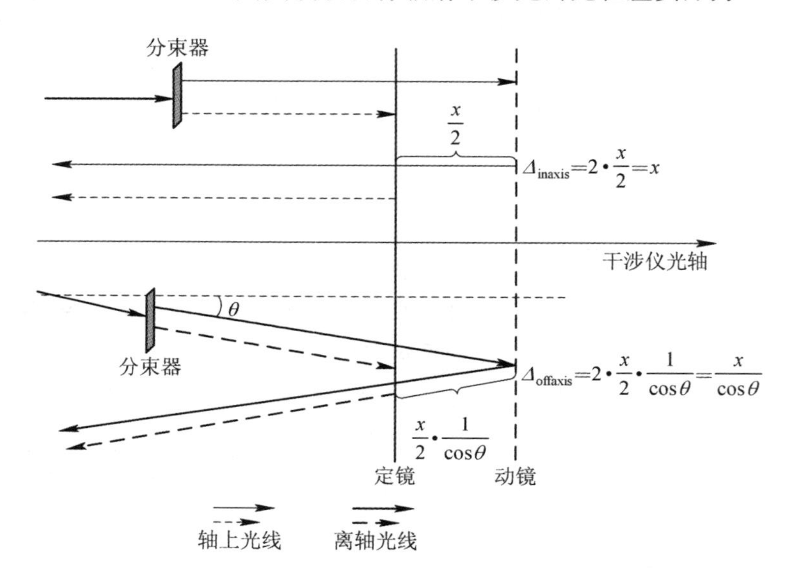

图 4.23 离轴光线光程差示意图

$$x_{\text{offaxis}}=x_{\text{inaxis}}\frac{1}{\cos\theta}$$

式中，x_{offaxis} 与 x_{inaxis} 分别代表离轴像元光程差和轴上像元光程差。参考式(4.111)，离轴像元 $B_{\text{offaxis}}(\upsilon)$ 复原的光谱与轴上像元光谱 $B_{\text{inaxis}}(\upsilon)$ 之间的关系为

$$B_{\text{offaxis}}(\upsilon)=\cos\theta\cdot B_{\text{inaxis}}(\upsilon\cdot\cos\theta) \tag{4.112}$$

即：离轴像元的光谱波数向低波数漂移。

3）有限视场对光谱的影响

当目标辐射来自非点光源，傅里叶变换光谱仪获取的干涉信号是目标区域在整个像元上的积分。为便于说明，以圆形象元进行分析，假设入射到圆形中

心像元边缘处的光线与光轴的夹角为α，则此处的相干光光程差为$\frac{x_{\text{inaxis}}}{\cos\alpha}$，对于波数为$\upsilon_0$的单色光，根据式(4.110)，得其光谱向低波数方向偏移为$\upsilon_0\cos\alpha$。由于圆形中心像元上各部分对光轴立体角均匀分布，因此其从像元中心到边缘处的光谱波数偏移也呈均匀分布，干涉光在整个像元上的积分如图4.24(a)所示，从波数υ_0向低波数展宽至$\upsilon_0\cos\alpha$。对于圆形离轴像元，假设入射到像元上的光线与光轴的夹角为$[\alpha_{\min}, \alpha_{\max}]$，则干涉光在整个像元上的积分 变换的光谱图如图4.24(b)所示，其在$\upsilon_0\cos\alpha_{\min}$到$\upsilon_0\cos\alpha_{\max}$之间非均匀展宽。具体圆形像元及矩形像元有限视场仪器函数推导与计算公式就不再详述。

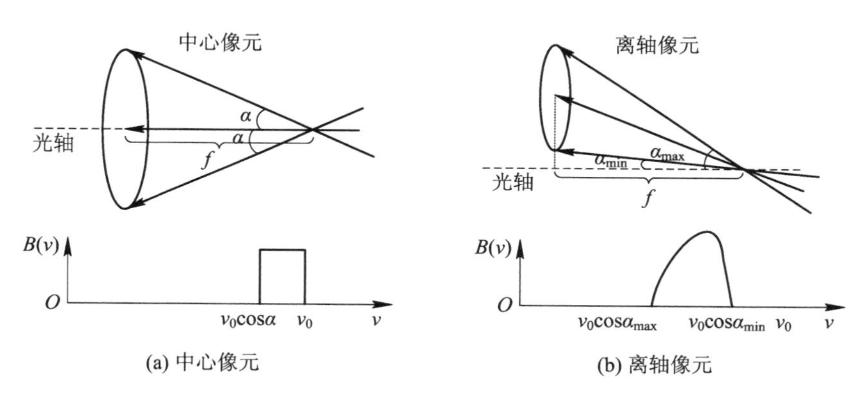

图4.24　圆形有限视场中心像元和离轴像元光谱偏移

2. 光谱的定标拟合方法

激光波长慢漂移、像元离轴和有限视场对光谱波数的影响在短时间内均处于确定的状态，根据上述分析可以知道这些仪器函数对光谱波数的影响综合表现在波数的线性偏移和展宽上，偏移量与波数和像元离轴夹角成正比。因此可以用如下一次线性公式对光谱波数进行校正。

$$\upsilon_{\text{correct}} = \rho \cdot \upsilon_{\text{measure}} + \varepsilon \tag{4.113}$$

式中，$\upsilon_{\text{correct}}$和$\upsilon_{\text{measure}}$分别表示校正的光谱波数和实际观测的光谱波数，$\rho$代表波数线性偏移系数，$\varepsilon$用来近似表示光谱展宽引起的峰值误差。光谱定标的目的就是通过测量已知谱线波数的气体吸收谱线或者稳定光源的发射谱线，计算校正参数ρ和ε。

光谱定标分为地面光谱定标和星上光谱定标。地面光谱定标用于确定发射

前光谱校正参数，星上光谱定标用来校正仪器长期工作后的内部变化对光谱造成的偏移。地面光谱定标可以采用气体池内部气体谱线的位置与该气体理论谱线位置对比的方式，获得光谱校正参数。星上光谱定标以通过测量仪器携带的稳定频率的单色光源，或者测量晴朗大气谱线，来校正光谱谱线位置。星上光谱定标与地面光谱定标原理类似，下面以实验室气体池为例说明光谱定标方法。

NH_3 是一种比较容易获取的气体，且其在波长 650～1130 cm^{-1} 之间有比较好的吸收谱线，谱线的位置可以从 HITRAN 数据库中查到，因此，可以选择该气体为测试源进行光谱实验。下面以实验室气体池为例说明光谱定标方法，气体池定标实验装置示意图如图 4.25 所示。

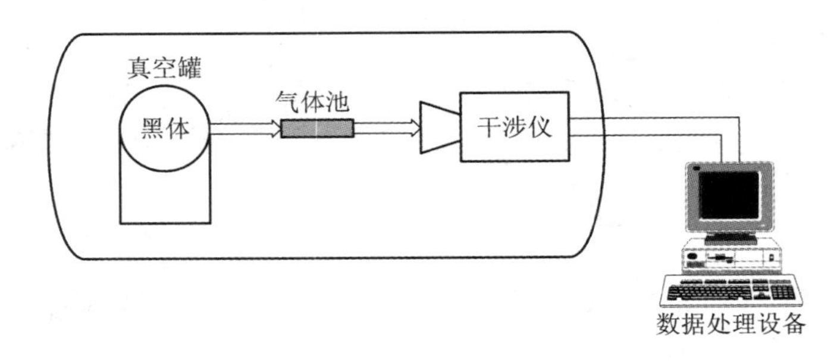

图 4.25 气体池定标实验装置示意图

在真空环境下，黑体辐射经过装有低浓度 NH_3的气体池，输入傅里叶变换光谱仪，经干涉分光后获得 NH_3 气体的实测光谱$B_{NH_3}(\upsilon)$，选择其中具有明显吸收峰的一组波数$B_{NH_3}(\upsilon_i)$与 HITRAN 数据库中的 NH_3 理论谱线位置$B'_{NH_3}(\upsilon_i)$进行对比，使用最小二乘法等拟合一次线性校正的参数 ρ 和 ε。

$$\rho = \frac{\sum_{i=1}^{n}[\upsilon_{HN_3}(i) - \bar{\upsilon}_{HN_3}]\upsilon'_{HN_3}(i)}{\sum_{i=1}^{n}[\upsilon_{HN_3}(i) - \bar{\upsilon}_{HN_3}]^2}$$

$$\varepsilon = \bar{\upsilon}'_{HN_3} - \rho\bar{\upsilon}_{HN_3} \tag{4.114}$$

根据拟合的参数 ρ 和 ε，得到线性拟合方程及校正后的波长。

利用一次拟合方法求解出参数 ρ 和 ε ，还应对其进行验证，验证标准有两个：一是标准差要在设定范围内，保证修正数据与真实数据的差控制在一定范围；二是还应选择额外的数据代入公式进行验证，保证公式适用于所有测量范围的波数。如果能满足这两个标准，认为光谱定标的结果是正确的。需要补充一点，在光谱定标过程中，需要对测量光谱进行细化操作，这样才能保证定标的精度。

在利用多项式拟合方式实现光谱定标时，需要考虑三个主要因素:定标光源、特征峰中心位置以及多项式拟合方法。在实际应用中常用的定标光源有单色仪，以及特征峰比较丰富的低压汞灯、汞氩灯、溴钨灯等。使用单色仪需要在相同的条件下多次调整单色仪的输出波长，多次测量特征峰的波长位置；使用特征峰丰富的汞氩灯等作为光源，可一次利用复原光谱图中特征峰的波长位置拟合光谱，但存在的问题是需要考虑光源特征峰的中心位置、半峰宽、相邻峰值影响等。

在选定光源、特征峰的位置后，再确定多项式拟合方法，定标有效波段内的波长。最常用的多项式拟合方法有最小二乘拟合法。其波长拟合校准的一般步骤如图 4.26 所示。

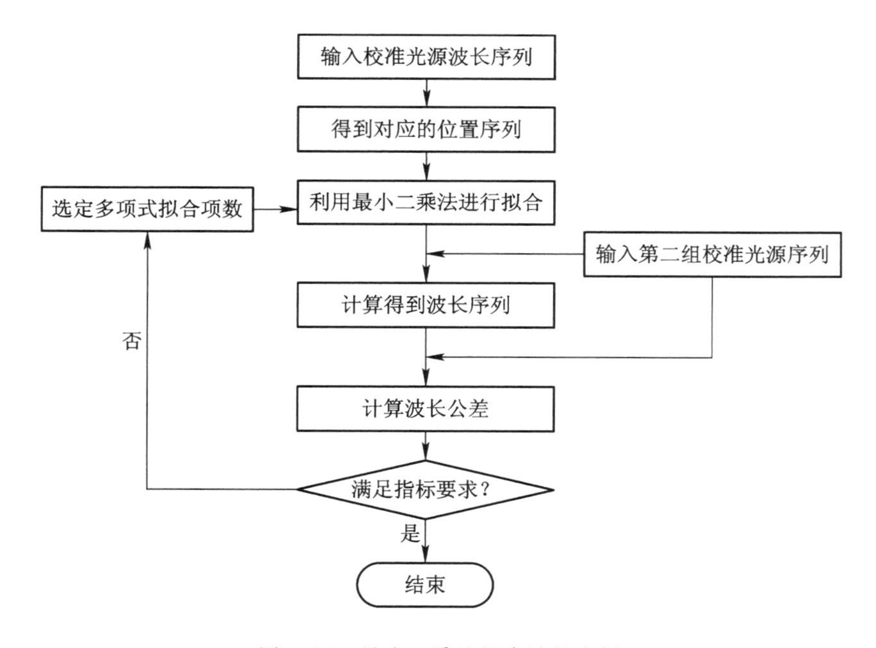

图 4.26　最小二乘法拟合波长定标

在光谱定标过程中，需要对测量光谱进行细化操作才能保证定标的精度。后续将再详细讨论。

3. 傅里叶变换光谱仪光谱定标修正算法研究

1）有限光程差对光谱定标的影响与修正

假设干涉仪动镜运动的最远距离为 L，则两束光最大光程差即为 L，在干涉图双边采样系统中，光程差范围为 $-L \sim L$，这相当于对干涉图加了一个矩形窗，如图 4.27 所示，根据光谱变换公式，实际系统中光谱变换公式可以改写为

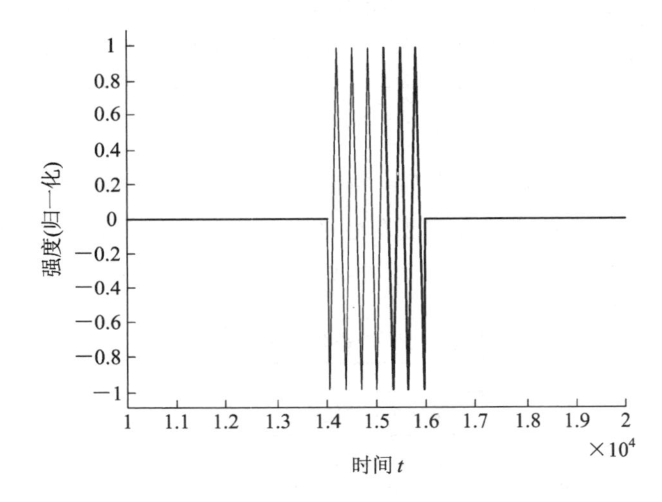

图 4.27　矩形窗截断的干涉图

$$B'(\upsilon)=\sum_{n=-\infty}^{\infty} I(nx_{\min})\cos(2\pi\upsilon n x_{\min})\mathrm{rect}(nx_{\min})$$

$$B'(\upsilon)=\sum_{n=-\frac{N}{2}}^{\frac{N}{2}} I(nx_{\min})\cos(2\pi\upsilon n x_{\min})\mathrm{rect}(nx_{\min}) \tag{4.115}$$

式中，$N=\dfrac{L}{x_{\min}}$ 。

根据傅里叶变换的基本原理，式(4.115)表现在光谱域为理论光谱与矩形窗函数傅里叶变换的卷积，即

$$B'(\upsilon)=\mathrm{FT}\{I(x)\}\times\mathrm{FT}\{\mathrm{rect}(x)\}=B(\upsilon)\times A(\upsilon) \tag{4.116}$$

其中，$A(\upsilon)$是矩形窗的傅里叶变换，即

$$A(\upsilon)=\mathrm{FT}\{I(x)\}=2L\cdot\mathrm{sinc}(2\pi\upsilon L)=2L\,\frac{\sin(2\pi\upsilon L)}{2\pi\upsilon L}=\frac{\sin(2\pi\upsilon L)}{\pi\upsilon}\tag{4.117}$$

单色激光谱$B_{\text{laser}}(\upsilon)=\delta(\upsilon-\upsilon_0)$经矩形窗卷积后的光谱为

$$B'_{\text{laser}}(\upsilon)=\delta(\upsilon-\upsilon_0)\times A(\upsilon)=2L\,\mathrm{sinc}(\upsilon-\upsilon_0)\tag{4.118}$$

与 sinc 函数卷积后，单色光谱线被展宽，其半高宽为$\frac{1}{2L}$，且在以 υ_0 为中心的主瓣两翼有幅值很大的旁瓣，如图 4.28 所示。

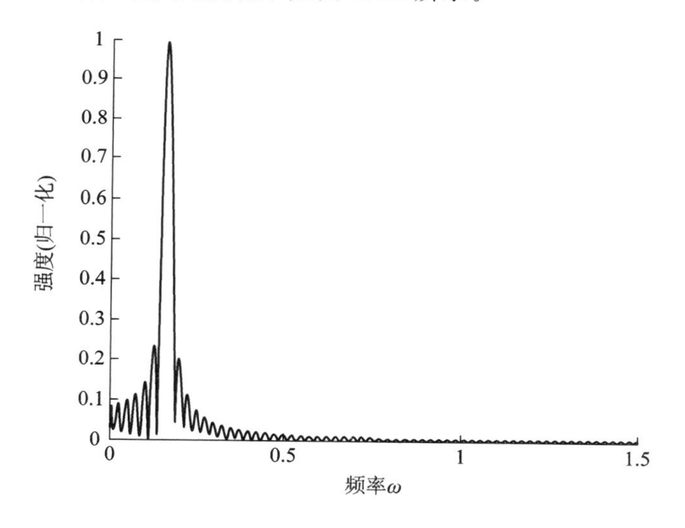

图 4.28　与 sinc 函数卷积后的单色光光谱

根据光谱分辨率的定义，两条能分辨的谱线的最小波数间隔应等于谱线的半宽度，即 $\Delta\upsilon=\frac{1}{2L}$。

因此，间隔低于 $\Delta\upsilon$ 的谱线会被有限光程差引入的仪器函数混叠在一起。图 4.29 是 NH_3 的光谱定标图，图 4.30 是谱线间的串扰示意，NH_3 理论谱线在 1065～1066 cm^{-1} 之间有两条谱线，而仪器得到的光谱只有一条谱线，这将为光谱定标波数的比对引入误差。同时，sinc 函数在主峰两翼有幅值较大的负值旁瓣，间隔较近的谱线间相互串扰，导致波峰位置偏移，也会造成光谱定标误差。

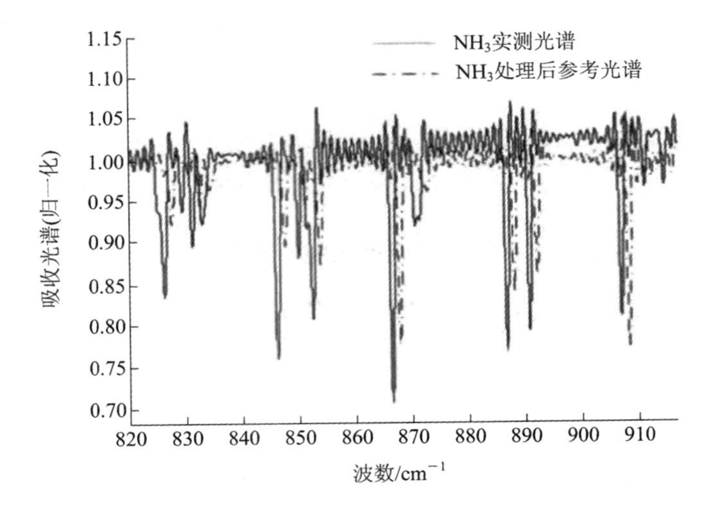

图 4.29　NH_3 的光谱定标图

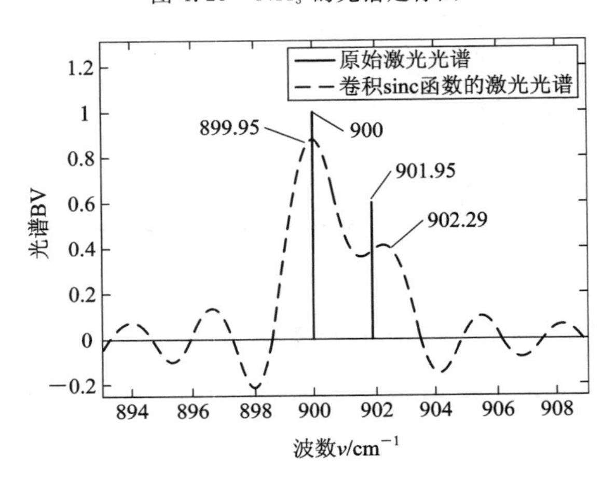

图 4.30　谱线间的串扰示意图

由于有限光程差的存在，仪器测得的光谱为被测信号的光谱与 sinc 函数卷积的光谱，因此用 HITRAN 数据库中谱线位置校正实测光谱吸收峰位置并不准确，需要先对数据库中谱线做处理，卷积 sinc 函数使之与仪器中心光轴处的分辨率一致，用它与实测光谱进行光谱定标参数拟合，得到更准确的光谱定标结果。

在将气体理论谱线与 sinc 函数进行卷积之前，需要考虑到气体谱线自身展宽。为了保证吸收峰不饱和，一般气体池中气体浓度较低。对于压强较小的

气体，可以近似用高斯线型（又称 Doppler 线型）拟合气体展开线。高斯线型公式为

$$B_{\text{Gaussian}}(\upsilon)=\frac{1}{\Delta\upsilon_D}\sqrt{\frac{\ln 2}{\pi}}\mathrm{e}^{-\left(\frac{\upsilon-\upsilon_0}{\Delta\upsilon_D}\right)^2}\ln 2 \tag{4.119}$$

式中，υ_0 表示气体中心谱线波数，即 HITRAN 数据库中给出的波数，$\Delta\upsilon_D$ 为高斯半宽，且 $\Delta\upsilon_D=3.581\times10^{-7}\upsilon_0\sqrt{\frac{T}{M}}$。其中，$T$ 为气体温度(K)，M 是分子量。由此可得到气体分子的展开曲线，NH_3 的气体展开线型如图 4.31 所示。

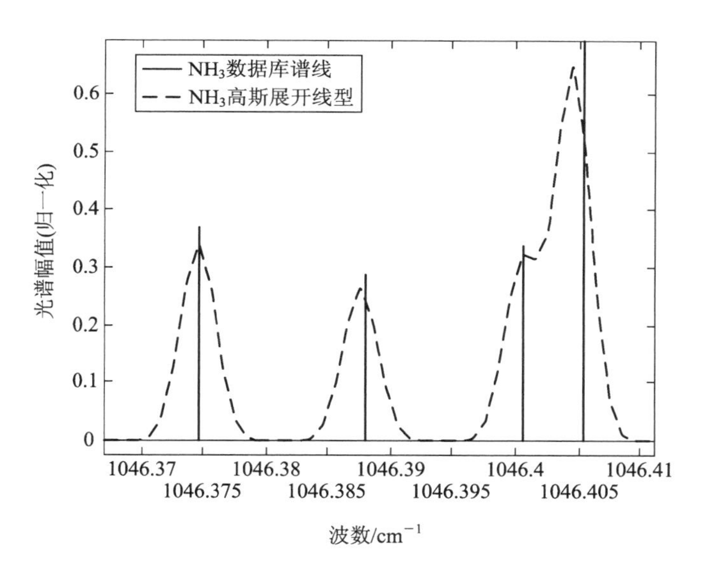

图 4.31　NH_3 的气体展开线型

用展开后的气体谱线与仪器光轴中心处的 sinc 函数 $A_{\text{center}}(\upsilon)$ 做卷积，得到处理后的定标参考光谱。

$$B_{\text{ref}}(\upsilon)=B_{\text{Gaussian}}(\upsilon)\cdot A_{\text{center}}(\upsilon) \tag{4.120}$$

式中，$B_{\text{ref}}(\upsilon)$ 为处理后的定标参考光谱。

图 4.32 为 NH_3 处理后的参考光谱与实测光谱的对比图。其中 NH_3 实测光谱和参考光谱均使用光谱细化算法细化分辨率到 0.001 cm^{-1}，光谱细化算法见下节。从图中可以看出，NH_3 谱线经处理后，实测光谱分辨率和形状与参考谱线基本一致，实测光谱波数向低波数方向偏移。

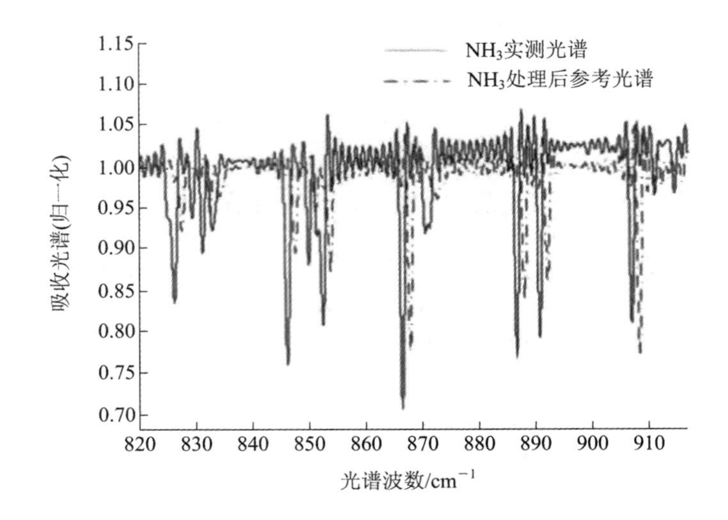

图 4.32　NH_3 的实测谱与处理后的参考光谱对比

2）光谱细化算法提高光谱定标精度

快速傅里叶变换是离散傅里叶变换的快速计算算法，该算法的发明大大减少了离散傅里叶变换的计算量，也是傅里叶光谱仪得到快速发展的前提。但受其算法原理限制，快速傅里叶变换得到的光谱波数精度由仪器最大光程差决定，直接对一幅双边采样点数为 N 的干涉图做快速傅里叶变换，得到的光谱有效点数为$\frac{N}{2}$，且谱线间间隔为$\frac{1}{2L}\mathrm{cm}^{-1}$。在光谱定标中，为了得到更精细的谱线波数精度，首先需要对光谱进行细化。光谱细化的方法有余弦变换光谱细化、干涉图补零快速傅里叶变换光谱细化与 CZT 快速变换光谱细化。

(1) 余弦变换光谱细化。根据傅里叶变换光谱仪光谱变换的原理，由式(4.113)可以得到任意波数处的光谱值，然而实际由于仪器内部的噪声以及采样点非零光程差对齐等因素的存在，干涉图关于零光程差点不对称，导致光谱产生虚数部分，即存在光谱相位。而余弦变换并不能反映光谱虚数部分，由此造成的相位误差会引起光谱定标误差。其次，余弦变换计算量非常大，需要乘法和加法的计算量为$\frac{A}{\Delta\upsilon}N$。其中 A 为所需细化光谱的波数范围，$\Delta\upsilon$ 为细化精度，N 为双边采样的干涉数据。

例如：一幅 18 801 点干涉图，对其 686～1122 cm^{-1} 的光谱进行细化，细化精度为 0.001 cm^{-1}，所需要的加法和乘法的次数都是 8×10^9 次。

（2）干涉图补零快速傅里叶变换光谱细化。通过对干涉图两端补零，然后对其进行快速傅里叶变换可以得到分辨率更高的光谱图。快速傅里叶变换算法与余弦变换算法相比，其计算中引入了虚数部分，对其结果求模可以消除相位误差的影响，且计算效率更高，傅里叶变换乘法的计算量为 $\frac{N}{2}\log2^n$，加法的计算量为 $N\log2^n$。

但是快速傅里叶变换不能计算局部的细分光谱，只能对 $0\sim\frac{1}{2L}$ cm^{-1} 波数的光谱进行整体计算。对一幅同样 18 801 点的干涉图，若要达到 0.001 cm^{-1} 的分辨率，同时为了满足快速傅里叶变换 N 为 2 的整数次幂的要求，需要补零使干涉图点数为 224 ，根据公式得出，计算全部有效范围细化光谱，共需 2×10^8 次乘法和 4×10^8 次加法运算。

（3）CZT 快速变换光谱细化。CZT 快速变换，即线性调频 Z 变换，又称 Chirp-Z 变换，是对 Z 平面上一段螺旋线周线做等间隔取样 R 个采样点处的 Z 变换值。CZT 变换的公式是

$$B(Z_r)=\mathrm{CZT}[I(n)]=\sum_{n=0}^{N-1}I(n)Z_r^{-n}=\sum_{n=0}^{N-1}I(n)A^{-n}W^{nr} \tag{4.121}$$

式中，$B(Z_r)$为细化光谱，$r=0, 1, \cdots, R-1$。$A=A_0\mathrm{e}^{\mathrm{i}\theta_0}$，$W=W_0\mathrm{e}^{-\mathrm{i}\varphi_0}$，$A_0$，$\theta_0$ 表示第一个采样点的半径和相位角。W_0 表示采样点半径的变化趋势，φ_0 表示相邻采样点的角度间隔。若取 $A_0=1$，$W_0=1$，则表示在单位圆上的等间隔采样，即 DTFT 变换。假设对 $\upsilon_{\min}\sim\upsilon_{\max}$ 波数的光谱进行细化，细化波数为 $\Delta\upsilon$，则

$$R=\frac{\upsilon_{\max}-\upsilon_{\min}}{\Delta\upsilon}$$

$$\theta_0=\frac{2\pi\upsilon_{\min}}{\upsilon_s}$$

$$\varphi_0=\frac{2\pi\Delta\upsilon}{\upsilon_s} \tag{4.122}$$

式中，υ_s 为采样波数，即参考激光波数。代入式(4.121)，可得

$$B(\upsilon)=\sum_{n=0}^{N-1}I(n)\mathrm{e}^{-\mathrm{i}n\left(\frac{2\pi\upsilon_{\min}}{\upsilon_s}+\frac{2\pi\Delta\upsilon r}{\upsilon_s}\right)}, \quad r=0, 1, \cdots, R-1 \tag{4.123}$$

根据公式 $ab=\frac{1}{2}[a^2+b^2-(a-b)^2]$，代入上式可得

$$B(\upsilon)=\mathrm{e}^{\frac{-\mathrm{i}\pi r n^2\Delta\upsilon}{\upsilon_s}}\sum_{n=0}^{N-1}g(n)h(r-n),\ r=0,1,\cdots,R-1 \tag{4.124}$$

$$g(n)=I(n)\mathrm{e}^{\frac{-\mathrm{i}2\pi n(\upsilon_{\min}+0.5n\Delta\upsilon)}{\upsilon_s}}$$

$$h(n)=\mathrm{e}^{\frac{\mathrm{i}\pi n^2\Delta\upsilon}{\upsilon_s}},\quad n=0,1,\cdots,N \tag{4.125}$$

利用 FFT 算法计算 $g(n)$和 $h(n)$的卷积，可以得到 CZT 变换的快速算法，其计算量为

$$M_{\mathrm{CZT}\times}=6L\log_2 L+4L+13N+6R$$

$$M_{\mathrm{CZT}+}=9L\log_2 L+2L+4N+2R \tag{4.126}$$

式中，L 为计算循环卷积的点数，$L\geqslant N+R-1$，且 L 为 2 的整数次幂。

同样计算 18 801 点干涉图（需要补零至 $N=32\ 768$ 点），光谱波数范围为 686～1122 cm^{-1}，细化波数为 0.001 cm^{-1}，共需要 6.5×10^7 次乘法和 9.2×10^7 次加法。CZT 快速变换的虚数部分不仅可以消除相位误差的影响，且具有较高的计算效率，还能对任意范围内的光谱进行无限细化，因此 CZT 快速变换算法更适合用来做光谱定标的光谱细化 。从图 4.33 中可以看出，经过 CZT 细化的光谱具有较高的分辨率，可以精确地定位谱线吸收峰位置。

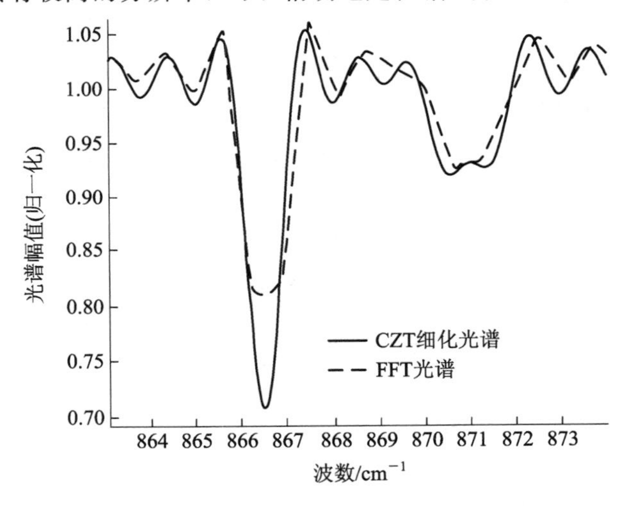

图 4.33 CZT 细化光谱与 FFT 光谱

在进行傅里叶变换光谱仪的光谱精确定标时，采用对理论谱线进行高斯线型自展宽，再与 sinc 函数进行卷积，以得到的谱线作为参考谱线；并对观测数据进行光谱细化处理后进行光谱定标参数拟合，可以获得高精度、低误差的光谱定标。

4.5.4 基于弹光调制干涉理论的光谱定标技术

在弹光调制傅里叶变换光谱技术中，为实现光谱定标，也采用窄带激光器为参考光源，测量干涉图的最大光程差。

弹光调制干涉图的瞬态光程差为

$$L = dn_0^3(\lambda)(\pi_{12} - \pi_{11})\delta_0 \sin(\omega_0 t) \tag{4.127}$$

式中，d 为晶体通光方向的厚度；λ 为入射光的波长；$n_0(\lambda)$为晶体在该波长的折射率；δ_0 是最大调制应力；π_{12}，π_{11} 为不同通光方向的应力弹光系数张量。

弹光调制干涉图的最大光程差为

$$L = dn_{r0}^3(\lambda)(\pi_{12} - \pi_{11})\delta_0 \tag{4.128}$$

式中，$n_{r0}(\lambda)$为参考激光在该晶体中的折射率。

在傅里叶变换频谱中，其频率分辨率为

$$\Delta\upsilon = \frac{1}{2L} = \frac{1}{2dn_{r0}^3(\lambda_r)(\pi_{12} - \pi_{11})\delta_0} \tag{4.129}$$

在离散傅里叶变换中，各频率点的坐标为

$$\upsilon(n) = \frac{N}{2dn_{r0}^3(\lambda_r)(\pi_{12} - \pi_{11})\delta_0},\ N = 0, 1, 2, \cdots, K \tag{4.130}$$

式中，N 为离散的频率点，K 为离散傅里叶变换的点数，$\upsilon(n)$为离散的频率值。

由式(4.130)可知，在驱动电压、晶体尺寸一定的条件下，各频率点的坐标是与不同波长(波数)下折射率的三次方相关的。而且晶体在不同波长下的折射率是一个变量，图 4.34 所示是硒化锌晶体折射率随波长变化的曲线图。

在弹光调制傅里叶变换光谱仪中，采用某一波长的激光测量最大光程差，并实现波长定标，图 4.35 所示是不同波长窄带激光的光谱图。因在此定标中引入了折射率误差，所以重建光谱图波数是存在误差的。

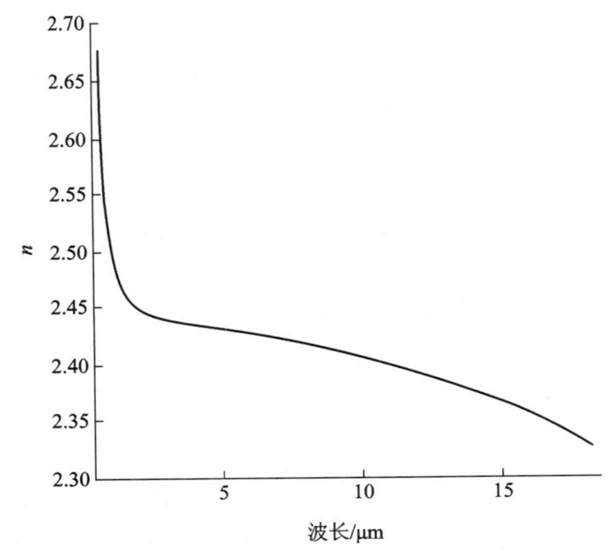

图 4.34 硒化锌晶体折射率随波长变化曲线图

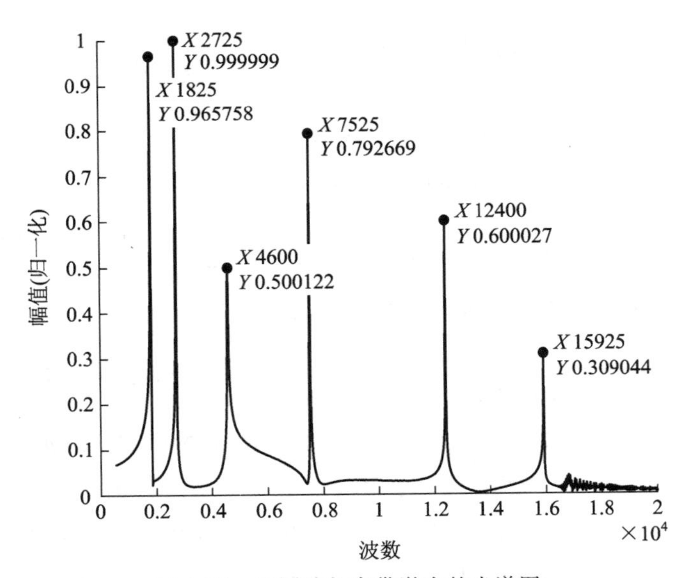

图 4.35 不同波长窄带激光的光谱图

为了克服折射率引入的波长定标误差，需利用各频率点的折射率参数进行校正。

硒化锌晶体作为通光晶体，其光谱窗口为 0.54～18.2 μm(波数为 549.45～18 518)，折射率与波长的关系为

$$n^2-1=\frac{\alpha_1\lambda^2}{\lambda^2-\beta_1^2}+\frac{\alpha_2\lambda^2}{\lambda^2-\beta_2^2}+\frac{\alpha_3\lambda^2}{\lambda^2-\beta_3^2} \tag{4.131}$$

查资料可知，$\alpha_1=4.458\ 137\ 34$，$\alpha_2=0.467\ 216\ 33$，$\alpha_3=2.895\ 662\ 90$，$\beta_1=0.200\ 859\ 85$，$\beta_2=0.391\ 371\ 17$，$\beta_3=47.136\ 210\ 80$。

转换为折射率与波数的关系为

$$n^2-1=\frac{\alpha_1 k^2}{k^2-\beta_1^2\cdot\omega_{\mathrm{num}}^2}+\frac{\alpha_2 k^2}{k^2-\beta_2^2\cdot\omega_{\mathrm{num}}^2}+\frac{\alpha_3 k^2}{k^2-\beta_3^2\cdot\omega_{\mathrm{num}}^2}$$

即

$$n=\sqrt{1+\frac{\alpha_1 k^2}{k^2-\beta_1^2\cdot\omega_{\mathrm{num}}^2}+\frac{\alpha_2 k^2}{k^2-\beta_2^2\cdot\omega_{\mathrm{num}}^2}+\frac{\alpha_3 k^2}{k^2-\beta_3^2\cdot\omega_{\mathrm{num}}^2}} \tag{4.132}$$

式中，$k=10\ 000$。根据式(4.132)，可计算出不同波数下的折射率。

$$n(N)=\sqrt{1+\frac{\alpha_1 k^2}{k^2-\beta_1^2\cdot\omega(N)_{\mathrm{num}}^2}+\frac{\alpha_2 k^2}{k^2-\beta_2^2\cdot\omega(N)_{\mathrm{num}}^2}+\frac{\alpha_3 k^2}{k^2-\beta_3^2\cdot\omega(N)_{\mathrm{num}}^2}}$$
$$N=0,1,2,\cdots,k \tag{4.133}$$

由式(4.130)可知，离散傅里叶变换的各个频率坐标是与折射率的三次方成反比的，为了消除由参考激光折射率引入的误差，可采用式(4.134)进行校正。

$$f_{\mathrm{c}}(N)=f(N)\cdot\frac{n^3(N)}{n_{\mathrm{r}}^3} \tag{4.134}$$

式中，$f_{\mathrm{c}}(N)$为校正后的离散频率值；$n(N)$为校正后第 N 个离散频率点的折射率；n_{r} 为参考激光在对应波数下的折射率。

在式(4.134)中，$n(N)$、$f_{\mathrm{c}}(N)$均为未知量，鉴于折射率是缓变的过程，在校正过程中，采用 $f(N)$，利用式(4.110)计算其对应的折射率代替式中的校正点的折射率 $n(N)$。

基于式(4.134)的校正方法得到校正后的光谱图。因存在两个未知数，会引入一些定标的误差，如图 4.36 所示。在近红外波段，校正后的误差是比较小的，满足弹光调制傅里叶变换光谱仪的指标要求；而在可见光波段误差比较大，需要进行二次校正。二次校正一般采用实验校正的方法，对折射率进行修正，使得整个工作波段满足要求，如图 4.37 所示。

基于参考激光、折射率修正等对复原光谱进行光谱定标，存在参考激光频率波动、晶体折射率随温度变化等对光谱定标精度和准确度的影响，且在可见光波段定标误差大的问题。

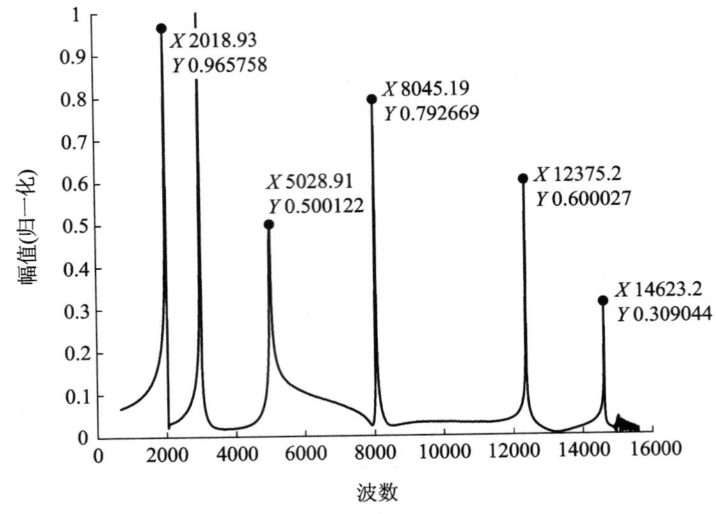

图 4.36 第一次校正后的光谱

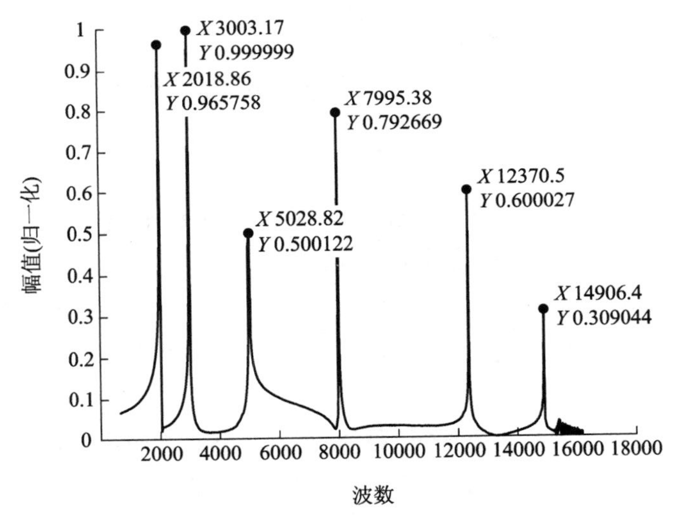

图 4.37 第二次校正后的光谱

4.5.5 辐射定标技术

为了实现被测目标的定量分析，在进行光谱定标后，还要进行光谱辐射定标，以实现被测目标强度等参量的检测，也就是定量检测。

在遥感检测中，定量化遥感是指光学遥感器经过光谱辐射定标后，对获取的遥感数据利用相应的物理模型及算法，能够准确反演观测目标的特征。如地基多轴差分吸收光谱技术反演大气中痕量气体的分布、空间外差干涉技术对大气层中温室气体的探测、大气辐射传输模型对水气及气溶胶含量进行特性表征等。光学遥感的定量化研究涉及光学遥感器的光谱辐射定标、数据处理、信息提取和定量反演等诸多环节，其中光学遥感器的光谱辐射定标是遥感定量化中的关键环节。如何有效提高光学遥感器的定标精度，降低测量过程中的不确定度，对于定量化遥感的发展具有实际意义。

为了获取被测目标的定量化辐射信息，必须开展光学遥感器的光谱辐射定标。高精度定标是定量化遥感的前提保证，光谱辐射定标的不确定度直接决定了遥感器探测的准确性和反演的一致性，提高遥感器辐射定标的精度将有效提高遥感探测能力以及反演结果的真实性。实际应用中，星载遥感器在长时间观测地物目标的同时，会随着自身探测系统的衰变和退化、大气层中复杂多变的气候条件干扰以及观测的重复性影响，使得星载遥感器接收的光辐射信息与真实结果产生较大的偏差，影响反演的真实性。这就需要通过辐射定标和校正实验来减少甚至消除这种偏差。辐射定标的意义在于：

（1）保证星载遥感器能够准确表征所观测的地物目标特性，卫星数据产品能够满足定量化遥感的高精度应用需求。

（2）监视以及校正星载遥感器在轨运行期间自身性能的衰变，准确反演不同时期的地物目标特征。

（3）结合不同星载遥感器长时间对地观测得到的数据结果，实现不同卫星反演数据之间的比对结果验证，提升遥感器反演结果的真实性。

因此，辐射定标主要完成两点：去除偏移量和乘以场景光谱的增益，去除探测器的相位色散。其中引起探测器的相位色散的因素包含探测器的非线性、条纹计数错误、视场离轴自切趾、偏振误差以及正交噪声的影响。

辐射定标的目的是根据光谱量化值与目标辐射强度的对应关系，确定目标辐射强度。辐射定标包括两部分，一部分是发射前地面辐射定标，另一部分是在轨星上辐射定标。地面辐射定标通常在热真空环境下，测量多个温度值的高精度黑体，拟合光谱定标曲线。在轨星上辐射定标用来校正仪器长期运行后器件的慢衰减，如光学元件发射率的变化、焦平面器件的性能变化等，通常采用测量已知辐射强度的热黑体和冷黑体(或者冷空间)的值，来标定探测目标的强度。

1. 地面辐射定标

根据普朗克定律，温度为 T(K)的理想黑体，其光谱辐亮度(单位为 $\mathrm{mW/(M^2 srcm^{-1})}$)为

$$L(\upsilon, T)=\frac{c_1\upsilon^3}{\exp\left(\frac{c_2\upsilon}{T}\right)-1} \tag{4.135}$$

式中，υ 是波数，c_1、c_2 称为第一普朗克常数和第二普朗克常数，$c_1=3.74\times 10^{-16}(\mathrm{W\cdot m^2})$，$c_2=1.439\times10^{-2}(\mathrm{m\cdot k})$。探测、A/D 转换器等的非线性在复原光谱的有效光谱范围内表现为引入缩放因子，即带内光谱量化值与光谱辐亮度表现出非线性，因此仪器测量温度为 T_i 的黑体光谱量化值可表示为

$$S(\upsilon, T_i)=G(\upsilon)F(\upsilon, T_i)[L(\upsilon, T_i)+D(\upsilon)]+N \tag{4.136}$$

式中，$S(\upsilon, T_i)$为经切趾、光谱定标和相位校正后的干涉图变换的光谱幅值；$G(\upsilon)$为探测器对温度 T_i 的光谱辐亮度的响应增益；$D(\upsilon)$为背景辐射；$F(\upsilon, T_i)$ 为由于探测器非线性响应引入的非线性响应系数；N 为仪器噪声，平均值为 0，标准差为 NEDN。不考虑 N 的影响，则地面辐射定标公式可写为

$$L(\upsilon, T_i)= H_1(\upsilon)S(\upsilon, T_i)+H_2(\upsilon)S^2(\upsilon, T_i)+\cdots+H_n(\upsilon)S^n(\upsilon, T_i)+E(\upsilon) \tag{4.137}$$

可以改变黑体的温度，得到一组不同温度下仪器量化输出值 $S(\upsilon, T_1)$, $S(\upsilon, T_2)$,…, $S(\upsilon, T_n)$和其对应的辐亮度 $L(\upsilon, T_1)$, $L(\upsilon, T_2)$, …, $L(\upsilon, T_n)$。通过多项式非线性拟合，可以得到定标多项式系数 $H_i(\upsilon)$和$E(\upsilon)$的值，从而得出探测器的目标辐亮度 $L(\upsilon)$和仪器输出光谱量化值的对应关系：

$$L(\upsilon)=H_1(\upsilon)S(\upsilon)+H_2(\upsilon)S^2(\upsilon)+\cdots+H_n(\upsilon)S^n(\upsilon)+E(\upsilon) \tag{4.138}$$

地面辐射定标在真空环境下进行，探测仪指向热黑体，实际上地面辐射定标和地面光谱定标可以共用同一套装置，将气体池从黑体和探测仪入口之间移走，直接用探测器对准黑体，测量黑体的光谱量化值。

2. 星上辐射定标

仪器发射上天时，要经历发射时的冲击振动，使结构发生微小变化；仪器

在轨运行期间，扫描镜受到太阳光直接照射以及宇宙粒子的冲击，光学性能会发生衰减，而且扫描镜在日照区和进出地球阴影区温度存在交替变化使辐射量变化；光学元件、探测器和后端电子器件长期工作，且工作在恶劣环境下，将导致工作稳定性降低。这些因素会导致辐射量出现不同程度的变化，偏离发射前的地面定标曲线，因此星上必须具有相应的辐射定标装置来进行校准。

线性多点定标适用于地面实验室定标，可以全面测试仪器性能，给出仪器发射前定标曲线。星上辐射定标，定标黑体为宇宙深空以及星上黑体，同时星上黑体温度控制有限，只能使用两点定标法。两点定标法即通过测量高温黑体和低温黑体(冷空间相当于 3K 低温黑体)来标定辐射量与光谱量化值之间的关系。由于两点定标法只能用于确定辐射量与光谱量化值之间的线性关系，因此在辐射定标前，除了相位校正，还需要校正探测器的非线性。仪器光谱响应与光谱辐亮度的线性关系为

$$S(\upsilon,\ T_i)=G(\upsilon)S(\upsilon,\ T_i)+D(\upsilon) \tag{4.139}$$

式中，$S(\upsilon,\ T_i)$ 为经切趾、探测器非线性校正、光谱定标和相位校正后的干涉图变换的光谱幅值；$G(\upsilon)$表示探测器对温度 T_i 的光谱辐亮度的响应增益非线性多项式系数；$D(\upsilon)$为背景辐射，从而星上辐射定标公式为

$$L(\upsilon)=L(T_{BB},\ \upsilon)\left[\frac{S_{EW}(\upsilon)-S_{CS}(\upsilon)}{S_{BB}(\upsilon)-S_{CS}(\upsilon)}\right] \tag{4.140}$$

式中，$L(\upsilon)$ 为探测地球场景的辐亮度；$L(T_{BB},\ \upsilon)$ 为高温黑体光谱辐亮度；$S_{EW}(\upsilon)$ 为探测地球场景的仪器输出光谱量化值；$S_{BB}(\upsilon)$为高温黑体仪器输出量化值；$S_{CS}(\upsilon)$为低温黑体或冷空间仪器输出量化值。

本章小结

本章在分析弹光调制傅里叶变换干涉仪工作原理、弹光调制干涉信号特性的基础上，分析弹光调制干涉信号的采样方法、单周期干涉信号提取等预处理技术，针对弹光调制干涉信号相位的非等时间变化，研究了弹光调制干涉信号的非均匀快速傅里叶变换算法，以复原弹光调制光谱；同时对复原后光谱定标、辐射定标技术进行研究和阐述。

参考文献

[1] ZHANG C M, JIAN X H. Wide-spectrum reconstruction method for a birefringence interference imaging spectrometer[J]. optic letters, 2010, 35(3):366－368.

[2] WANG BAO L, LIST J. Basic optical properties of the photoelastic modulator part I: useful aperture and acceptance angle[J]. Polarization science and remote sensing II, SPIE, 2005, 5888.

[3] BUICAN T N. Birefringence interferometers for ultra-high-speed FT spectrometry and hyperspectral imaging: I. Dynamic model of the resonant photoelastic modulator[J]. Vibrational spectroscopy, 2006, 42(1): 51－58.

[4] BUICAN T N. High retardation-amplitude photoelastic modulator. US 7764415B2[P]. 2010－7－27.

[5] 陈友华. 遥测用多次反射式弹光调制傅里叶变换光谱技术研究[D]. 太原：中北大学，2013.

[6] 吴瑾光. 近代傅里叶变换红外光谱技术及应用[M]. 北京：科学文献出版社，1994.

[7] 翁诗甫. 傅里叶变换红外光谱仪[M]. 北京:化学工业出版社，2005.

[8] FORMAN M L, STEEL W H, VANASSE G A. Correction of asymmetric interferograms obtained in Fourier spectroscopy[J]. Journal of the optical society of America, 1966, 56(1):59. 63.

[9] SAKAI H, VANASSE G A, FORMAN M L. Spectral recovery in Fourier spectroscopy[J]. Journal of the optical society of America, 1967, 58(1):84－89.

[10] MERTZ L. Auxiliary computation for Fourier spectrometry[J]. Infrared physics, 1967, 7(1):17－23.

[11] WALMSLEY D A, CLARK T A, JENNINGS R E. Correction of off-

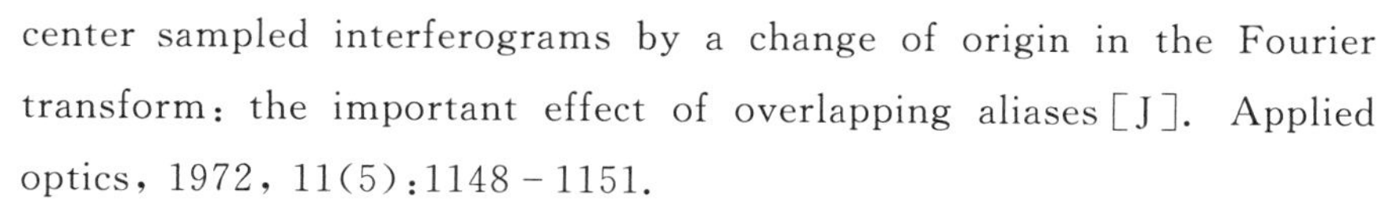

center sampled interferograms by a change of origin in the Fourier transform: the important effect of overlapping aliases[J]. Applied optics, 1972, 11(5):1148 - 1151.

[12] ENGLERT C R, HARLANDER J M, CARDON J G, et al. Correction of phase distortion in spatial heterodyne spectroscopy[J]. Applied optics, 2004, 43(36): 6680 - 6687.

[13] LEARNER R C M, THORNE A P, JONES I W. Phase correction of emission lineFourier transform spectra[J] . J. Opt. Soc. Am, 1995, 12(10):2165 - 2171.

[14] RAHMELOW K, HÜBNER W. Phase correctionin Fourier transform spectroscopy: subsequent displacement correction and error limit[J]. Applied optics, 1997, 36(26):6678 - 6686.

[15] MICHAELIAN K H. Signal average of photoacoustic FTIR data: computation of spectra from double-sided low resolution interferograms [J]. Infrared Phys, 1987, 27(5): 287 - 296.

[16] MICHAELIAN K H. Interferogram symmetrization and multiplicative phase correction of rapid. scan and step—scan photocoustic FTIR data [J]. Infrared Phys, 1989, 29(1):87 - 100.

[17] 孙雅敏，殷德奎. 基于 Forman 法对遥感干涉图像进行相位校正的改进[J]. 信号处理，2008，24(6):1048 - 1051.

[18] AVISHAI B D, AGUSTIN I. Computation of a spectrum from a single-beam Fourier transform infrared interferogram[J]. Applied optics, 2002, 41(6):1181 - 1189.

[19] SONG J Y, LIU Q H, KIM K, et al. High. resolution 3-D radar imaging through nonuniform fast Fourier transform (NUFFT)[J]. Commun Comput Phys, 2006, 1(1): 176 - 191.

[20] SARTY G E, BENNETT R, COX R W. Direct reconstruction of non-Cartesian k-space data using a nonuniform fast Fourier transform[J], Magn Reson Med, 2001, 45(5): 908 - 915.

[21] 孟小红，郭良辉，张致付，等. 基于非均匀快速傅里叶变换的最小二乘

反演地震数据重建[J]. 地球物理学报，2008，51(1):235，241.

[22] JACKSON J I，MEYER C H，NISHIMURA D G. Section of a convolution function for Fourier inversion using gridding[J]. IEEE transaction on medical imaging，1991，10(3):473－478.

[23] HERMANN S，JAN T. The gridding method for image reconstruction by Fourier transformation[J]. IEEE Transaction on Medical imaging，1995，14(3)：478，596.

[24] DUTT A，ROKHLIN V. Fast fourier transforms for noneequispaced data[J]. SIAM J . SCI. Comput，1993，14(6):1363－1398.

[25] DUTT A，ROKHLIN V. Fast fourier transforms for noneequispaced data Ⅱ[J]. Applied and computational harmonic analysis，1995，2:85－100.

[26] LIU Q H，NGUYEN N. An accurate algorithm for nonuniform fast Fourier transfoms (NUFFT's)[J]. IEEE microwave and guided wave letter，1998，8(1):18－20.

[27] LIU Q H，NGUYEN N. Nonuniform fast Fourier transfom(NUFFT) algorithm and its application[J]. IEEE，1998，1782－1785.

[28] FOURMONT K. Non. equispaced fast Fourier transforms with applications to tomography[J]. The journal of Fourier analysis and application，2003，9(5)：431，449.

[29] BEYLKIN G. On the fast Fourier transform of functions with singularities[J]. Appl. Comp. Harm. Anal.，1995，2:363－381.

[30] FESSLER J A，SUTTON B P. Nonuniform fast Fourier transforms using Max：Min interporation[J]. IEEE T. SP，2003，51(2)：560－574.

[31] FESSLER J A. On NUFFT based gridding for nonTCartesian MRI[J]. Journal of magnetic resonance，2007，188:191－195.

[32] GREENGUARD L，LEE J Y. Accelerating the nonuniform fast fourier transform[J]. SIAM. REVIEW，2004，46(3):443－454.

[33] LEE J Y，GREENGUARD L. The type 3 nonuniform FFT and its

application[J]. Journal of computional physics, 2005, 206:1 - 5.

[34] 薛会，张丽，刘以农. 非标准快速傅里叶变换算法综述[J]. CT 理论与应用研究，2010，19(3):33 - 46.

[35] 殷世民，相里斌，周锦松，等. 基于 FPGA 的干涉式成像光谱仪实时数据处理系统研究[J]. 红外与毫米波学报，2007，26(4):274 - 278.

[36] 吕群波. 干涉光谱成像数据处理技术[D]. 西安:中国科学院西安光学精密机械研究所，2007.

[37] 张敏娟，王召巴，王志斌，等. PEM-FTS 非线性干涉信号的快速光谱反演算法[J]. 中国激光，2013，40(5)：515001:1 - 6.

[38] 邹曜璞，张磊，韩昌佩，等. 傅里叶光谱仪高精度光谱定标研究[J]. 光谱学与光谱分析，2018，38(4)：1268 - 1275.

[39] 郝骞，张敏娟，李晋华，等.一种弹光调制傅里叶变换光谱的定标方法. ZL201710572176.8[P]，2018 - 8 - 31.

[40] 张敏娟. 弹光调制傅里叶变换干涉信号高速数据处理技术研究[D]. 太原：中北大学，2013.

[41] 邹曜璞.星载傅里叶变换光谱仪星上数据处理研究[D]. 北京：中国科学院大学，2016.

第 5 章 弹光调制傅里叶变换技术的应用

3.6 遥测用弹光调制傅里叶变换光谱仪的总体设计

弹光调制傅里叶变换光谱遥测系统原理框图如图 5.1 所示。该系统由红外望远模块、弹光调制干涉仪、驱动控制模块、干涉信号产生模块、高速数据处理与光谱复原模块构成。其在干涉信号产生模块的核心是弹光调制干涉仪。待测气体吸收或辐射后的光，通过红外望远模块收集准直后在弹光调制干涉仪中形成干涉信号，通过由 FPGA、ARM 以及 DSP 组成的高速采集、存储、处理模块后得到复原后的光谱图。

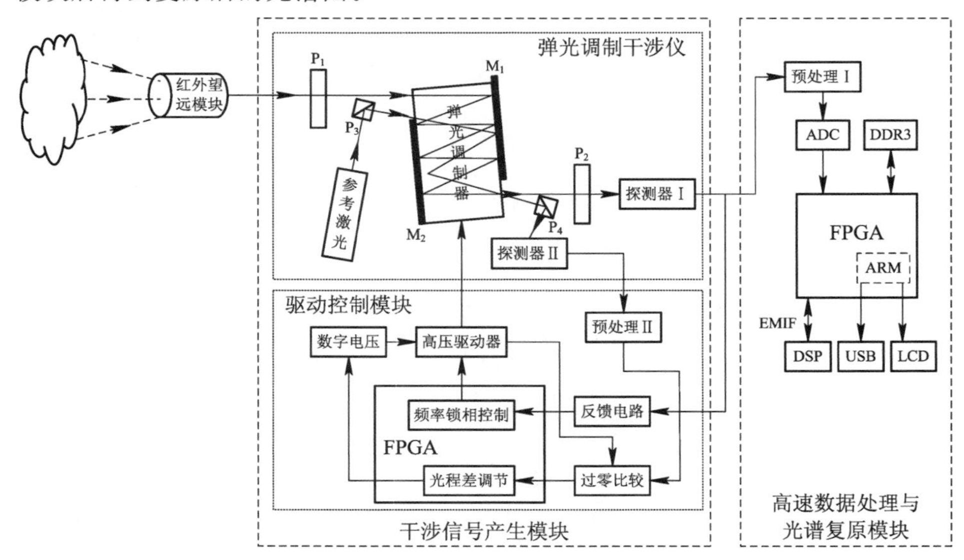

图 5.1 弹光调制傅里叶变换光谱遥测系统原理框图

该系统中用弹光调制干涉仪代替传统迈克尔逊干涉仪，是基于应力双折射原理的静态干涉仪，没有机械扫描部件，提高了系统稳定性，对振动等干扰有较好的抑制作用。

5.2　弹光调制傅里叶变换光谱仪性能测试

根据设计方案，基于第 2、3 章设计多次反射式弹光调制器、驱动控制装置，搭建如图 5.2 所示的实验装置，对弹光调制干涉仪进行实验测试。

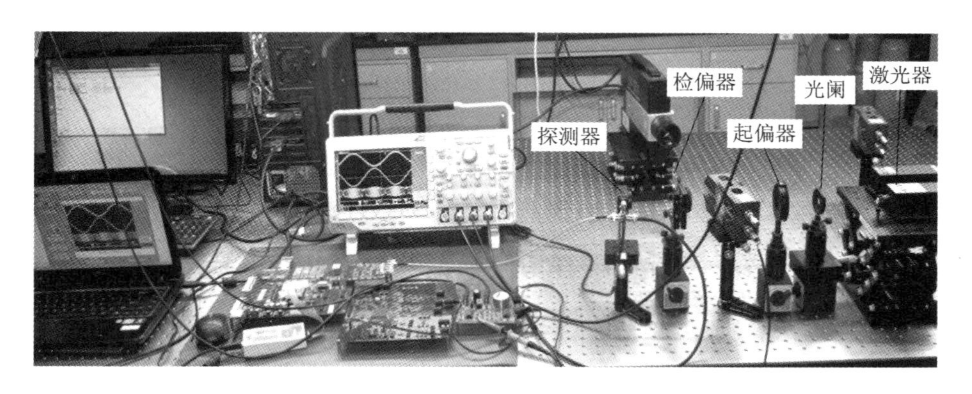

图 5.2　多次反射式弹光调制干涉仪性能测试实验装置图

图 5.2 中，弹光调制器采用课题组研制的多次反射式弹光调制器，其谐振频率为 49.8 kHz，可通过测振仪进行检测；弹光调制器调制最大光程差可达 0.7 mm，光谱分辨率最高可达 14.3 cm^{-1}。当激光为辐射源时，采用上海熙隆光电的可见光波段的半导体激光器，其功率在 0～50 mW 范围内连续可调；探测器采用 Thorlabs 公司的高速探测器 PDA10A，波长范围为 200～1100 nm、带宽为直流 0～150 MHz、探测率为 5.5×10^{-11}，且带有 5 kV/A 的前置放大器；在高温黑体作为辐射源、测量红外波段的光谱信息时，采用 VIGO 公司的高速热电制冷探测器 FYM-PVMI-TE3-10.6-1.1。

多次反射式弹光调制器由 *LC* 高压谐振放大电路进行驱动，由 NI 高速采集卡进行干涉图采集，图 5.3 是多次反射式弹光调制干涉仪干涉光强图。采用多次反射 PEM 时，弹光调制干涉图的最大光程差提高了 20 倍。

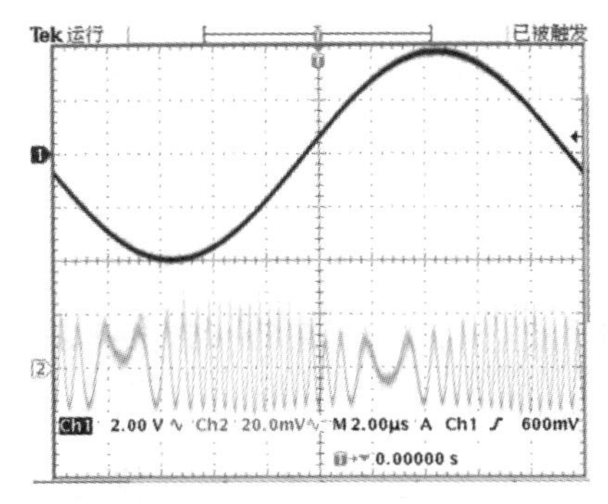

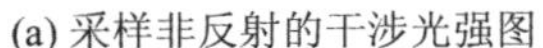
(a) 采样非反射的干涉光强图

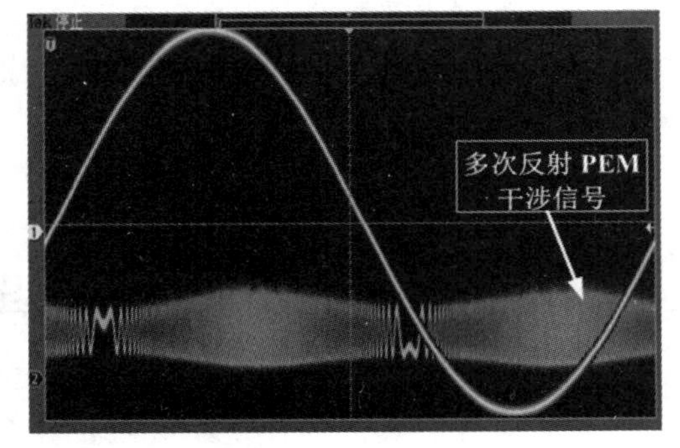

(b) 采用多次反射PEM的干涉光强图

图 5.3　多次反射式弹光调制干涉仪干涉光强图

基于图 5.2 搭建的弹光调制傅里叶变换光谱测量平台，以 636.2 nm、653.2 nm、670.8 nm、806.8 nm 四种波长的激光器作为辐射源，测定不同光谱分辨率时的干涉信号，并进行快速数据处理，对激光光谱进行复原。测量数据如表 5.1 和表 5.2 所示，复原的激光光谱如图 5.4 所示。

表 5.1　不同驱动电压下复原的激光光谱实验数据

光源波长/nm	调制频率/kHz	驱动电压/V	最大光程差/μm	分辨率/cm^{-1}	测量波长/nm	相对频率误差/%
636.2	49.886	552	63.5	157.48	632.2	0
636.2	49.881	950	109.37	91.43	631.9	0.67
636.2	49.881	1450	170.92	58.50	634.6	0.0025
636.2	49.881	1640	188.81	52.96	636.2	0
636.2	49.881	1860	214.13	46.70	636.2	0
653.2	49.882	336	38.48	259.87	653	0.03
653.2	49.882	700	88.17	113.41	653.2	0
653.2	49.875	1050	125.26	79.83	653.2	0
653.2	49.875	1360	158.67	63.02	654.4	0.18
653.2	49.872	1680	193.42	51.7	654.4	0.18
670.8	49.844	365	36.905	270.96	671.0	0.0296

续表

光源波长/nm	调制频率/kHz	驱动电压/V	最大光程差/μm	分辨率/cm^{-1}	测量波长/nm	相对频率误差/%
670.8	49.844	560	64.416	155.24	671.0	0.0296
670.8	49.844	820	82.533	121.16	665.6	0.77
670.8	49.844	1420	142.92	69.96	670.8	0
670.8	49.844	1680	194	51.54	670.8	0
806.8	49.881	160	82.450	121.28	807.0	0.024
806.8	49.881	788	109.68	91.17	804.2	0.32
806.8	49.878	1620	185.56	53	807.9	0.136
806.8	49.878	1820	208.46	47.97	806.8	0

表 5.2　不同驱动电压下复原的 670.8 nm 激光光谱实验数据

光源波长/nm	调制频率/kHz	驱动电压/V	最大光程差/μm	分辨率/cm^{-1}	测量波长/nm	相对频率误差/%
670.8	49.875	800	96.00	104.16	662.9	1.17
670.8	49.875	800	96.10	104.06	665.0	0.86
670.8	49.875	800	96.10	104.06	665.0	0.86
670.8	49.875	800	96.54	103.58	668.4	0.35
670.8	49.889	1300	166.52	60.05	670.9	0.014
670.8	49.889	1300	168.42	59.37	671.0	0.029
670.8	49.889	1300	167.03	59.87	671.0	0.029
670.8	49.889	1300	166.35	60.11	668.3	0.373
670.8	49.881	1750	210.42	47.52	670.8	0
670.8	49.881	1750	211.97	47.14	671.0	0.0298
670.8	49.881	1750	214.65	46.56	671.0	0.0298
670.8	49.881	1750	205.26	47.72	670.4	0.0596

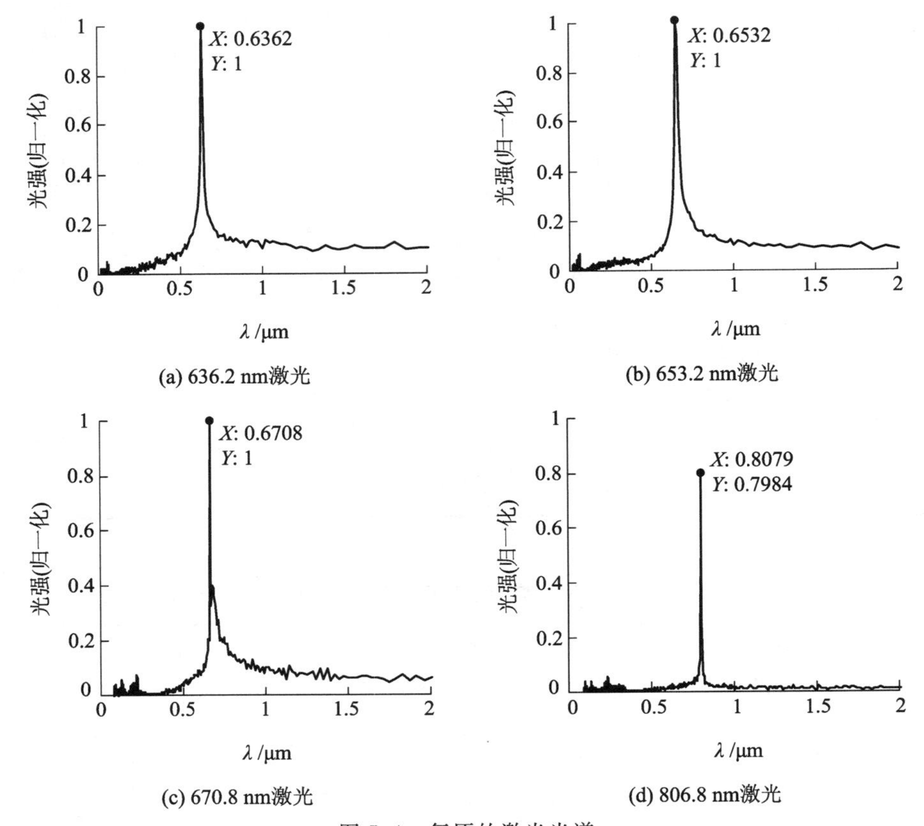

图 5.4　复原的激光光谱

由表 5.1 和图 5.4 可以看出，复原光谱的准确度比较高，且随着光谱分辨率的提高，复原光谱的准确度增加。且由图 5.4 可以看出，复原的 806.8 nm 激光光谱频带宽度比较窄、频谱泄漏小。

表 5.2 是 670.8 nm 的激光为辐射源，在驱动电压分别为 800 V、1300 V、1750 V 时，测量多组干涉数据，并进行快速处理，实现复原激光光谱。由表 5.2 可以看出，在驱动电压不同时，复原光谱的分辨率是不同的，且随着驱动电压的增加，光谱分辨率增加，复原光谱的准确度增加。但是随着驱动电压增加，弹光调制器的谐振频率产生温度漂移，最大光程差的分散性增加。通过参考激光对瞬态最大光程差的测量，可实现复原激光的光谱定标，减小谐振频率的温度漂移对复原光谱准确度的影响。

3.6　遥测用弹光调制傅里叶变换光谱仪的测试

基于弹光调制傅里叶变换干涉仪、驱动控制系统、高速数据处理系统及前置光学系统等，搭建遥测用弹光调制傅里叶变换光谱仪原理样机，如图 5.5 所示，并基于该原理样机，对不同光源的光谱进行测试。

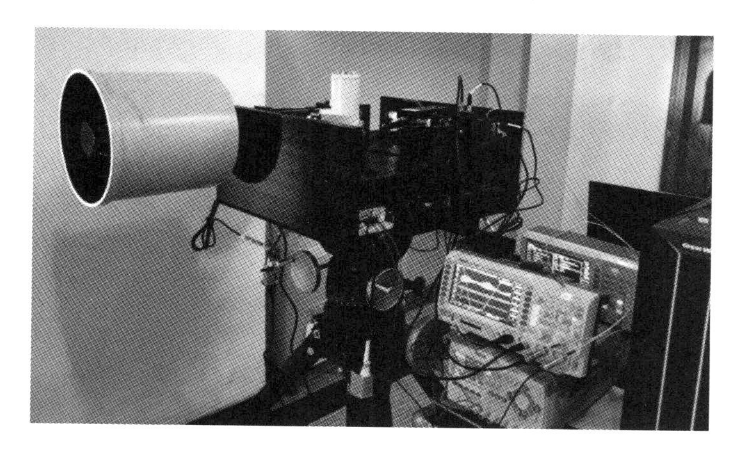

图 5.5　遥测用弹光调制傅里叶变换光谱仪原理样机

5.3.1　以卤钨灯光源作为入射光源的光谱测试

在实验室环境下，以卤钨灯光源作为入射光源，将光源设在距离光谱仪样机约 3 m 远的位置，调节样机对准待测光源，实验装置如图 5.6 所示。

在该系统中，样机的光学准直系统对准卤钨灯光源，样机前置望远系统收集入射光经三反离轴缩束准直装置后与定标激光同时入射弹光调制干涉模块，经弹光调制干涉模块调制后被带孔离轴抛物镜分离探测，可见光/近红外光谱波段(0.55～1 μm)干涉信号采用硅光探测器探测，短波/中波红外波段(1～5.5 μm)采用锑化铟光电探测器。探测获得的调制光干涉信号用示波器显示，如图 5.7 所示。图中通道 1 为弹光调制干涉模块驱动信号，通道 2 为参考激光干涉信号，通道 3 为复色光干涉信号。

图 5.6 超高速光谱分析技术样机光谱实验测试图

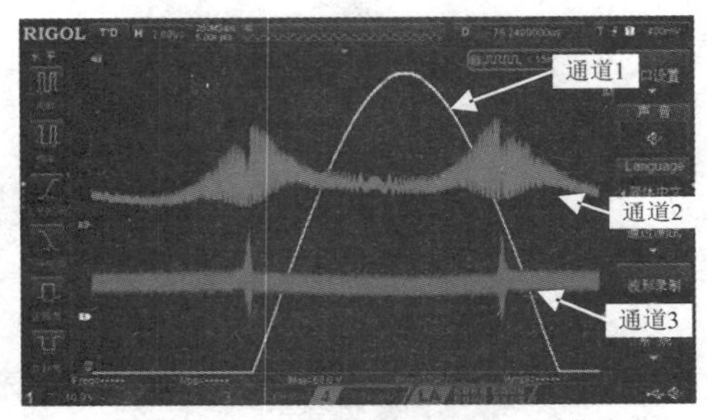

(a) 可见光/近红外光谱波段(0.55～1 μm)干涉信号

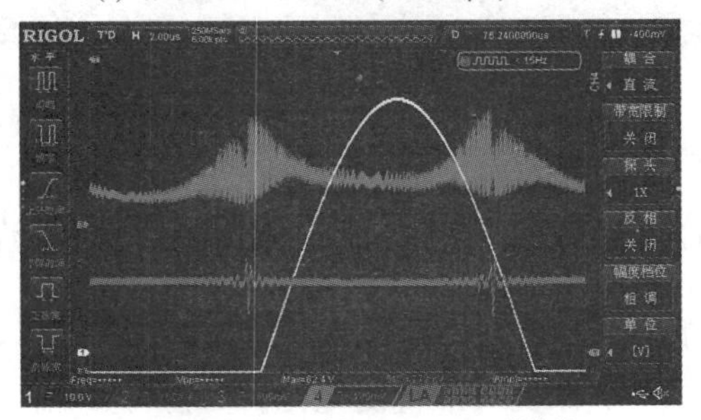

(b) 短波/中波红外波段(1～5.5 μm)干涉信号

图 5.7 干涉信号示波器显示图

通过示波器时间坐标测试获得干涉信号获取时间，调制频率为 41.757 kHz。分别对参考激光、可见光和红外光干涉信号进行采集和处理，参考激光干涉信号进行干涉峰精确计数处理，完成光程差的定标。采集的可见光干涉信号和红外光干涉信号采用第 3 章的原理分别提取一幅完整的干涉信号。结合参考激光对弹光调制干涉模块精确定标光程差，进行加速 NUFFT 数据处理获得光谱图，其结果如图 5.8 所示。

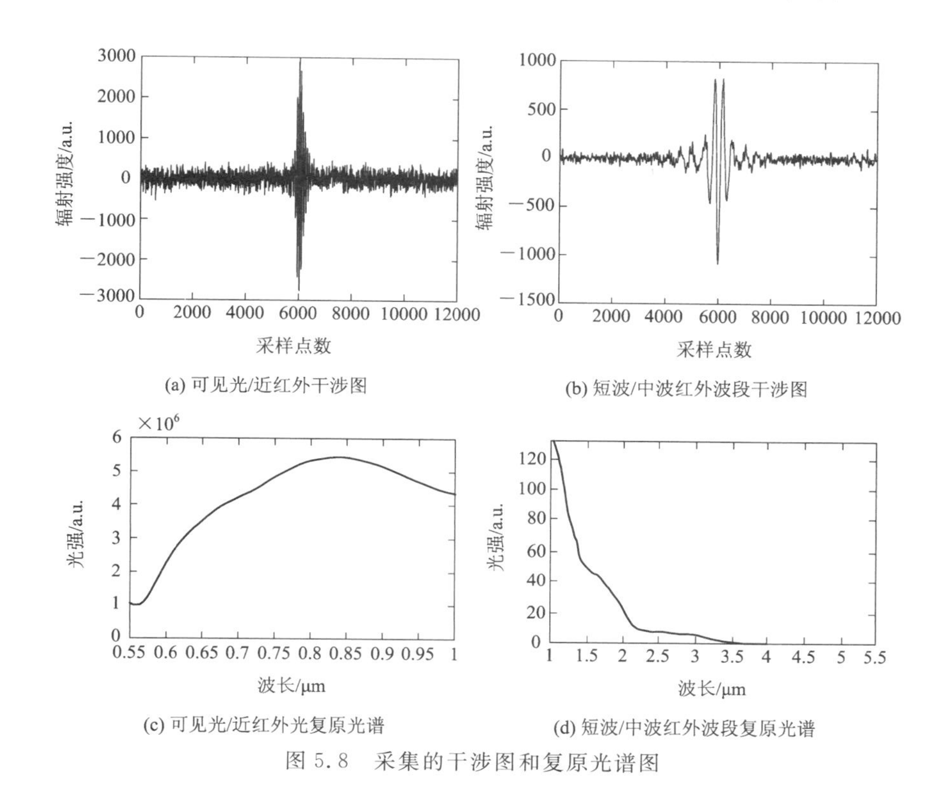

(a) 可见光/近红外干涉图　(b) 短波/中波红外波段干涉图

(c) 可见光/近红外光复原光谱　(d) 短波/中波红外波段复原光谱

图 5.8　采集的干涉图和复原光谱图

5.3.2　弹光调制傅里叶变换光谱仪对气体谱测试

为了进一步验证弹光调制傅里叶变换光谱仪光谱测量的准确度，在开放光程的情况下，在光路中分别加入 CO_2 和 CO 气体池，对其光谱进行测量，对气体吸收峰的位置、半高宽等进行分析，如图 5.9 所示。

(a) 光路中气体吸收装置

(b) 测量实验装置

图 5.9　气体吸收测量

在对弹光调制傅里叶变换光谱仪进行标定后，在光路上插入 CO_2 和 CO 气体标准物质，采集加入 CO_2 和 CO 气体的干涉信号，并对干涉信号进行光谱复原，复原光谱如图 5.10 所示。

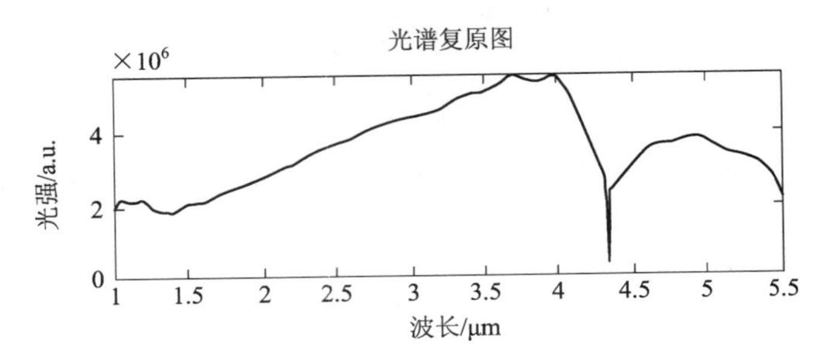

(a) CO_2气体吸收测量光谱复原图

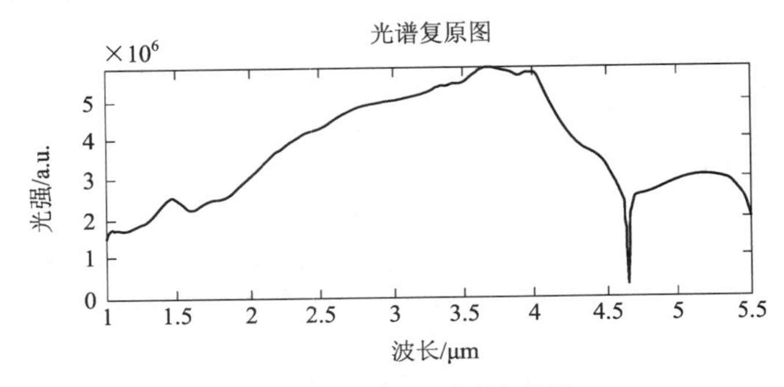

(b) CO气体吸收测量光谱复原图

图 5.10　气体吸收测量光谱复原图

利用弹光调制傅里叶变换光谱仪测试获得 CO_2 光谱吸收峰值为 2327 cm^{-1}，半峰宽为 25 cm^{-1}，测量吸收峰值波长与 CO_2 光谱吸理论值 2347 cm^{-1} 相比误差较小；测量的 CO 气体吸收峰位置在 2124 cm^{-1}，半峰宽为 27cm^{-1}，与 CO 光谱吸理论值 2107 cm^{-1} 相比误差较小。根据测试结果，CO_2 和 CO 气体吸收光谱峰值波长测量值与理论值误差较小，能够证明研制光谱仪样机光谱测量正确，并且两种气体吸收光谱半峰宽分别为 25 cm^{-1} 和 27 cm^{-1}。光谱分辨率可达 27 cm^{-1}。

5.3.3 开放光程大气环境光谱测试

本节利用研制的弹光调制傅里叶变换光谱仪样机进行开放光程下大气气

体的遥测实验，对大气环境中气体成分进行监测，得到开放光程下大气环境光谱图。遥测实验装置如图 5.11 所示。

图 5.11　开放光程下痕量气体遥测实验装置

为了验证本系统的检测精度，取其中一条谱线进行分析。具体实验条件为，温度 23℃，1 个标准大气压，遥测距离 $H=80\mathrm{m}$，光谱分辨率设为 $4\ \mathrm{cm}^{-1}$，探测器范围为 2～14 μm，采集到大气红外干涉条纹及复原的光谱图，如图 5.12 和图 5.13 所示。假设定量分析的相对误差要求控制在 10%以内，那么必须保证透过率信噪比在 0.5 以上，并将此作为检测下限的依据。首先对实测数据进行光谱分析，然后将计算得到的残差峰-峰值与单位浓度下待测气体透过率的峰-峰值(此时必须保证透过率基线为 1)相比较，然后根据比尔定律估算系统的最低检出浓度。

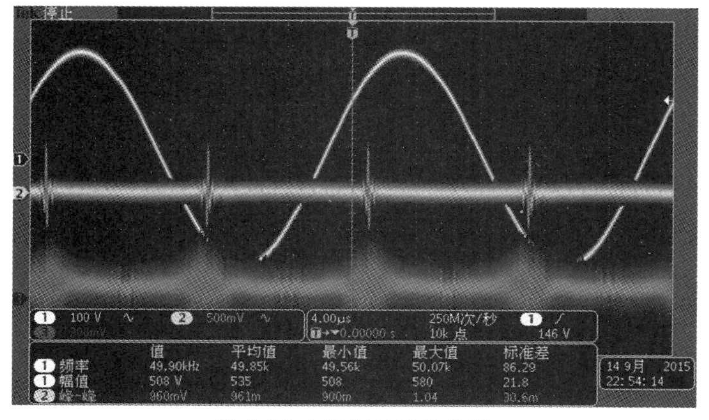

图 5.12 大气红外干涉条纹

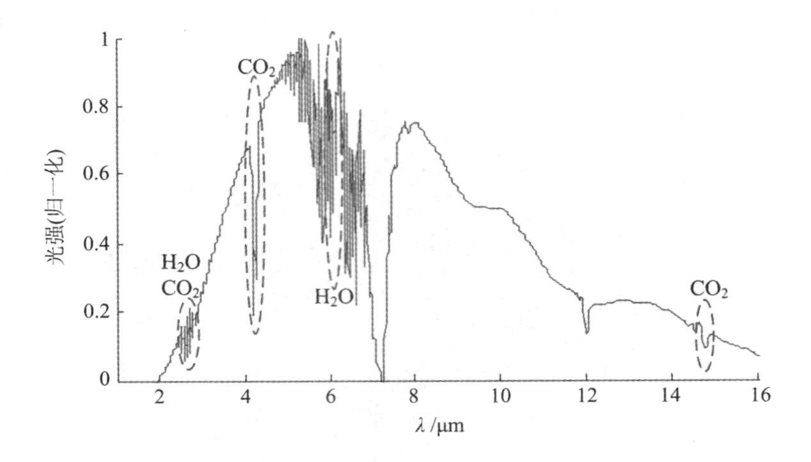

图 5.13 开放光程采集到的光谱图

图 5.13 给出了系统实测的一条谱图，着重分析了 3.1～3.4 μm 这个波段内的噪声等效透过率以及噪声等效浓度。这一波段同时存在 CO_2 和 H_2O 的吸收，使用智能算法极限学习机(ELM)计算这一波段内的甲烷和水汽浓度，得到拟合结果。从图中可以看到拟合残差的峰-峰值为 0.056，因此噪声等效透过率为 0.944，即只有当待测气体组分的透过率值小于噪声等效透过率时，系统才能检测到。经过计算，相同条件下 1 ppm 的甲烷透过率峰-峰值为 0.5006。因此，该系统在该波段上对甲烷的最低检测限估算为 0.04 ppm。同理，可以分析其他波段，比如 4.3～4.7 μm 波段，这一波段同时存在 CO、CO_2、H_2O 的吸收，使用相同方法确定该系统对不同气体的检测下限。

从以上分析可以看出，遥测用弹光调制傅里叶变换光谱仪当气体浓度低于上述浓度值时，其定量误差将不超过 10%，结合其他因素，将仪器检测下限确定为上述数值是可行的。另外，该系统对空气中常见组分气体探测的检测下限远低于洁净空气中的实际浓度水平，普遍达到亿分之一级。

本章小结

本章基于所研究的弹光调制器、设计的弹光调制干涉仪、驱动控制电路、数据处理技术等搭建了遥测弹光调制傅里叶变换光谱测试平台，以激光为辐射

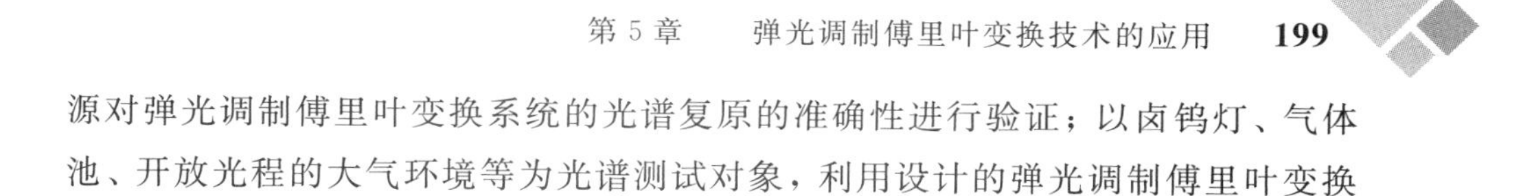

源对弹光调制傅里叶变换系统的光谱复原的准确性进行验证；以卤钨灯、气体池、开放光程的大气环境等为光谱测试对象，利用设计的弹光调制傅里叶变换光谱原理样机对其光谱进行复原，验证了该光谱仪的性能。

参考文献

[1] 张敏娟. 弹光调制傅里叶变换干涉信号高速数据处理技术研究[D]. 太原：中北大学，2013.

[2] 陈友华. 遥测用多次反射式弹光调制傅里叶变换光谱技术研究[D]. 太原：中北大学，2013.